U0306952

GREEN BOOK

智 库 成 果 出 版 与 传 播 平 台

中国农业科学院智库报告

农村人居环境绿皮书
GREEN BOOK OF RURAL LIVING ENVIRONMENTS

中国农村人居环境发展报告（2022）
CHINA RURAL LIVING ENVIRONMENTS DEVELOPMENT REPORT (2022)

主　编／王登山
副主编／张鸣鸣

社会科学文献出版社
SOCIAL SCIENCES ACADEMIC PRESS（CHINA）

图书在版编目（CIP）数据

中国农村人居环境发展报告. 2022 / 王登山主编；
张鸣鸣副主编. --北京：社会科学文献出版社，2023.2
（农村人居环境绿皮书）
ISBN 978-7-5228-1419-3

Ⅰ.①中… Ⅱ.①王… ②张… Ⅲ.①农村-居住环
境-环境综合整治-研究报告-中国-2022 Ⅳ.①X21

中国国家版本馆 CIP 数据核字（2023）第 017941 号

农村人居环境绿皮书

中国农村人居环境发展报告（2022）

主　　编／王登山
副 主 编／张鸣鸣

出 版 人／王利民
责任编辑／王　展
责任印制／王京美

出　　版／社会科学文献出版社·皮书出版分社（010）59367127
　　　　　地址：北京市北三环中路甲 29 号院华龙大厦　邮编：100029
　　　　　网址：www.ssap.com.cn
发　　行／社会科学文献出版社（010）59367028
印　　装／三河市东方印刷有限公司

规　　格／开　本：787mm×1092mm　1/16
　　　　　印　张：20　字　数：299 千字
版　　次／2023 年 2 月第 1 版　2023 年 2 月第 1 次印刷
书　　号／ISBN 978-7-5228-1419-3
定　　价／158.00 元

读者服务电话：4008918866

指导委员会

主　任　吴孔明　杨振海

副主任　梅旭荣　刘现武

委　员　张　辉　杨　鹏　赵玉林　赵立欣　熊明民

编委会

前　言

本书编委会

　　改善农村人居环境，是以习近平同志为核心的党中央从战略和全局高度做出的一项重大决策部署，是实施乡村振兴战略的重点任务，是"三农"领域的民生工程，事关广大农民根本福祉，事关美丽中国建设。习近平总书记高度重视改善农村人居环境，多次做出重要指示批示，强调要把农村人居环境整治工作作为乡村振兴战略的重要内容、举措抓紧抓实。2018年《农村人居环境整治三年行动方案》实施以来，各地区各部门认真贯彻党中央、国务院决策部署，践行"绿水青山就是金山银山"的理念，深入学习推广浙江"千村示范、万村整治"工程经验，全面扎实推进农村人居环境整治，扭转了农村长期以来的脏乱差局面，村庄环境基本实现干净整洁有序，农民群众环境卫生观念发生可喜变化、生活质量普遍提高，为全面推进乡村振兴提供了有力支撑。

　　2021年，中共中央办公厅、国务院办公厅印发《农村人居环境整治提升五年行动方案（2021~2025年）》，"十四五"时期将持续推进农村人居环境整治提升。农村人居环境整治离不开广大农民群众的参与，只有让农民群众积极主动参与农村人居环境整治，才能保障治理效果的持久和稳定。《农村人居环境整治提升五年行动方案（2021~2025年）》坚持问需于民，把突出农民主体地位作为主要原则之一，提出要充分发挥农民主体作用，引导农民自我管理、自我教育、自我服务、自我监督，组织动员村民自觉改善农村人居环境，提高村民维护村庄环境卫生的主人翁意识。

本报告在分析我国农村人居环境发展的基础上，以"农民主体"为2022年度主题，开展了具有针对性的、全国层面的实地调研和农户问卷调查，以农民视角了解当前农村人居环境整治农民参与情况，剖析当前农村人居环境整治提升过程中农民主体作用发挥现状以及存在的短板和弱项，提出农民参与农村人居环境整治提升的对策建议，以期为下一步更好发挥农民主体作用提供参考借鉴，切实提高农民群众参与农村人居环境整治的积极性、主动性，增强农民内生动力。

本报告在编写过程中，得到了农业农村部农村社会事业促进司、国家乡村振兴局开发指导司等有关部门和单位的大力支持。在调研过程中，课题组得到了山西省、吉林省、黑龙江省、山东省、湖北省、广东省等地方的大力支持，山东省寿光市、湖南省津市市、四川省遂宁市安居区、新疆有关地方和中国乡村发展基金会等提供了案例报告素材，社会科学文献出版社对本报告出版给予了大力协助，他们为本报告的编写、修改和审定提供了多种帮助，为本报告的撰写、成稿创造了良好条件。在此，谨向为本书编辑出版工作付出心血和提供支持帮助的所有单位和个人致以衷心感谢！

希望本报告能够为推动我国农村人居环境整治、改善农村人居环境、助力美丽中国建设、促进乡村振兴战略实施提供有益的参考和借鉴。

由于时间和编者水平有限，书中的错误和缺点在所难免，敬请广大读者批评指正。

2022 年 11 月 23 日

摘　要

本书分为四篇。

第一篇为主报告，分为中国农村人居环境发展的测度和评价、成就与展望两个部分。第一部分构建了中国农村人居环境发展水平评价指标体系，对全国 31 个省级行政区和 95 个抽样城市 2021 年度农村人居环境发展水平做出测度和评价，在此基础上，从反映人与自然协调关系的角度，对农村人居环境发展水平与自然系统之间的协调发展关系做出评价。第二部分总结梳理农村人居环境整治提升五年行动开局成就，分析农村人居环境整治提升过程中面临的机遇、挑战与问题，为下一步农村人居环境整治提升提出建议。

第二篇为专题报告，对当前农村人居环境整治领域中热点问题展开专题研究。分别对农村生活垃圾治理及分类减量技术、生活污水处理技术模式、严寒地区农村改厕技术、村容村貌发展现状特征，以及农村人居环境标准体系和质量监测的现状、困难和问题进行分析，涉及政策机制、技术模式以及标准规范等多个方面。

第三篇为主题报告，聚焦农村人居环境整治提升中农民参与状况，以全国范围开展的最新农户问卷调查的第一手数据，对发挥农民主体作用进行深度分析。《农村人居环境发展满意度调查》描述农民对农村人居环境发展的政策及效果评价，比较分析东中西部不同区域农民对农村人居环境发展 11 项指标的满意度。《农民参与农村人居环境整治提升情况调查》描述农民参与农村厕所革命、村庄清洁行动、生活垃圾治理、生活污水治理、村容村貌整治提升等农村人居环境整治提升的情况，对重点项目的方案规划、工程建

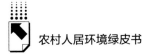

设、竣工验收、运行维护等不同阶段的农民参与情况进行分析研判。《农民参与农村人居环境整治的主要特征及影响因素》聚焦农村人居环境整治提升五个重点项目的工程施工前期、中期和后期等不同阶段，通过对任务赋值和区域整理，总结农民参与的个体特征和区域特征，进一步分析其参与行为的影响因素。

第四篇为案例报告。选择东部、中部、西部不同区域的 4 个典型范例，描述、总结其在农村人居环境整治提升中的创新做法和经验模式。山东省寿光市创新机制和优化服务，实现粪污产生—运输—无害化处理—资源化利用的农村卫生厕所粪污处理闭环管理。湖南省津市市通过成立村级环卫协会、建立财政资金引导保障制度、实施受益主体付费制度、引导农民主动参与卫生管理等举措，建立健全了农民可接受、市场可运行的农村环境卫生管理长效机制。四川省遂宁市安居区海龙村以低碳社区建设为抓手，通过运维培训、沼气工程建设、沼渣沼液还田等，探索乡村低碳发展模式。新疆"宜居家园"项目由中国乡村发展基金会发起、中国石油天然气集团公司捐助，探索了多元社会力量参与农村人居环境整治提升的有效路径。

本书还整理了农村人居环境发展十年大事记。

关键词： 农村　人居环境　厕所革命

目 录 ❓

I 主报告

II 专题报告

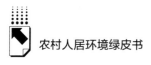
皮书数据库阅读**使用指南**

主 报 告

General Reports

G.1

中国农村人居环境发展测度和评价

摘　要：　本报告在农村人居环境相关理论基础上构建农村人居环境发展水平评价指标体系，从人类系统、社会系统、居住系统和支撑系统四个方面对全国 31 个省份和 95 个抽样城市 2021 年度农村人居环境发展水平做出评价。在此基础上，从反映人与自然协调发展关系的角度，对农村人居环境发展水平与自然系统之间的协调发展关系做出评价。结果显示，中国农村人居环境发展水平区域差异显著；省会城市总体区域领先，西部和东北省会发展不足；省级、市级不同层面农村人居环境差异来源相似。农村人居环境协调发展程度总体不足，协调发展程度与自身发展水平总体正向对应，自然条件优势或成为促进协调发展的重要支撑。

关键词：　农村人居环境　人地关系　耦合协调度

近年来，中国大力开展农村人居环境整治，农村人居环境发展水平提升过程中人的因素体现出重要促进作用。本报告构建农村人居环境发展水平评价指标体系，着重考虑人的因素对农村人居环境的影响，从人类、社会、居住和支撑四个系统功能出发，从发展的角度对农村人居环境发展水平做出评价。进一步，从反映人与自然和谐相处的角度对农村人居环境中人与自然协调发展关系做出评价（见图1）。

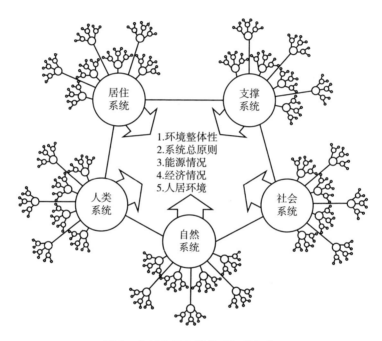

图1　农村人居环境发展评估框架

资料来源：吴良镛：《农村人居环境科学导论》，中国建筑工业出版社，2001，第40页。

农村人居环境发展水平评价指标体系包括人类系统、社会系统、居住系统、支撑系统4个一级指标，11个二级指标和11个三级指标。人类系统主要从测度人类福祉的角度出发，以包含长寿水平、知识水平和生活水平的人类发展指数（HDI）测度人类系统发展水平。社会系统侧重于社会公平和社会包容性，从医疗、社会保障、城乡关系三个方面展开评价。居住系统围绕住房展开，强调住房的舒适性、方便性和经济性。支撑系统是指为人类活动提供支持、服务聚落并将聚落连为整体的所有人工和自然的联系系统、技术保障系统，主要指人类住区的基础设施。本报告在指标体系的设置、数据获取和评价方面整体遵循导向性、系统性、独立性和可操作性原则。从省、市两个尺度对农村人居环境做出评价，省级尺度方面，选择除香港、澳门和台湾以外的 31 个省（区、市）作为评价对象。市级尺度方面，以经济发展水平为主要依据，选择 27 个省份的 95 个市（州、盟）作为评价对象。各评价指标主要采用 2020 年数据，数据来源主要包括 2021 年中国统计年鉴，2021 年各省（区、市）统计年鉴，2021 年各市（州、盟）统计年鉴、统计公报以及相关政府部门公布的数据。首先计算得出各系统发展水平，采用平均赋权法进行各系统指标权重赋值，进一步通过人类系统、社会系统、居住系统和支撑系统加权计算农村人居环境发展水平。在此基础上，引入自然系统因素，利用耦合协调度模型①，计算农村人居环境发展水平和自然系统二者之间的耦合协调度，以此反映农村人居环境人与自然协调发展关系。农村人居环境发展水平评价指标体系及综合评分表见附录。

一　农村人居环境发展总体评价

本报告重点从省级和市级两个尺度对农村人居环境发展格局以及分系统特征做出评价。结果显示，农村人居环境发展水平区域差异显著，发展不平衡特征突出；省会城市总体区域领先，西部和东北省会发展不足；省、市不同层面农村人居环境发展差异来源相似。分系统来看，人类系统发展高位均衡；社会系统区域平衡，总体稳中有降；居住系统区域不平衡且中低位停滞；支撑系统区域不平衡但中低位改善。

---

① 耦合协调度用来衡量系统内部各要素之间和系统之间由无序到有序、由低级到高级的协调一致、良性发展演化关系的变量。耦合协调度高代表社会发展过程中各个系统之间互相产生积极作用，各个系统之间的发展不以其他系统的牺牲为代价，实现整体利益的最大化。

（一）农村人居环境总体发展格局

1.区域差异显著，发展不平衡特征突出

省、市双重尺度下东部地区[①]农村人居环境发展水平表现均明显好于中西部和东北地区，区域发展不平衡特征突出。省级尺度下，31个省（区、市）农村人居环境综合评分平均值为0.673，其中上海市农村人居环境评分排在第一位（见图2），评分为0.922。市级尺度下，95个抽样城市的农村人居环境综合评分平均值为0.645，排名前十的城市中东部地区占据半数以上（见图3），苏州市以0.803的评分连续两年排名首位。

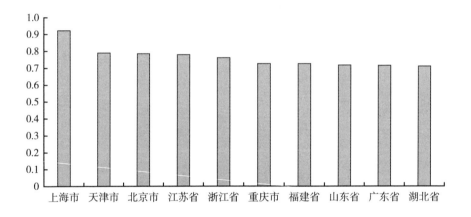

图2 农村人居环境评分前十位省份

总体上看，省、市不同尺度下农村人居环境均呈现发展不平衡的特征，以GDP衡量的经济水平高的地区农村人居环境发展水平总体更高，经济因素对农村人居环境发展水平具有较为明显的影响。东部地区如福建、浙江等

---

① 本报告按照通常的划分方法，把纳入评价的省市划分为东部、中部、西部、东北四大地区，东部地区包括北京市、天津市、上海市、江苏省、浙江省、福建省、广东省、海南省、河北省、山东省10个省市，中部地区包括山西省、安徽省、江西省、河南省、湖北省、湖南省6个省，西部地区包括内蒙古自治区、广西壮族自治区、四川省、重庆市、贵州省、云南省、陕西省、甘肃省、青海省、西藏自治区、新疆维吾尔自治区、宁夏回族自治区12个省（区、市），东北地区包括辽宁省、吉林省、黑龙江省3个省。

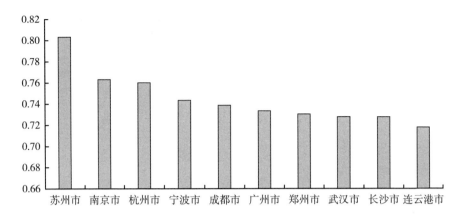

图3 农村人居环境评分前十位城市

地开展农村人居环境治理相对较早，对农村人居环境治理的投入较大，农村人居环境相关基础设施、治理机制更为完善，也是这些地区农村人居环境发展水平普遍高于其他地区的重要原因。西部地区和东北地区由于经济社会发展不足、地方政府财政能力有限且自然条件相对复杂，农村人居环境治理难度更大。例如西南喀斯特地区生态脆弱，石漠化现象突出，熔岩山体更容易导致水环境污染，推进农村畜禽粪污处理和生活污水处理技术要求更高、施工难度更大、建设和维护成本更高。青藏高原等高寒高海拔地区集人口稀疏、生态脆弱、极寒天气多、少数民族聚集等多方面特征于一体，在厕所革命中，厕具运输成本高、安装难度大。

2.省会城市①总体区域领先，西部和东北省会发展不足

27个省会城市农村人居环境总体评分均值为0.673，排名第一的省会是南京市，农村人居环境发展水平评分为0.763（见图4）。省会城市农村人居环境综合评分总体方差②为0.003。27个省会城市中有18个城市农村人居环境发展水平评分位于全部95个抽样城市评分平均值以上，长春市、银川

---

① 为行文简便，自治区首府城市统称为省会城市。

② 方差是用来度量一组随机变量和其平均值之间的偏离程度的变量，若一组数据方差较大，则表示该组数据分布较为分散；若一组数据方差较小，则表示该组数据分布较为集中，即方差越大，数据的波动越大；方差越小，数据的波动就越小。

市、贵阳市、哈尔滨市等9个省会评分位于所有抽样城市平均水平以下。大部分省会城市农村人居环境发展水平在本省范围内处于领先地位或与排名前列的城市仅有微弱差距，例如，福州市农村人居环境发展水平虽然居本省抽样城市第三位，但三者之间的差距十分微弱。西部地区省会如拉萨市、兰州市、西宁市、昆明市、呼和浩特市和贵阳市等农村人居环境总体评分排名较为靠后，应与西部地区特殊的地理气候条件和经济发展水平，以及农村人居环境整治起步较低有一定关系。

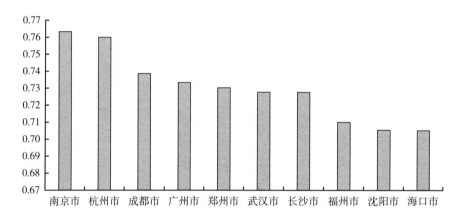

图 4　省会城市农村人居环境评分前十位

省会城市作为一省的政治、经济中心，其农村地区通常具备相对较强的经济实力和较好的发展基础，尤其是城市近郊区等距离高品质消费群体空间较近的地区，大多数拥有一三产业融合发展业态，比如乡村旅游、农事体验等。乡村旅游等第三产业的发展能够有效促进农村人居环境的改善。城市要素下乡和农村要素进城之间的渠道相对畅通，城市生活方式对农村地区的影响也在潜移默化进行，农村人居环境在这种城乡双向交流过程中逐步得到改善。因此，在省级区域差距相对明显的背景下，首位城市强辐射带动作用对周边农村尤其是近郊区农村的影响较大，省会城市农村人居环境的地区差距较小。

3. 省、市不同层面农村人居环境差异来源相似

从省级层面分系统来看，人类发展指数地区之间差异极小，指标变异系数①为8.125%。社会系统方面，以农村居民每万人医疗卫生机构床位数为代表的农村医疗卫生资源差异最为显著，总体变异系数为47.672%，远远超过农村居民最低生活保障标准与农村居民人均消费支出比变异系数（19.853%）和城乡居民可支配收入比总体方差（13.53%）。居住系统方面则以农村居民人均住房面积差异最为显著，变异系数达到了27.882%。支撑系统方面，农村居民年人均用电量由于个别地区极值的存在，地区之间在数据上强变异，变异系数达到了260.072%；其后是农村生活污水治理率，变异系数为68.051%（见图5）。

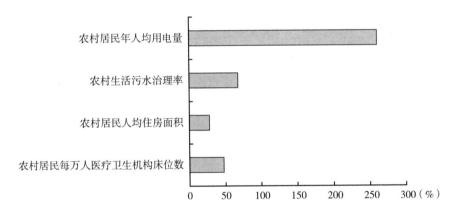

图5 省级尺度农村人居环境主要差异指标变异系数

市级层面，人类发展指数差异相对于省级层面而言进一步减小，变异系数为5.414%。社会系统方面，市级农村医疗卫生资源差异较省级而言更为巨大，总体变异系数达到了61.39%。居住系统方面，市级层面农村居民年人均居住支出占生活消费支出比重与全国农村平均水平之比的差异相较于省一级进一步扩大，变异系数扩大至20.542%。农村居民人均住房面积变异

---

① 变异系数又称离散系数，其定义为标准差与平均值的比值，是用来衡量一组观测数据离散程度的统计量。

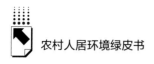
系数为 28.421%。支撑系统方面，省、市两级各项指标差异程度接近，农村居民年人均用电量变异系数为 190.627%，农村生活污水治理率变异系数为 63.068%。

总体上看，省市层面农村人居环境发展水平差异来源大体相同，医疗卫生资源、住房条件、公共服务设施条件和农村用能是省市层面农村人居环境评价体系中存在差异的主要单项指标。同一省份省市农村人居环境发展的趋同性和不同省份之间的区域差异性共同促成了省市双重尺度视角下农村人居环境发展的指标差异相近。全国区域之间、城乡之间医疗卫生水平的差异是一个长期性、系统性的问题，地区之间由于人口数量和空间分布特征差异、经济发展水平差异等原因，医疗卫生供给资源总量、供给方式和供给效果也会在一定程度上存在较为明显的区域差异。东部地区经济社会发展相对领先，城市化水平较高，地方财政条件好，农村人居环境整治起步早，农村基础设施和公共服务供给数量更多、质量更高，供给方式更为完善。西部地区受经济发展水平、财政能力、人民群众观念等诸多因素共同影响，在住房和基础设施建设、公共服务供给等方面与东部相对发达地区存在不小的差距。与此同时，农村经济社会发展水平相对更高也体现在对更舒适的生活环境以及人与自然和谐相处关系的需求上，并进一步引致对环境保护和治理资源更强的投入意愿。

（二）农村人居环境分系统发展格局

1. 人类系统发展高位均衡

人类系统侧重对人的生理心理、行为等有关方面的评价，主要以包含长寿水平、知识水平和生活水平的人类发展指数（HDI）来衡量。

31 个省份农村人居环境人类系统评分平均值为 0.734，系统级差为 0.32，方差为 0.003。排名第一的省份北京市，农村人居环境人类系统评分为 0.88，排名前十的省份依次为北京市、上海市、天津市、江苏省、浙江省、广东省、辽宁省、内蒙古自治区、山东省和吉林省（见图 6）。在排前十位的省份中，东部地区占据 7 席，西部地区占据 1 席，东北地区占据 2 席。

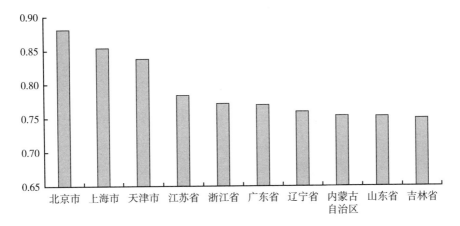

图6 农村人居环境人类系统评分前十位省份

95个抽样城市农村人居环境人类系统评分平均值为0.752，评分最大值和最小值之间的差距为0.198，方差为0.020，城市间评分差异较小。排名第一的城市是苏州市，农村人居环境人类系统评分为0.832，排名前十的城市依次为苏州市、南京市、鄂尔多斯市、广州市、长沙市、呼和浩特市、武汉市、大连市、杭州市和宁波市（见图7）。在排前十位的城市中，东部地区占据5席、中部地区占据2席、西部地区占据2席、东北地区占据1席。

可以看出，东部地区在数量和质量上都处于领先地位，排名前列的省份和抽样城市多数位于东部地区。同时也需看到，地区之间评分虽略有差异，但整体差距较为微弱，无论是省级还是市级层面，农村人居环境人类系统评分均处于较高水平。人类系统主要涉及教育、预期寿命、收入等三方面影响因素，虽然区域间医疗、教育总体发展水平有不小的差距，但在保基本方面，得益于全国一体化医疗卫生和教育体系的建设，影响农村居民看病就医就学最主要、最基本的相关服务的供给得到了充足保障，奠定了人类发展指数差异微弱的现实基础。

2. 社会系统区域均衡，总体稳中有降

社会系统指农村经济发展、人口趋势、健康与福利等涉及不同社会主体相互交往的社会体系，本报告从医疗、社会保障和城乡关系三个方面，以农

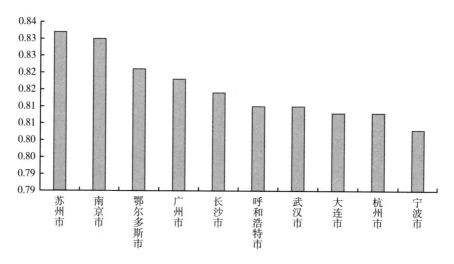

图7 农村人居环境人类系统评分前十位城市

村居民每万人医疗卫生机构床位数、农村居民最低生活保障标准与当地农村居民人均可支配收入比和城乡居民可支配收入比三项指标来衡量。

31个省份农村人居环境社会系统评分平均值为0.591，评分最大值和最小值之间的差距为0.444，方差为0.011。社会系统排名第一的省份是上海市，农村人居环境社会系统评分为0.928，排名前十的省份依次为上海市、天津市、北京市、江苏省、浙江省、黑龙江省、辽宁省、山东省、福建省和重庆市（见图8）。

95个抽样城市农村人居环境社会系统评分平均值为0.523，比前一年降低0.025。太原市农村人居环境社会系统评分为0.784，比前一年评分降低0.081，连续两年排在社会系统第一位。排名前十的城市依次为太原市、长沙市、盘锦市、郑州市、伊春市、杭州市、乌鲁木齐市、南京市、大连市和成都市（见图9）。在排前十位的城市中，东部地区占据2席，中部地区占据3席，西部地区占据2席，东北地区占据3席。

可以看出，与2020年对比，市级尺度下，农村人居环境社会系统评分平均值下降0.025，降幅为4.56%。社会系统排名第一和末位的城市评分与

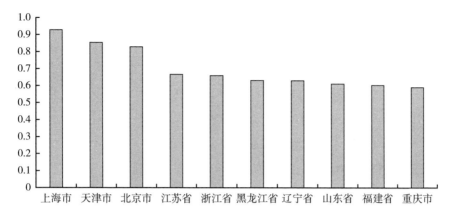

图 8　农村人居环境社会系统评分前十位省份

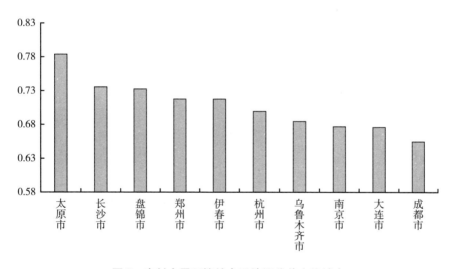

图 9　农村人居环境社会系统评分前十位城市

上一年相比分别下降 0.081 和上升 0.064，虽然社会系统总体上发展略有停滞，但从末位城市评分变动来看，社会系统发展显得相对更加均衡。社会系统更加均衡是我国致力于构建现代化城乡关系、推动城乡融合发展、促进乡村振兴、缩小城乡差距的重要体现，也是加强社会保障体系建设、推动构建更大范围统筹发展的城乡居民社会保障体系、加强对困难边缘群体的关注、强化保障政策兜底作用的显著成果。社会系统的发展更加体现出当前的发展是包容的、一个也不落下的惠及所有农村居民的发展。

3. 居住系统区域不平衡且中低位停滞

居住系统指住宅、社区设施等，居住系统评价围绕住房展开，强调住房的舒适性、方便性和经济性，以农村居民人均住房面积、农村卫生厕所普及率、农村居民人均居住支出占消费支出比重与全国平均水平比三项指标来衡量。

31 个省份农村人居环境居住系统评分平均值为 0.726，评分最大值和最小值之间的差距为 0.388，方差为 0.009。居住系统排名第一的省份是福建省，农村人居环境居住系统评分为 0.89，排名前十的省份依次为福建省、上海市、江苏省、浙江省、湖南省、湖北省、重庆市、广西壮族自治区、四川省和广东省（见图 10）。在排前十位的省份中，东部地区占据 5 席，中部地区占据 2 席，西部地区占据 3 席。

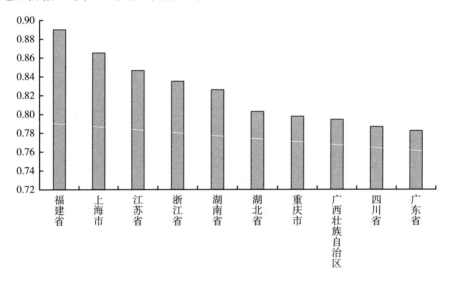

图 10　农村人居环境居住系统评分前十位省份

95 个抽样城市农村人居环境居住系统评分平均值为 0.638，比前一年降低 0.027，评分最大值和最小值之间的差距为 0.401，方差为 0.006。居住系统排名第一的城市是福州市，农村人居环境居住系统评分为 0.832，比前一年排在首位的城市评分降低 0.028。排名前十的城市依次为福州市、茂名市、泉州市、南京市、沈阳市、丽水市、龙岩市、南昌市、成都市和连云港市（见图 11）。在排前十位的城市中，东部地区占据 7 席，中部地区占据 1 席，西部地区占据 1 席，东北地区占据 1 席。

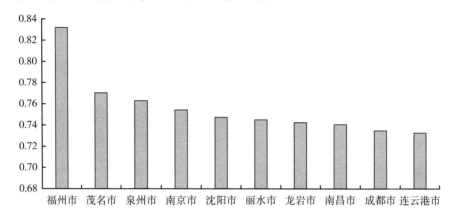

图 11　农村人居环境居住系统评分前十位城市

市级层面农村人居环境居住系统评分最高值、平均值、最低值相较于上一年均略有降低，居住系统整体发展陷入停滞状态，但东部地区领先的区域特征没有改变。评分结果一方面反映区域不平衡特征仍然存在，部分地区居住系统发展滞后仍将是今后农村人居环境治理发展过程中面临的一个重要制约。另一方面也反映出我国农村居住系统发展已经接近发展的阶段性天花板。以 2015~2020 年为例，5 年间全国农村居民人均居住名义支出呈现小幅度增长状态，年均增长率为 10.759%，与同期农村居民人均可支配收入年均增长率（9.998%）较为接近①，农村居民的居住负担维持在一个相对稳定的水平。"十四五"期间，推进农村人居环境整治提升需要处理好拔高标准和补齐短板两方面的协同推进关系，既要不断推动领先地区提高农村人居环境治理标准，打造治理样板，也要推动落后地区补齐明显短板，促进全国农村人居环境发展水平整体提升。

---

① 数据来源：《中国统计年鉴 2021》

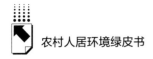
4. 支撑系统区域不平衡但中低位改善

支撑系统指人居环境相关基础设施，包括公共服务设施系统、交通系统和通信系统等，主要以农村自来水普及率、生活污水治理率、生活垃圾治理率、农村居民人均年用电量、行政村宽带通达率和行政区农村路网密度等指标衡量。

31 个省份农村人居环境支撑系统评分平均值为 0.543，评分最大值和最小值之间的差距为 0.553，方差为 0.013。支撑系统排名第一的省份为上海市，农村人居环境支撑系统评分为 0.926，排名前十的省份依次为上海市、江苏省、浙江省、重庆市、广东省、天津市、山东省、湖北省、北京市和河南省（见图 12）。在排前十位的省份中，东部地区占据 7 席，中部地区占据 2 席，西部地区占据 1 席。

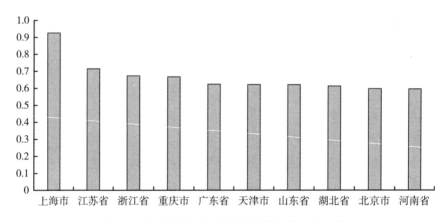

图 12　农村人居环境支撑系统评分前十位省份

95 个抽样城市农村人居环境支撑系统评分平均值为 0.517，比上一年增长 0.008。苏州市连续两年排名支撑系统第一，农村人居环境支撑系统评分为 0.849，与上年保持一致。排名前十的城市依次为苏州市、宁波市、海口市、榆林市、杭州市、泉州市、台州市、成都市、龙岩市和芜湖市（见图 13）。在排前十位的城市中，东部地区占据 7 席，中部地区占据 1 席，西部地区占据 2 席。

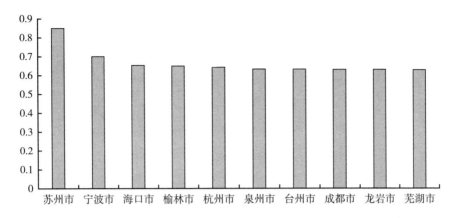

图 13　农村人居环境支撑系统评分前十位城市

农村人居环境支撑系统在省市两个层面都呈现出东部地区明显领先的特征，苏州市连续两年排在首位且评分保持稳定。抽样城市农村人居环境支撑条件略有改善，但从平均值来看，农村人居环境支撑条件仍然存在较大的改善空间。支撑系统中，一方面，行政区农村路网密度、农村居民人均年用电量两项指标地区差距显著。由于地理条件、农村社会发展特征和产业发展布局等客观因素影响，沿海和大中城市近郊区农村人口稠密地区、乡镇产业发展集中地区农村路网密度显著高于草原牧区、高寒高海拔地区等农村人口稀疏区。同时沿海地区由于"三来一补"产业发展模式的历史影响，乡镇工业发达，工业用电量增加导致农村地区人均年用电量显著高于其他地区。另一方面也需要看到，全国农村生活污水治理率均偏低，农村生活污水治理难度大，技术适宜性和经济适宜性污水处理模式暂未得到广泛开发和应用，例如南方散居聚落形态下，污水收集困难，污水管道修建成本高企。"十四五"期间，推进农村人居环境支撑系统建设将会是夯实农村人居环境提质的重要基础。

二　农村人居环境协调发展水平评价

改善农村人居环境，建设美丽宜居乡村，让乡村成为现代生活、乡愁记忆和美丽山水的承载地，体现的是人与自然协调发展理念。为更加全面地展现农村人居环境发展过程中人与自然的关系,本研究构建农村人居环境人地关系系统发展框架,通过对土地资源、生物资源和水资源等主要自然资源的关键指标进行评价,采用耦合协调度模型对自然系统与农村人居环境发展水平进行耦合协调度分析,进一步反映农村人居环境发展过程中人与自然协调发展关系。

(一)农村人居环境协调发展格局

1. 农村人居环境自然系统发展格局

自然系统主要包括土地、生物和水等系统,以耕地面积占比、自然保护区数量和水资源总量等指标衡量。

31个省份自然系统评分平均值为0.310,评分排名前十的省份依次为黑龙江省、广东省、安徽省、四川省、山东省、江西省、湖南省、河南省、湖北省和贵州省(见图14)。95个抽样城市自然系统评分平均值为0.270,评分排名前十的城市依次为哈尔滨市、上饶市、黔东南州、赣州市、遵义市、梅州市、怀化市、通辽市、信阳市和柳州市(见图15)。

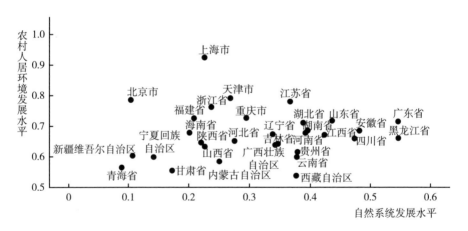

图14 31个省区市农村人居环境发展水平/自然系统散点图

注:横轴和纵轴分别表示自然系统发展水平和农村人居环境发展水平,从横轴上看,越靠近原点,自然系统发展水平越低,反之则越高;从纵轴上看,越靠近原点,农村人居环境发展水平越低,反之则越高。图15同,不再赘述。

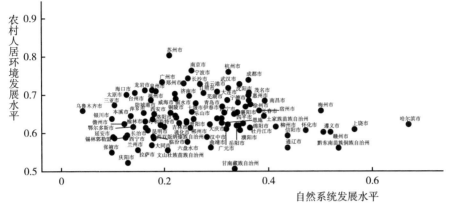

图15　95个抽样城市农村人居环境发展水平/自然系统散点图

可以看出，中西部地区自然系统评分表现相对较好，但全国总体发展水平仍然偏低，原因可能在于我国地域辽阔，气候条件东西差异和南北差异显著，伴随而来的生态本底资源也有巨大差异，大部分地区在构成自然系统的土地资源、生物资源、水资源等三个指标中或多或少存在一些短板。东部地区在人居环境发展水平方面处于领先水平，评分排名靠后的省份和城市主要集中在西部地区。从农村人居环境人地关系散点图可以看出，我国农村人居环境发展水平和自然系统之间呈分散分布状态，农村人居环境发展较好的地区并不一定拥有优良的农村自然基础条件，反之，农村自然条件好的部分地区可能存在农村人居环境发展不足的情况。

2. 农村人居环境人与自然协调发展水平评价

本报告以农村人居环境发展水平与自然系统之间的耦合协调度来衡量农村人居环境人与自然协调发展程度，并将耦合协调度划分为6个等级，对31个省份和95个抽样城市农村人居环境人与自然协调发展水平做出等级划分（见表1）。

31个省份农村人居环境耦合协调度平均值为0.664，方差为0.006。排名第一的是广东省，农村人居环境耦合协调度为0.790。31个省份中，10个省份农村人居环境耦合协调度处于优质协调状态，16个省份处于中度协调状态，4个省份处于基本协调状态，1个省份处于濒临失调状态（见表2）。

表1　中国农村人居环境耦合协调等级划分

判别标准	0.000~0.299	0.300~0.399	0.400~0.499	0.500~0.599	0.600~0.699	0.700~1.000
协调状态	严重失调	轻度失调	濒临失调	基本协调	中度协调	优质协调

95个抽样城市农村人居环境耦合协调度平均值为0.634，方差为0.006。20个城市处于优质协调状态，45个城市处于中度协调状态，25个城市处于基本协调状态，5个城市处于濒临失调状态（表2）。

表2　中国农村人居环境与自然系统协调发展等级分布

协调等级	省份	城市
优质协调	广东省、黑龙江省、安徽省、山东省、四川省、江苏省、江西省、湖北省、湖南省、河南省	哈尔滨市、上饶市、梅州市、赣州市、遵义市、黔东南苗族侗族自治州、怀化市、南昌市、成都市、信阳市、沈阳市、柳州市、茂名市、宿州市、长春市、武汉市、惠州市、徐州市、通辽市、杭州市
中度协调	贵州省、辽宁省、云南省、广西壮族自治区、吉林省、重庆市、天津市、上海市、西藏自治区、浙江省、河北省、福建省、内蒙古自治区、山西省、陕西省、海南省	合肥市、宁德市、连云港市、牡丹江市、襄阳市、芜湖市、绵阳市、南宁市、大连市、四平市、岳阳市、濮阳市、青岛市、伊春市、大庆市、邯郸市、长沙市、恩施土家族苗族自治州、广元市、日照市、南京市、乐山市、宁波市、郴州市、丽水市、郑州市、济南市、甘南藏族自治州、苏州市、汉中市、十堰市、贵港市、曲靖市、盘锦市、通化市、贵阳市、威海市、唐山市、吉林市、广州市、洛阳市、石家庄市、六盘水市、铜陵市、福州市
基本协调	甘肃省、宁夏回族自治区、北京市、新疆维吾尔自治区	龙岩市、昆明市、呼和浩特市、台州市、西安市、泉州市、文山壮族苗族自治州、防城港市、临汾市、西双版纳傣族自治州、萍乡市、榆林市、长治市、海口市、秦皇岛市、大同市、太原市、本溪市、鄂尔多斯市、拉萨市、儋州市、西宁市、锡林郭勒盟、三亚市、庆阳市
濒临失调	青海省	银川市、兰州市、延安市、张掖市、乌鲁木齐市

（二）农村人居环境发展协调度的基本判断

1. 协调发展程度总体不足

虽然有多达 30 个省份和 90 个抽样城市的农村人居环境处于协调发展的状态，但多数评价单元仍处于中低水平协调，其中不乏农村人居环境发展水平排名前列的地区。自新农村建设以来，农村基础设施取得了长足进步，特别自 2018 年开展农村人居环境整治工作以来，农村生活垃圾治理率、生活污水治理率、卫生厕所普及率得到了极大提升，但在硬件设施取得长足进步的同时，投入机制、管护机制、主体意识等软件建设相对滞后，各类统一的工程式的人居环境建设模式可能使农村人居环境取得指标评价上的提升，但与当地自然条件和经济社会实际的契合度较低，人类对自然环境的主观改造缺乏适宜性。

2. 协调发展程度与自身发展水平总体正向对应

从农村人居环境耦合协调度与农村人居环境发展水平散点图（见图 16、图 17）可以看出，农村人居环境发展水平及其与自然系统二者之间的耦合协调度总体呈正向对应趋势，各评价单元在散点图中大体上呈现线性增加的分布趋势，即较高的农村人居环境发展水平往往伴随着较好的耦合协调度，以农村人居环境作为表征的农村人地关系更加和谐。农村人居环境的改善从根本上看是人类在农村地区对当地自然环境条件的有机改造，是以当地自然条件为基础和依托的具有主观能动性的改造，这种改造主要以满足农村地区人类生产生活和对美好自然环境的需要为目的。评价结果显示，虽然部分地区农村人居环境发展水平和协调水平仍然不高，但横向对比下，我国农村人居环境建设和发展是人与自然环境之间协调关系不断增强的良性发展，是人类在改造自然的过程中尊重自然、顺应自然、保护自然，努力构建人与自然命运共同体的结果。

3. 自然条件优势或成为促进协调发展的重要支撑

10 个农村人居环境优质协调发展的省份中，3 个位于东部地区，5 个位于中部地区，东北地区和西部地区各 1 个。20 个农村人居环境优质协调程

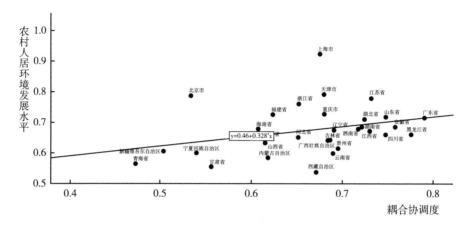

图16 31个省份农村人居环境发展水平/耦合协调度散点

注：横轴和纵轴分别表示农村人居环境耦合协调度和农村人居环境发展水平，从横轴上看，越靠近原点，耦合协调度越低，反之则越高；从纵轴上看，越靠近原点，农村人居环境发展水平越低，反之则越高。图17同，不再赘述。

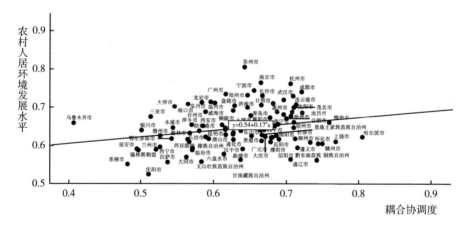

图17 95个抽样城市农村人居环境发展水平/耦合协调度散点

度的城市中，5个位于东部地区，7个位于中部地区，5个位于西部地区，3个位于东北地区。东部地区省份农村人居环境耦合协调度平均值为0.669，评分平均值低于东北地区（0.716）和中部地区（0.711），略高于西部地区（0.623）。耦合协调度排名前十的抽样城市仅有梅州市属于东部地区。可以看出，东部地区在农村人居环境发展水平上的领先优势并未体现在协调发展方面，东北和中部地区在农村人居环境发展水平并不占优的情况下保持了相对更好的协调发展状态。可能的原因在于，一方面，中西部和东北地区虽然农村人居环境发展水平滞后，但农村人居环境的发展与当地自然条件契合度更高，更加充分利用了当地耕地、自然保护区、水资源、地形地貌等方面的优势自然条件。另一方面，东部地区乡村工业化程度高，对农村自然环境的工业化改造在一定程度上造成人居环境建设所需的各类要素余量减少，进而造成农村人居环境发展与当地自然条件脱节。

在下一个农村人居环境建设阶段，合理发挥和利用自然条件优势或是推动农村人居环境实现高质量发展的关键。农村人居环境低发展、高协调的地区在持续提高农村人居环境发展水平的进程中，可以持续发挥和利用好气候条件、地形条件、生物资源等非经济优势，在农村人居环境建设过程中尊重自然、顺应自然、保护自然，构建人与自然和谐共生的命运共同体，实现农村人居环境发展水平与协调程度螺旋式上升。

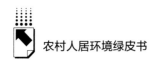

附录

一 农村人居环境发展水平评价指标体系

（一）内涵解析与研究框架

吴良镛先生将人居环境定义为"人类聚居生活的地方，人类利用自然改造自然的主要场所，是人类在大自然中赖以生存的基础"。人居环境科学的研究对象包括乡村、集镇、城市等在内的所有人类聚落，着重研究人与环境之间的相互关系。吴良镛在强调把人类聚落作为一个整体开展研究的同时，借鉴道氏"人类聚居学"将人类聚落的构成划分为自然、人类、社会、居住、支撑五大系统。自然系统奠定农村居民生活的物质基础；人类系统与社会系统是农村软环境的总和，关乎人的个体发展以及聚落成员所组成的集体发展；居住系统与支撑系统是农村硬环境的主体，是人类以生存和生活为目的对自然进行改造与建设的结果。农村人居环境发展评估框架主要从这五个方面展开。

实现人与自然和谐共生是习近平生态文明思想的重要主题。习近平总书记指出，必须敬畏自然、尊重自然、顺应自然、保护自然，始终站在人与自然和谐共生的高度来谋划经济社会发展①。本报告将农村人居环境看作人类改造、利用与保护自然环境的结果，人类与自然发生交互作用的体现。本报告利用人地关系地域系统理论分析在农村人居环境发展过程中人与自然协调发展的程度，反映我国农村人居环境治理过程中人与自然和谐共生发展水平。

1. 评价对象及目标

评价对象：本报告从省、市两个尺度对农村人居环境做出评价，选择除

---

① 《深入学习贯彻习近平生态文明思想》，中华人民共和国教育部门户网站，http://www.moe.gov.cn/s78/A01/s4561/jgfwzx_ xxtd/202208/t20220819_ 654003.html。

香港、澳门和台湾以外的 31 个省（区、市）作为省级尺度评价对象。同时，将经济发展水平作为选择评价对象的主要依据，兼顾地理位置、地形地貌、风俗习惯等因素，在省级行政区域内分别选择省会以及除省会外 GDP 排名靠前、中等和靠后的 3 个地级行政区作为评价对象①。基于统计口径的一致性和数据可得性，本报告共选择除北京、天津、上海、重庆和香港、澳门、台湾以外的 27 个省（区）的 95 个市（州、盟）作为市级尺度评价对象。

评价目标：本报告从自然、人类、社会、居住、支撑等五个系统入手对农村人居环境发展水平及人与自然协调发展关系进行评价，从各系统的功能出发，综合考虑数据的可得性以及数据间的关联度，既考虑五个系统各自的质量和发展水平，也关注各系统间的互补和协调，以人类系统、社会系统、居住系统和支撑系统反映农村人居环境发展水平，以农村人居环境发展水平与自然系统二者之间的耦合协调度反映农村人居环境发展过程中人与自然的协调发展关系。一方面从当前发展阶段实际出发，对我国农村人居环境发展情况进行评价；另一方面从反映人与自然和谐相处的角度对农村人居环境协调发展程度做出分析评价。

2. 指标选择原则

导向性原则。指标体系设置充分体现中国农村人居环境实际发展水平，综合、全面、客观衡量中国农村人居环境质量，同时体现本报告对农村人居环境发展的实践主张。

系统性原则。指标体系系统考察和客观评价中国农村人居环境发展水平，从综合评价的角度对中国农村人居环境发展质量做系统性描述。评价指标体系是一个有机统一的系统，可综合反映农村人居环境的多维发展特征。

独立性原则。指标设置尽量保持同级指标之间的相互独立性，即指标之间没有显著的相关关系，同时能够反映不同问题或同一问题的不同方面。

可操作性原则。指标设置力求简单、适用，充分考虑数据采集的可行

---

① 海南省选择海口市、三亚市、儋州市，西藏自治区选择拉萨市，青海省选择西宁市，宁夏回族自治区选择银川市，新疆维吾尔自治区选择乌鲁木齐市作为评价对象。

性、时间成本、经济成本以及持续采集的可能性，并与国家现有统计指标体系有效衔接。

3. 评价指标说明

中国农村人居环境发展水平评估框架包含自然系统和农村人居环境发展水平评价指标体系，其中，自然系统包含 1 个一级指标，3 个二级指标和 3 个三级指标。农村人居环境发展水平评价指标体系包含人类系统、社会系统、居住系统、支撑系统 4 个一级指标，11 个二级指标和 11 个三级指标（见附表 1）。

附表 1　中国农村人居环境发展水平评估框架

		一级指标	二级指标	三级指标	属性	综合权重
	自然系统	自然系统	土地资源	耕地面积占比（%）（1/3）	正	1/3
			生物资源	自然保护区数量（个）（1/3）	正	1/3
			水资源	水资源总量（亿立方米）（1/3）	正	1/3
农村人居环境发展水平评价指标	农村人居环境发展水平	人类系统（1/4）	人类发展	人类发展指数（HDI）（1）	正	1/4
		社会系统（1/4）	医疗资源	农村居民每万人医疗卫生机构床位数（张）（1/3）	正	1/12
			社会公平	农村居民最低生活保障救助标准与当地农村居民人均生活消费支出比（1/3）	正	1/12
			城乡关系	城乡居民可支配收入比（1/3）	逆	1/12
		居住系统（1/4）	舒适性	农村居民人均住房面积（平方米）（1/3）	正	1/12
			方便性	农村卫生厕所普及率（%）（1/3）	正	1/12
			经济性	农村居民年人均居住支出占生活消费支出比重与全国平均水平之比（1/3）	逆	1/12
		支撑系统（1/4）	公共服务设施	公共服务设施水平指数（1/4）	正	1/16
			能源	农村居民年人均用电量（千瓦时）（1/4）	正	1/16
			通信	行政村宽带通达率（%）（1/4）	正	1/16
			交通	行政区农村公路密度（公里/平方公里）（1/4）	正	1/16

（1）自然系统。农村居民生活空间与农业生产环境交织，人的生产生活行为必定会与环境产生交互作用。大自然是人居环境的基础，人的生产生活

以及具体的人居环境建设活动都离不开更为广阔的自然背景。本报告选择自然系统中重要的基础性的土地资源保护与利用、生物多样性与自然环境保护以及水资源利用三个方面，以土地资源、生物资源和水资源作为衡量自然系统的指标。考虑到农村人居环境自然系统是从人与自然的关系角度出发的，最终选择以行政区耕地面积占比（耕地总面积除以行政区总面积）代表土地资源，以水资源总量①代表水资源，以自然保护区②数量代表生物资源。

（2）人类系统。农村人居环境是农村中人与人共处的居住环境，其核心是村落里的居民，人类系统侧重于对物质需求与人的生理心理、行为等有关机制原理、理论的分析。农村人居环境建设成效在人身上体现为人类福祉不断增加，也即"人类发展"。在测评人类福祉方面，我们主张以人类发展指数（HDI）来进行测度。

联合国开发计划署（UNDP）在《1990 年人类发展报告》（*UNDP*1990）中提出了人类发展指数的概念。人类发展是一个不断扩大人们选择权的过程，而拥有健康长寿、良好教育和体面生活的权利则是其中最重要的几个方面。UNDP 主张从收入、教育、健康三个维度，对各国的人类发展情况进行衡量。具体而言，以"出生时预期寿命"为指标构建预期寿命指数，以"平均受教育年限"和"预期受教育年限"为指标构建教育指数，以"人均国民收入"为指标构建收入指数，而人类发展指数即由这三项指数共同组成。尽管人类发展指数包含的指标数量较少，但突破了以往仅聚焦收入这个单一维度，从多角度理解发展这一理念。因此，本报告选择以人类发展指数衡量农村人居环境人类系统发展水平。

（3）社会系统。结合人类住区可持续发展目标，农村人居环境社会系统评价侧重于从社会公平、包容视角出发，从医疗、社会保障、城乡关系三个方面

---

① 一定区域内的水资源总量指当地降水形成的地表和地下产水量，即地表径流量与降水入渗补给量之和，不包括过境水量。

② 自然保护区指对有代表性的自然生态系统、珍稀濒危野生动植物物种的天然分布区，水源涵养区，有特殊意义的自然历史遗迹等保护对象所在的陆地、陆地水体或海域，依法划出一定面积进行特殊保护和管理的区域。以县及县以上各级人民政府正式批准建立的自然保护区为准。

对社会系统进行评价。社会保障是农村社会环境中十分重要的组成部分，它能调节贫富差距、维持社会公平。村落内所有居民能够维持最基本的生活水平是良好农村人居环境的题中应有之义，是否建立起覆盖广大农村的完善的社会保障体系也是衡量中国社会制度是否健全的重要指标之一。本报告以农村居民每万人医疗卫生机构床位数（医疗卫生机构床位总数除以农村常住人口数量）指标反映医疗卫生保障水平；以农村居民最低生活保障救助标准与当地农村居民人均生活消费支出比指标反映社会保障对农村边缘群体的包容度，即社会公平。良好的城乡关系是农村人居环境的重要方面，本报告以城乡居民可支配收入比指标衡量城乡关系和城乡居民享受经济发展成果的公平程度。

（4）居住系统。依据"人人享有适当、安全和负担得起的住房和基本服务"这一可持续发展目标的要求，农村人居环境居住系统评价围绕住房展开，强调住房的舒适性、方便性和经济性。舒适性指农村住房基本功能齐全，满足生活、生产和文化等多种家居活动的要求，具备舒适居住的基础条件。中国农村农民住房基本为自建房，无统一建设标准，为满足更多家庭人口的多样化需求，大多数家庭会在自己能力范围内尽可能建造最大面积的住房，因此将农村居民人均住房面积作为（居住）舒适性的指标。农村卫生厕所普及率则体现居住配套设施水平和居民生活便利的程度，将其作为方便性的指标。经济性与当地农村居民人均可支配收入和消费能力挂钩，用地区农村居民年人均居住支出占生活消费支出比重与全国平均水平的比值作为衡量不同区域农村居民居住负担差异的指标。

（5）支撑系统。支撑系统是指为人类活动提供支持、服务聚落并将聚落连为整体的所有人工和自然的联系系统、技术保障系统，主要指人类住区的基础设施。结合人类住区可持续发展目标，农村人居环境支撑系统评价侧重于农村公共基础设施的完善程度。农村公共基础设施包括农村水电路气信以及公共人居环境、公共管理、公共服务等设施[1]。本报告从公共服务设施、通信、能源和交通四个方面对农村人居环境支撑系统发展水平展开评

---

[1] 《关于深化农村公共基础设施管护体制改革的指导意见》，发改农经〔2019〕1645号。

价。农村自来水普及率、农村生活垃圾治理率①和农村生活污水治理率②三项指标构成农村人居环境公共服务设施水平指数，农村居民年人均用电量（农村用电量除以农村常住人口数量）指标反映农村能源供应和消费水平，行政区农村公路密度（农村公路总里程除以行政区总面积）指标反映农村内部交通质量，行政村宽带通达率指标反映农村通信水平。

（二）数据处理及说明

1. 数据来源与说明

根据农村人居环境发展水平评价指标体系，依照数据可靠性和精确性的原则，本文指标数据主要来自统计年鉴等渠道，指标主要采用 2020 年数据。具体来源包括 2021 年中国统计年鉴，2021 年各省（区、市）统计年鉴，2021 年各市（州、盟）统计年鉴、统计公报、地方志和调查统计年鉴，2020 年各省（区、市）水资源公报，2021 年中国城乡建设统计年鉴，2021 年中国城市统计年鉴，各市（州、盟）2020 年政府工作报告，部分地区 2019 年公路统计公报，部分地区地理国情普查公报，政府各行业主管部门统计公报、工作简报、工作新闻、动态发布和包括政府、人大、政协等机构在内的官方网站公布的相关数据。自然系统中，自然保护区数据包括国家级、省级、市级和县级自然保护区，数据来源为 2017 年全国自然保护区名录。水资源总量主要来自各省（区、市）2020 年水资源公报。人类系统中，人类发展指数采用《中国人类发展报告特别版——历史转型中的中国人类发展 40 年：迈向可持续未来》中公布的 2016 年各省（区、市）、市（州、盟）HDI 指数。社会系统中，各相关数据均来自统计年

---

① 根据住房和城乡建设部等十部门出台的《农村生活垃圾治理验收办法》，农村生活垃圾治理验收标准为"五有"标准，即有完备的设施设备、成熟的治理技术、稳定的保洁队伍、完善的监管制度、长效的资金保障。农村生活垃圾治理率一般来说指农村生活垃圾得到有效治理的行政村占该地区行政村总数的比例。具体以各地官方直接公布的数据为准。

② 农村生活污水治理率是指一个地区内完成生活污水治理的自然村（行政村）数量占该地区内自然村（行政村）总数的比例。自然村内一定比例以上农户的生活污水得到处理或有效管控，可视为该自然村生活污水基本完成治理，该比例在不同地区存在一定差异，具体治理率以各地官方直接公布的数据为准。

鉴，其中农村低保标准采用 2020 年末数据，由于各省（区、市）农村低保标准每年调整且调整时点不一致，本报告以 2020 年末数据为准，同时若在同一个地区中分为不同等级，则取各个等级的算术平均值。居住系统中，农村人均住房面积以统计年鉴中住户调查数据为主，农村居民人均住房面积主要指农村居民人均住房建筑面积，个别地区以该地区住户调查中公布的唯一代表居住面积的农村居民人均住房面积指标或农村居民人均用房面积指标代替。支撑系统中，农村人居环境公共服务设施水平由农村自来水普及率、农村生活垃圾治理率和农村生活污水治理率三者标准化后的几何平均值构成。

$$公共服务设施水平指数 = \sqrt[3]{农村自来水普及率 \times 农村生活垃圾治理率 \times 农村生活污水治理率}$$

基于数据可得性，构成农村公共服务设施水平指数的农村生活垃圾治理率、农村生活污水治理率以及居住系统中的农村卫生厕所普及率主要采用 2020 年数据。行政区农村公路密度为农村公路总里程与行政区面积比值，根据交通运输部对公路等级划分的规定，农村公路由县道、乡道和村道构成[①]，本文农村公路数据来自各市（州、盟）直接公布的数据或统计资料中县乡村道数据的加总。

2. 数据处理

（1）数据标准化。对由 M 个评价尺度单元、N 项指标构成的截面数据进行标准化：

正向指标：

$$X_{ij}^{'} = X_{ij}/X_{ij(\max)} \qquad (1.1)$$

逆向指标：

$$X_{ij}^{'} = X_{ij(\min)}/X_{ij} \qquad (1.2)$$

其中，X_{ij} 为第 i 个评价单元第 j 项指标的值，$X_{ij}^{'}$ 为标准化之后的值，$X_{ij(\max)}$ 为所有单元第 j 项指标数据的最大值，$X_{ij(\min)}$ 为所有单元中第 j 项指标

---

① 《农村公路建设管理办法》，中华人民共和国交通运输部令 2018 年第 4 号。

数据的最小值。

（2）指标赋权。本报告从人居环境相关理论基础出发，结合农村人居环境治理工作实践，认为农村人居环境五个系统对于农村人居环境发展具有同等重要的作用，采用平均赋权法进行指标赋权，并最终形成三级指标综合权重，农村人居环境发展水平由各个具体指标经过逐级加权合成。

（3）耦合协调度计算。

$$C_n = \left\{ \frac{[f(U_1) * f(U_2) * \cdots * f(U_n)]}{\left[\dfrac{f(U_1) + f(U_2) + \cdots + f(U_n)}{n}\right]^n} \right\}^{\frac{1}{n}} \qquad (1.3)$$

其中 $f(U_1)$、$f(U_2)$、$\cdots$、$f(U_n)$ 分别代表各个系统的综合评价效果，$C_n \in [0, 1]$，C_n 值越大代表系统之间相互作用越强。

$$D = \sqrt{C * T} \qquad (1.4)$$

其中 D 代表系统间耦合协调度，$T = \alpha f(U_1) + \beta f(U_2)$，代表分系统综合评价结果，$D$ 代表耦合协调度，α、β 为待定系数，分别代表分系统的相对贡献重要程度，本报告取系数 $\alpha = \beta = 1/2$，最终采用公式（1.5）计算耦合协调度：

$$D = \sqrt{C * (f(U_1) + f(U_2))/2} \qquad (1.5)$$

二 农村人居环境发展水平综合评分表

（一）31个省级行政区农村人居环境发展水平及协调发展程度评分表

地区	人类系统	社会系统	居住系统	支撑系统	农村人居环境发展水平评分	自然系统	农村人居环境耦合协调度	协调等级
北京市	0.88	0.828	0.715	0.596	0.785	0.103	0.533	基本协调
天津市	0.84	0.854	0.734	0.620	0.790	0.269	0.679	中度协调

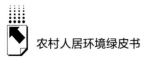

续表

地区	人类系统	社会系统	居住系统	支撑系统	农村人居环境发展水平评分	自然系统	农村人居环境耦合协调度	协调等级
河北省	0.72	0.561	0.668	0.556	0.651	0.275	0.651	中度协调
山西省	0.73	0.585	0.634	0.477	0.632	0.226	0.615	中度协调
内蒙古自治区	0.75	0.581	0.502	0.395	0.584	0.250	0.618	中度协调
辽宁省	0.76	0.629	0.719	0.483	0.673	0.338	0.691	中度协调
吉林省	0.75	0.580	0.687	0.436	0.639	0.342	0.684	中度协调
黑龙江省	0.73	0.631	0.760	0.420	0.661	0.546	0.775	优质协调
上海市	0.85	0.928	0.865	0.926	0.922	0.225	0.675	中度协调
江苏省	0.78	0.666	0.846	0.714	0.779	0.367	0.731	优质协调
浙江省	0.77	0.659	0.835	0.673	0.761	0.237	0.651	中度协调
安徽省	0.71	0.589	0.766	0.582	0.685	0.482	0.758	优质协调
福建省	0.75	0.603	0.890	0.559	0.725	0.208	0.623	中度协调
江西省	0.71	0.560	0.769	0.543	0.670	0.423	0.730	优质协调
山东省	0.75	0.611	0.780	0.620	0.716	0.436	0.748	优质协调
河南省	0.71	0.547	0.755	0.594	0.677	0.392	0.718	优质协调
湖北省	0.75	0.578	0.803	0.611	0.710	0.388	0.724	优质协调
湖南省	0.74	0.511	0.826	0.564	0.684	0.395	0.721	优质协调
广东省	0.77	0.574	0.783	0.623	0.713	0.546	0.790	优质协调
广西壮族自治区	0.71	0.529	0.794	0.435	0.641	0.346	0.686	中度协调
海南省	0.73	0.541	0.767	0.571	0.678	0.200	0.607	中度协调
重庆市	0.75	0.591	0.798	0.666	0.726	0.294	0.680	中度协调
四川省	0.70	0.524	0.787	0.527	0.659	0.474	0.747	优质协调
贵州省	0.67	0.486	0.730	0.491	0.616	0.379	0.695	中度协调
云南省	0.66	0.484	0.654	0.507	0.598	0.378	0.689	中度协调
西藏自治区	0.56	0.503	0.600	0.410	0.537	0.377	0.671	中度协调
陕西省	0.74	0.533	0.647	0.562	0.646	0.220	0.614	中度协调
甘肃省	0.67	0.483	0.537	0.432	0.554	0.172	0.556	基本协调
青海省	0.67	0.496	0.627	0.373	0.563	0.088	0.472	濒临失调
宁夏回族自治区	0.73	0.520	0.623	0.428	0.598	0.141	0.539	基本协调
新疆维吾尔自治区	0.72	0.548	0.616	0.434	0.603	0.107	0.503	基本协调

（二）95个抽样城市农村人居环境发展水平及协调发展程度评分表

地区	自然系统	人类系统	社会系统	居住系统	支撑系统	农村人居环境发展水平评分	农村人居环境耦合协调度	协调等级
石家庄市	0.220	0.75	0.550	0.612	0.520	0.645	0.614	中度协调
唐山市	0.243	0.77	0.475	0.570	0.546	0.628	0.625	中度协调
邯郸市	0.310	0.72	0.480	0.617	0.598	0.639	0.667	中度协调
秦皇岛市	0.163	0.77	0.448	0.571	0.518	0.614	0.563	基本协调
太原市	0.126	0.79	0.784	0.593	0.478	0.700	0.545	基本协调
长治市	0.167	0.72	0.479	0.649	0.438	0.608	0.565	基本协调
临汾市	0.178	0.71	0.489	0.576	0.451	0.591	0.569	基本协调
大同市	0.174	0.72	0.537	0.431	0.443	0.568	0.561	基本协调
呼和浩特市	0.192	0.81	0.520	0.592	0.398	0.621	0.587	基本协调
鄂尔多斯市	0.139	0.82	0.508	0.516	0.455	0.616	0.541	基本协调
通辽市	0.437	0.75	0.502	0.442	0.399	0.562	0.704	优质协调
锡林郭勒盟	0.123	0.79	0.561	0.474	0.369	0.588	0.519	基本协调
沈阳市	0.362	0.79	0.639	0.747	0.489	0.705	0.711	优质协调
大连市	0.302	0.81	0.676	0.648	0.537	0.708	0.680	中度协调
盘锦市	0.219	0.79	0.733	0.650	0.474	0.702	0.627	中度协调
本溪市	0.134	0.77	0.637	0.612	0.403	0.645	0.542	基本协调
长春市	0.390	0.79	0.491	0.665	0.471	0.644	0.708	优质协调
吉林市	0.228	0.79	0.474	0.653	0.432	0.627	0.615	中度协调
四平市	0.343	0.75	0.455	0.650	0.475	0.620	0.679	中度协调
通化市	0.250	0.75	0.460	0.623	0.472	0.614	0.626	中度协调
哈尔滨市	0.671	0.77	0.537	0.628	0.406	0.621	0.804	优质协调
大庆市	0.322	0.79	0.496	0.650	0.410	0.622	0.669	中度协调
牡丹江市	0.364	0.76	0.550	0.615	0.390	0.614	0.687	中度协调
伊春市	0.315	0.72	0.717	0.650	0.394	0.653	0.673	中度协调
南京市	0.253	0.83	0.677	0.754	0.624	0.763	0.663	中度协调
苏州市	0.209	0.83	0.651	0.713	0.849	0.803	0.640	中度协调
徐州市	0.364	0.78	0.482	0.732	0.555	0.675	0.704	优质协调
连云港市	0.323	0.76	0.609	0.733	0.615	0.718	0.694	中度协调
杭州市	0.323	0.81	0.700	0.728	0.642	0.760	0.704	优质协调
宁波市	0.245	0.80	0.612	0.697	0.700	0.743	0.653	中度协调
台州市	0.173	0.77	0.489	0.701	0.631	0.686	0.587	基本协调
丽水市	0.260	0.76	0.490	0.745	0.564	0.677	0.648	中度协调

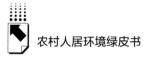
续表

地区	自然系统	人类系统	社会系统	居住系统	支撑系统	农村人居环境发展水平评分	农村人居环境耦合协调度	协调等级
合肥市	0.355	0.78	0.572	0.654	0.515	0.669	0.698	中度协调
芜湖市	0.321	0.76	0.595	0.611	0.628	0.687	0.685	中度协调
宿州市	0.382	0.71	0.574	0.624	0.589	0.659	0.708	优质协调
铜陵市	0.212	0.75	0.560	0.563	0.586	0.653	0.610	中度协调
福州市	0.183	0.78	0.463	0.832	0.602	0.710	0.600	中度协调
泉州市	0.161	0.77	0.534	0.763	0.632	0.712	0.582	基本协调
龙岩市	0.176	0.77	0.558	0.743	0.629	0.713	0.595	基本协调
宁德市	0.341	0.76	0.550	0.668	0.592	0.679	0.694	中度协调
南昌市	0.393	0.77	0.534	0.741	0.535	0.684	0.720	优质协调
赣州市	0.519	0.71	0.352	0.706	0.505	0.602	0.748	优质协调
上饶市	0.566	0.71	0.398	0.719	0.472	0.610	0.767	优质协调
萍乡市	0.159	0.74	0.459	0.711	0.548	0.653	0.568	基本协调
济南市	0.247	0.78	0.593	0.659	0.595	0.697	0.644	中度协调
青岛市	0.311	0.80	0.529	0.625	0.564	0.670	0.676	中度协调
威海市	0.222	0.80	0.560	0.716	0.527	0.690	0.625	中度协调
日照市	0.276	0.76	0.633	0.682	0.585	0.704	0.664	中度协调
郑州市	0.236	0.77	0.718	0.696	0.578	0.730	0.645	中度协调
洛阳市	0.222	0.75	0.460	0.644	0.557	0.640	0.614	中度协调
信阳市	0.437	0.71	0.393	0.605	0.518	0.593	0.713	优质协调
濮阳市	0.344	0.73	0.386	0.625	0.548	0.608	0.676	中度协调
武汉市	0.344	0.81	0.630	0.683	0.624	0.728	0.708	优质协调
襄阳市	0.340	0.77	0.447	0.701	0.548	0.654	0.687	中度协调
十堰市	0.252	0.74	0.506	0.694	0.521	0.654	0.637	中度协调
恩施土家族苗族自治州	0.310	0.70	0.453	0.706	0.510	0.627	0.664	中度协调
长沙市	0.269	0.81	0.736	0.646	0.551	0.728	0.665	中度协调
岳阳市	0.339	0.76	0.457	0.608	0.503	0.619	0.677	中度协调
郴州市	0.287	0.75	0.418	0.726	0.445	0.623	0.650	中度协调
怀化市	0.471	0.73	0.404	0.651	0.497	0.607	0.731	优质协调
广州市	0.195	0.82	0.642	0.689	0.620	0.733	0.615	中度协调
惠州市	0.362	0.77	0.578	0.674	0.567	0.685	0.706	优质协调
茂名市	0.361	0.75	0.558	0.770	0.564	0.699	0.709	优质协调
梅州市	0.501	0.71	0.548	0.661	0.570	0.658	0.758	优质协调

续表

地区	自然系统	人类系统	社会系统	居住系统	支撑系统	农村人居环境发展水平评分	农村人居环境耦合协调度	协调等级
南宁市	0.334	0.76	0.492	0.666	0.530	0.649	0.682	中度协调
柳州市	0.413	0.75	0.504	0.653	0.407	0.617	0.711	优质协调
贵港市	0.256	0.70	0.518	0.680	0.508	0.636	0.635	中度协调
防城港市	0.176	0.78	0.464	0.646	0.502	0.637	0.579	基本协调
海口市	0.142	0.78	0.585	0.642	0.653	0.705	0.563	基本协调
三亚市	0.102	0.75	0.553	0.636	0.601	0.673	0.512	基本协调
儋州市	0.121	0.73	0.438	0.657	0.520	0.624	0.525	基本协调
成都市	0.361	0.78	0.655	0.735	0.629	0.739	0.719	优质协调
绵阳市	0.351	0.72	0.464	0.664	0.512	0.625	0.684	中度协调
乐山市	0.301	0.73	0.460	0.687	0.528	0.638	0.662	中度协调
广元市	0.319	0.69	0.457	0.654	0.505	0.610	0.664	中度协调
贵阳市	0.242	0.74	0.502	0.659	0.472	0.632	0.625	中度协调
遵义市	0.505	0.70	0.409	0.638	0.524	0.603	0.743	优质协调
六盘水市	0.244	0.71	0.407	0.598	0.456	0.577	0.612	中度协调
黔东南苗族侗族自治州	0.535	0.68	0.397	0.575	0.459	0.561	0.740	优质协调
昆明市	0.199	0.73	0.501	0.603	0.485	0.617	0.592	基本协调
曲靖市	0.289	0.67	0.401	0.589	0.449	0.562	0.635	中度协调
文山壮族苗族自治州	0.206	0.65	0.402	0.594	0.451	0.556	0.581	基本协调
西双版纳傣族自治州	0.179	0.68	0.464	0.623	0.440	0.587	0.569	基本协调
拉萨市	0.147	0.71	0.488	0.464	0.420	0.556	0.535	基本协调
西安市	0.179	0.78	0.526	0.624	0.506	0.649	0.584	基本协调
榆林市	0.162	0.77	0.467	0.481	0.650	0.630	0.565	基本协调
延安市	0.100	0.74	0.459	0.570	0.438	0.590	0.493	濒临失调
汉中市	0.281	0.73	0.446	0.526	0.513	0.590	0.638	中度协调
兰州市	0.102	0.75	0.445	0.566	0.441	0.587	0.495	濒临失调
庆阳市	0.128	0.69	0.378	0.456	0.429	0.523	0.509	基本协调
张掖市	0.096	0.69	0.438	0.496	0.432	0.550	0.480	濒临失调
甘南藏族自治州	0.335	0.63	0.459	0.469	0.340	0.507	0.642	中度协调
西宁市	0.127	0.72	0.554	0.515	0.443	0.594	0.524	基本协调
银川市	0.097	0.76	0.523	0.636	0.480	0.637	0.499	濒临失调
乌鲁木齐市	0.040	0.79	0.685	0.562	0.433	0.658	0.404	濒临失调

G.2
中国农村人居环境发展最新成就与展望

摘　要： 2021 年我国发布了《农村人居环境整治提升五年行动方案（2021~
2025 年）》，标志着中国农村人居环境整治提升进入新阶段，2022
年是该方案的落地之年。本报告总结梳理农村人居环境整治提升五
年行动开局取得的成就，分析农村人居环境整治提升过程中面临的
机遇、挑战与问题，为下一步农村人居环境整治提升提出建议。当
前，农村人居环境整治提升工作面临部门之间协作不够、治理技术
存在明显瓶颈、农村人居环境标准体系不够健全、监测与评价体系
建设稍显滞后、群众参与不充分等问题，下一步应以县级为单位编
制农村人居环境整治提升规划，促进区域适宜性技术研发推广，完
善农村人居环境标准体系建设，建立健全农村人居环境全方位监测
体系，提高农民参与意愿和参与能力。

关键词： 农村人居环境　乡村建设　厕所革命　村容村貌

2021 年是中国共产党成立 100 周年，是实施《国民经济和社会发展第
十四个五年规划和 2035 年远景目标纲要》的开局之年，是我国继全面建成
小康社会和完成脱贫攻坚任务之后迈向全面建设社会主义现代化国家征程的
新起点。2021 年底，中共中央办公厅、国务院办公厅印发《农村人居环境
整治提升五年行动方案（2021~2025 年）》（下称"五年行动方案"），意
味着我国农村人居环境整治提升工作也迈上新的征程。2022 年是"五年行
动方案"的落地之年，各地以"硬仗""持久战"的心态积极开展整治提升
行动，巩固农村人居环境整治三年行动成果，打开五年行动新局面。

一 农村人居环境整治提升五年行动开局良好

（一）整治提升行动内涵更加丰富

总体目标上，农村人居环境整治提升从推动村庄环境干净整洁向美丽宜居升级。实现村庄干净整洁是农村人居环境整治三年行动最基本的目标任务，至收官之时，该目标任务全面完成[①]。"五年行动方案"提出，到 2025 年，农村人居环境显著改善，生态宜居美丽乡村建设取得新进步。同时，《"十四五"推进农业农村现代化规划》提出到 2025 年，梯次推进有条件的地区率先基本实现农业农村现代化，良好的农村人居环境也作为基本条件被提出。

重点任务上，从提高整体覆盖向高质量发展迈进。农村人居环境整治提升五年行动（以下简称"五年行动"）仍以农村厕所革命、农村生活污水治理、农村生活垃圾治理、村容村貌整体提升、长效管护机制建立健全为重点任务，但与农村人居环境整治三年行动（以下简称"三年行动"）相比，五年行动更加强调数量服从质量、进度服从实效，求好不求快，强调完善以质量实效为导向、以农民满意为标准的工作推进机制，以更高的质量推动全国农村人居环境从基本达标迈向提质升级。

参与主体上，从鼓励呼吁社会力量参与向动员引导社会力量参与转变。社会力量参与农村人居环境整治提升需要有制度保障和政策指导，三年行动中虽提出要调动社会力量积极参与，但关于社会力量如何参与的政策指引较少。"五年行动方案"实施以来，中央层面已陆续发布多则引导社会力量参与农村人居环境整治提升相关的通知，农业农村部办公厅、国家乡村振兴局综合司连续多年发布《社会资本投资农业农村指引》，其中农村人居环境整治是鼓励投资的重点领域之一；民政部、国家乡村振兴局发布《关于动员

---

① 《国新办举行农村人居环境整治提升五年行动新闻发布会》，国家乡村振兴局网站，2021 年 12 月 6 日，http://nrra.gov.cn/art/2021/12/6/art_ 2241_ 512. html。

引导社会组织参与乡村振兴工作的通知》，要求各地将社会组织参与乡村振兴纳入重要议事日程；中华全国工商业联合会等六部门联合发布《关于开展"万企兴万村"行动的实施意见》，组织动员广大民营企业助力乡村振兴。同时，五年行动更加突出农民主体作用，强调进一步调动农民积极性，尊重农民意愿，激发其自觉改善农村人居环境的内生动力。《乡村建设行动实施方案》中也提出，完善农民参与乡村建设程序和方法，2023 年 1 月 17 日，国家乡村振兴局等七部门印发《农民参与乡村建设指南（试行）》，对完善农民参与乡村建设机制进行部署，规范了农民参与的程序和方法，为更好地发挥农民主体作用提供了行动依据。

区域发展上，更加强调中西部地区农村人居环境整治。当前我国发展不平衡不充分问题在乡村最为突出，中西部农村的发展进程明显滞后于东部农村。以农村生活污水治理为例，截至"十三五"时期末，农村生活污水治理率达到 25.5%，东、中、西部地区农村生活污水治理率分别为 36.3%、19.3%和 16.8%[①]，地区间治理率差异较大。针对东、中、西部治理进展不平衡的问题，各重点任务均提出了差异化的分区目标，更加重视因地制宜、分类施策，其中中西部地区成为突出重点。"五年行动方案"提出，加快研发干旱、寒冷地区卫生厕所适用技术和产品，加强中西部地区农村户用厕所改造。

（二）五大重点任务取得新进步

农村厕所革命受到高度重视。2021 年 7 月 23 日，全国农村厕所革命现场会在湖南衡阳召开，会议传达学习了习近平总书记对深入推进农村厕所革命做出的重要指示。总书记强调"十四五"时期要继续把农村厕所革命作为乡村振兴的一项重要工作，发挥农民主体作用，注重因地制宜、科学引导，坚持数量服从质量、进度服从实效，求好不求快，坚决反对劳民伤财、

---

① 《治理农村生活污水，需处理好三个"差异"》，《中国环境报》2022 年 4 月 14 日，http：//epaper. cenews. com. cn/html/2022-04/14/content_ 75589. htm。

搞形式摆样子，扎扎实实向前推进①。各级党委和政府及有关部门要各负其责、齐抓共管，一年接着一年干，真正把这件好事办好、实事办实。2021年以来，农村厕所革命的主要任务一是有力有序推进农村卫生厕所新建与改建，截至2021年底，全国农村卫生厕所普及率超过70%②；二是推进全国农村改厕问题排查整改，各地对2013年以来各级财政支持改造的农村户厕进行拉网式排查，截至2022年9月，摸排出的问题厕所能够立行立改的已基本完成整改，其余正在分类有序推进整改③。

农村生活垃圾收运处置实现常态化运行。截至2021年底，我国农村生活垃圾得到收运处理的自然村比例保持在90%以上④，有条件的地区积极推广城乡环卫一体化，农村生活垃圾治理基本实现常态化、规范化。为规范农村生活垃圾分类、收集、运输和处理，2021年4月，住房和城乡建设部发布国家标准《农村生活垃圾收运和处理技术标准》；为提高农村易腐垃圾、厕所粪污等有机废弃物无害化处理和资源化利用水平，2022年1月，农业农村部、国家乡村振兴局组织遴选了4种农村有机废弃物资源化利用典型技术模式和7个典型案例供各地学习借鉴；为进一步扩大农村生活垃圾收运处置体系覆盖范围，提升无害化处理水平，2022年5月，住房和城乡建设部等六部门联合印发《关于进一步加强农村生活垃圾收运处置体系建设管理的通知》。

农村生活污水治理规划先行，科学推进。截至2021年，农村生活污水治理率为28%左右⑤，相较于2020年提高了约2.5个百分点。虽然农村生活污水治理率2021年提升幅度较小，但各地在编制农村生活污水治理专项规划、

---

① 《习近平对深入推进农村厕所革命作出重要指示》，新华社，2021年7月23日，http://www.xinhuanet.com/politics/leaders/2021-07/23/c_1127686090.htm。

② 《全国农村卫生厕所普及率超过70%》，中华人民共和国中央人民政府网站，2022年6月28日，http://www.gov.cn/xinwen/2022-06/28/content_5698070.htm。

③ 《以高质量的摸排整改成果推动农村厕所革命提质增效》，农业农村部网站，2022年9月27日，http://www.moa.gov.cn/xw/zwdt/202209/t20220927_6412040.htm。

④ 《住建部：将积极探索小型化、分散化模式 解决偏远地区农村垃圾处理的技术难题》，人民网，2021年12月6日，http://finance.people.com.cn/n1/2021/1206/c1004-32300873.html。

⑤ 《生态环境部：到2025年 全国农村生活污水治理率要达40%》，央广网，2022年4月22日，http://news.cnr.cn/dj/20220422/t20220422_525802980.shtml。

制定地方农村生活污水处理排放标准等方面都有成果，为接下来几年的农村生活污水治理打下坚实基础。2022年初，生态环境部等五部门联合印发《农业农村污染治理攻坚战行动方案（2021~2025年）》，明确了农村生活污水治理目标计划，并要求各省（区、市）2022年6月底前上报实施方案。

村容村貌整体提升工作有序推进。"五年行动方案"从改善村庄公共环境、推进乡村绿化美化、加强乡村风貌引导等三个方面对村容村貌提出了详细工作指引；中共中央办公厅、国务院办公厅印发的《乡村建设行动实施方案》中提出加强乡村风貌引导，编制村容村貌提升导则，对新时期村容村貌提升工作提出规范化、科学性要求。课题组调研数据（见表1）表明，经历上一轮农村人居环境整治后，私搭乱建、不合适的户外广告、电线网线"蜘蛛网"现象等，都已有较大改善；受访者也普遍认同现在家家户户庭院都很干净整洁，普遍认为村庄绿化好、觉得村庄美；但在公共空间和应急管理两个方面，都有超5%的受访农户表示目前的建设情况不能满足村民需要。相较而言，受访农户对民居的风貌特色认同度不是特别高，很多村民不觉得村庄的建筑有特色，认为房屋建设趋于全国同质化。

表1 村容村貌认可度调查

项目	非常同意	比较同意	一般	比较不同意	非常不同意
农户外墙干净美观，没有不合适的户外广告	88.85%	9.25%	1.19%	0.36%	0.36%
本村公共环境有秩序，没有私搭乱建情况	88.61%	9.61%	1.42%	0.24%	0.12%
家家户户的庭院都很干净整洁，生活舒适	86.95%	11.63%	1.19%	0.24%	0.00%
村庄绿化好，没有荒地废弃地，我觉得村庄很美	85.78%	11.26%	2.37%	0.24%	0.36%
各种电线网线管理得好，没有"蜘蛛网"现象	84.59%	10.63%	3.35%	0.72%	0.72%
村庄公共空间够用，我能够很方便地使用	78.98%	14.13%	4.99%	1.19%	0.71%

项目	非常同意	比较同意	一般	比较不同意	非常不同意
村里有足够的应急避难场所和防汛、消防等救灾设施设备,我觉得很有安全感	76.44%	14.72%	4.54%	1.96%	2.33%
村里建筑有乡土特色和本地特色,传统村落、民居保护得很好	68.34%	13.25%	15.90%	1.53%	0.98%

注:本次调查开展时间为 2022 年 6~8 月,调查对象 845 人,涉及全国 7 省 14 县 42 村。

专栏 1　广东省"三清三拆三整治"及农村"四小园"建设

广东省村容村貌整治以"三清理""三拆除""三整治"为切入点,所谓"三清三拆三整治",即清理村巷道及生产工具、建筑材料乱堆乱放,清理房前屋后和村巷道杂草杂物、积存垃圾,清理沟渠池塘溪河淤泥、漂浮物和障碍物;拆除危房、废弃猪牛栏及露天厕所茅房,拆除乱搭乱建、违章建筑,拆除非法违规商业广告、招牌等;整治垃圾乱扔乱放,整治污水乱排乱倒、整治"三线"(电力、电视、通信线)乱搭乱接①。广东全省 15 万余个自然村在 2020 年底已全部基本完成"三清三拆三整治"任务②。

对于"三清三拆三整治"后的空闲土地,广东省因地制宜开展"四小园"(小菜园、小果园、小花园、小公园)等小生态板块规划和建设,鼓励引导村小组和村民充分利用村头巷尾、房前屋后的闲置土地,见缝插绿,种植蔬菜、瓜果、花草、树木等,使"环境黑点""建筑垃圾堆"等转变为村里兼具生产性和观赏性的特色小景观,避免了清理出的土地被闲置或违规建设。截至 2022 年 6 月底,广东省已因地制宜打造"四小园"67.9 万余个③。

---

① 《从脏乱差到示范村——广东"三清三拆"打造美丽乡村推动乡村振兴》,新华社,2018 年 8 月 24 日,http://www.gov.cn/xinwen/2018-08/24/content_5316288.htm。

② 《擦亮美丽乡村底色 全省 99.8% 自然村基本完成"三清三拆三整治"》,《南方日报》2020 年 10 月 20 日。

③ 《广东乡村建设实现"四个转变"》,广东省农业农村厅网站,2022 年 6 月 30 日,http://dara.gd.gov.cn/nyyw/content/post_3959997.html

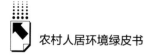

长效管护机制建设取得较大进步。一是村庄清洁行动已经成为农村少花钱花小钱就可以办大事办好事的关键载体，在完成"三清一改"规定动作的基础上，大多数地方结合本地实际，开展"自选动作"，将断壁残垣、杂物柴草、庭院卫生等问题也纳入村庄清洁行动进行常态化管理。二是多地已制定农村人居环境长效管护方案，各级财政逐步将农村人居环境管护投入纳入年度预算，有的省份将是否建立农村人居环境长效管护机制与乡村振兴考核评优相挂钩[1]。三是我国农村人居环境整治提升相关标准的制定工作正在紧锣密鼓推进中，2021 年、2022 年陆续发布了《公共厕所卫生规范》《农村生活垃圾收运和处理技术标准》《农村生活污水处理设施运行效果评价技术要求》《农村文化活动中心建设与服务规范》《农村环卫保洁服务规范》《小型生活污水处理设备评估认证规则》《村庄生活污水处理设施运行维护技术规程》等一系列农村人居环境整治提升相关的国家标准及团体标准，另有部分标准正在征集意见中。

（三）多元参与格局不断强化

农村人居环境整治提升的利益相关者主要包括中央政府、地方政府、企业、社会组织、村级组织、农户、村集体等。近年来，参与主体间的相互监督、推动和制约作用不断强化，共同推动形成农村人居环境多元共治的局面。

政府加大投入的同时引导其他主体参与。一是在"地方为主、中央适当奖补"的政府投入机制下，中央继续安排农村人居环境整治中央预算内投资专项，按计划实施农村厕所革命整村推进财政奖补政策，地方积极统筹上级补助、本级一般公共预算、土地出让收入、城乡建设用地增减挂钩所获土地增值收益、耕地占补平衡指标收益等相关渠道资金，普遍加大了农村人居环境整治工作的投入保障力度。二是加大人员投入，各地把改善农村人居

---

① 《全省农村人居环境整治提升座谈会在广州增城召开》，广东省农业农村厅网站，2021 年 11 月 1 日，http://dara.gd.gov.cn/ztzx/nfgkxcfm/tjyd/content/post_ 3602201.html。

环境作为各级党委和政府的重要职责，大多数地方成立了以党政主要领导为组长的农村人居环境整治工作领导小组，调研中发现各级党委和政府越来越多地将人力资源向农村人居环境整治提升工作倾斜。三是通过制度建设鼓励引导农民参与农村人居环境整治提升。中央层面，"五年行动方案"从权利与义务方面对农民参与方式进行了划分，"2022年中央一号文件"明确乡村建设要坚持自下而上、村民自治、农民参与，并强调推进农村改厕要从农民实际需求出发①；《乡村建设行动实施方案》中提出完善农民参与乡村建设机制，引导农民全程参与乡村建设②。省、市、县各级通过机制建设激励村民参与乡村建设，湖北、广东等省份简化优化了包括农村人居环境整治提升项目在内的农村小型建设项目的管理方式，让村级组织和农民工匠等获得了承接农村小型工程项目的机会，使得村域内项目建设中的农民主体地位得到强化；广东省清远市阳山县、佛冈县、清新区等县（区）出台民居特色乡村风貌示范带建设奖补办法，其中农房外立面改造项目明确村民需自行筹资10%~20%，其余资金由政府进行奖补③。

企业参与农村人居环境治理的积极性有所提升。2018年以来，与农村人居环境整治相关的企业在全国大幅增加，农村污水、垃圾处理及卫生厕所产业逐步培育，相关设备及配套材料供应、设备设施建设、建设后的运营管理监督维护等全产业链条逐步形成。在政府加大资金投入力度支持农村人居环境整治提升的形势下，一批企业将资金投入农村环保领域，推动了治理技术革新。例如，吉林省在推广农村户用卫生旱厕时，在当地企业的参与下，多次从材质、造型等方面对贮粪池进行了升级。

社会组织助力农村人居环境整治提升。团委、妇联、工会等群团组织充分

① 《中共中央 国务院关于做好2022年全面推进乡村振兴重点工作的意见》，新华社，2022年2月22日，http://www.gov.cn/zhengce/2022-02/22/content_5675035.htm。
② 《乡村建设行动实施方案》，新华社，2022年5月23日，http://www.gov.cn/zhengce/2022-05/23/content_5691881.htm。
③ 《清远市农业农村局关于市七届人大七次会议第2021084号建议答复的函》，清远市农业农村局网站，2021年7月9日，http://www.gdqy.gov.cn/channel/snyncj/snzc/content/post_1413205.html。

发挥各自优势，团结引领青年、妇女群众和广大职工踊跃加入农村人居环境整治志愿者队伍，在美丽庭院评选、环境卫生红黑榜、积分兑换等活动中都发挥了巨大作用。基金会、行业协会等其他社会组织也在积极参与改善农村人居环境，他们以举办公益论坛、开展公益项目、捐赠卫生设施等方式推进农村基础设施和人居环境改善。同时，国家乡村振兴局、民政部印发《社会组织助力乡村振兴专项行动方案》，营造支持社会组织参与乡村振兴的良好氛围。

专栏 2　湖北省枝江市"小手拉大手 洁家靓乡村"活动

为使广大青少年朋友们更加积极地参与到农村人居环境整治提升五年行动中，有效发挥"生态小公民"的辐射带动作用，湖北省枝江市农业农村局、市妇联、市教育局联合发出"小手拉大手 洁家靓乡村"倡议，鼓励和引导中小学生做农村人居环境整治的"小喇叭""小卫士""小评委"。通过青年学生的宣讲，枝江市推进农村人居环境整治提升的要求家喻户晓；通过青年学生组成的"小小志愿者"队伍，影响并带动其身边人参与庭院清洁、村庄建设；通过邀请小朋友、志愿者、妇女代表等在美丽乡镇、美丽村庄、美丽庭院、美丽田园"四美创建"活动中当评委，激励群众参与美丽家园建设。

村级组织改善农村人居环境的能动性增强。在开展村庄环境治理时，村级组织一方面充分发挥党和政府联系人民群众的桥梁纽带作用，通过村民代表大会、社交网络平台等渠道广泛宣传政策、收集意见，并有针对性地向党委和政府提出村庄环境治理需求；另一方面充分发挥先锋模范作用，以党员、村组干部带头参与的方式引领农户参与人居环境整治提升。例如，广东省佛冈县在加快农村破旧泥砖房清拆攻坚行动中，动员全县党员干部、公职人员带头清拆自家破旧泥砖房，快速带动广大群众投身到"三清三拆三整治"及乡村风貌提升工作中①。本课题组的问卷调查结果也反映出，97%的

---

① 《清远市农业农村局关于市七届人大七次会议第 2021084 号建议答复的函》，清远市农业农村局网站，2021 年 7 月 9 日，http：//www.gdqy.gov.cn/channel/snyncj/snzc/content/post_1413205.html。

受访农户认为党员在农村人居环境整治中起到先锋模范作用。

农民自愿参与人居环境整治提升的行为及意愿均有所增加。从课题组的问卷调查数据来看，2018 年以来，47% 的调查对象自愿捐款或投劳参与过公共环境设施建设，80% 的调查对象自主开展过改善自家环境的设施建设；在村庄开展农村厕所革命的谋划阶段，70% 以上的调查对象或多或少参与过方案讨论；在户厕改造或建设阶段，55% 的调查对象有过投钱、投工、投材料等行为；在厕所粪污清掏方面，愿意为后期管护支付一定合理费用的农户占 80% 左右。

专栏 3　山西省侯马市南张里村污水收集管网资金筹措办法

南张里村地处侯马市上马街道西南端，共 411 户 1393 人（其中党员 80 人），耕地面积 2645 亩，村民年人均可支配收入为 16420 元。该村积极动员党员和村民凝聚力量，实施污水处理改造项目，污水收集系统由村级主管网、村户支管网、村主管网至邻村污水提升池段联通管网三部分组成，共需花费 431 万元，其中财政拟奖补约 233 万元，其余部分由村集体、农户共同筹措。具体资金筹措方案如下：村级主管网修建需花费 156 万元，财政"一事一议"资金拟奖补 93 万元，村级出资 3 万余元，其余 60 万由农户自筹；村内支管网建设需花费 37 万元，由村集体自筹，入户支管网建设费用（未计入总花费）由农户承担；村主管网至邻村污水提升池段管网建设需花费 238 万元，财政补助 140 万元，剩余 98 万元由村集体自筹。

（四）整治提升呈现综合效应

促进农村新产业新业态蓬勃发展。农村一直有着美丽而丰富的田园风光、绿水青山、村落建筑、乡土文化、民俗风情等，但落后的基础设施、居住条件一度成为发展的痛点。通过近几年的农村人居环境整治，村容村貌得到很大提升，大多数农村都已实现村庄常态化保洁，如厕条件极大改善，污水横流现象得到管控，农村的慢生活越来越成为很多人向往的生活方式。在

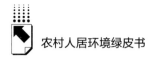
此有利条件下，越来越多的新产业新业态快速发展，乡村旅游、直播电商等在农村越来越常见，推动"美丽生态"向"美丽经济"跃升，更多的农民也因此增加了收入。

促进乡村人才振兴。首先，农村人居环境整治提升本身就蕴含着很多创业就业机会，课题组在调研中遇到过毕业后回到家乡承包建设农村生活污水处理项目设施的大学生，也遇到过为村庄设计改造风貌的能工巧匠，更有很多在外从事建筑工作的农民工回到家乡组建了改厕施工队，这些人才回到家乡，为家乡的建设注入了活力。其次，在农村人居环境整治的基础上，乡村社会比以往更容易吸引和容纳人才返乡入乡创业，也更能吸引很多城市居民移居乡村，并带动城市资源流入乡村。

明显改善村庄生态环境。农村人居环境整治的目标是在人与自然间建立起更和谐的相处方式，本质问题是要处理好发展和环境保护的关系。农村人居环境整治从群众反映最强烈、花钱少见效快的整治环境"脏乱差"问题入手，整治垃圾、处理污水、改造厕所、绿化村庄，建设美丽乡村与保护生态实现紧密结合。在农村人居环境整治提升循序渐进的过程中，各类农业农村生活生产废弃物资源化再利用的绿色运行模式在村庄逐步推广，资源利用效率显著提升，大多数村庄的生态环境得到明显改善。

显著提升农民文明卫生观念。提高群众健康素养和全民健康水平一直是我国卫生事业的追求。近几年随着公共卫生设施不断完善，农村"脏乱差"面貌明显改观，农民文明健康知识也在不断丰富。本课题组2022年调查结果显示，97%的农户认为在过去一年中，其文明健康知识有所增加，其中55%认为增幅巨大。经过近几年的农村人居环境整治和村庄清洁行动，农村生活垃圾逐步集中处理、农村厕所革命逐步推进、生活污水处理设施不断健全，每一项设施建设时的宣传与动员，都对农民养成良好卫生习惯起到积极作用，而农民也调整了自己的观念以适应新的环境。在课题组调研过程中有农户表示："现在用的卫生厕所干净舒适，再看到没改的那种旱厕都觉得恶心。"可见，环境整治和乡村文明正互相促进、互相转化、互相影响。

有效提高乡村治理水平。农村人居环境整治提升不仅关注设施建设，更注重带动农户参与。实际工作中，需要党员干部带头开展整治，村干部进村入户动员群众参与整治。从课题组的问卷调查数据来看，村干部在农村人居环境整治提升中起核心作用，农户心目中村支部书记、村委会主任①、党员对村庄环境改善起到重要作用。这说明农村人居环境整治提升工作的开展，使得党群、干群关系更加密切。很多地方在农村人居环境整治中采用积分制、"红黑榜"、议事会等治理方式，在提升环境整治实效的同时，也提升了乡村治理水平。

二　农村人居环境整治提升前景展望

（一）机遇

党中央、国务院高度重视农村人居环境整治工作。改善农村人居环境，是以习近平同志为核心的党中央从战略和全局高度做出的重大决策部署。近年来，党中央、国务院连续部署实施《农村人居环境整治三年行动方案》和《农村人居环境整治提升五年行动方案（2021~2025 年）》。习近平总书记强调，要持续开展农村人居环境整治行动，实现全国行政村环境整治全覆盖，基本解决农村的垃圾、污水、厕所问题，打造美丽乡村，为老百姓留住鸟语花香和田园风光。各地各部门真抓实干，农村人居环境获得前所未有的整治提升机遇。

碳达峰、碳中和的提出为乡村环境治理注入新动力。在"双碳"目标以及乡村生态振兴的双重背景下，农业农村减污降碳尚存在一定空间，乡村环保科技产业将迎来巨大机遇。中国乡村本身蕴含着丰富的绿色低碳智慧，可通过科技创新技术支持农村人居环境整治提升及低碳乡村建设，促进乡村成为绿色低碳发展的引领者。

基础设施建设再次提速。2022 年 4 月召开的中央财经委员会第十一次会议，对全面加强基础设施建设做出新部署，为构建现代化基础设施体系指

---

① 调研的村庄只有极个别未实行村（社区）党组织书记、村委会主任"一肩挑"。

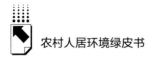

明方向。加强农业农村基础设施建设是此次五大布局重点之一，其中重点强调加强农村污水和垃圾收集处理设施建设①。此次部署，将强化农业农村基础设施建设的用地等资源要素保障，也会带来更大的财政投入，从而更好地集中保障农业农村基础设施建设的资金需求，带动农村人居环境基础设施建设及相关产业发展。

农村集体产权制度改革阶段性任务基本完成。2021年底，我国在全国范围内基本完成了农村集体产权改革任务，通过清产核资、成员界定、经营性资产量化以及建立经济（股份经济）合作社等举措，农村集体经济要素活力、发展动力进一步激发。2019年全国村集体收益超过5万元的村占到48.2%，比2016年提高23.2个百分点②。农村集体经济逐步壮大，能有力推进农村人居环境改善，能在更大程度上保障村域内公共设施的运行与维护。

南南合作进一步深化为农村人居环境治理技术及产品输出提供契机。中国在改善农村人居环境方面的探索和实践走在发展中国家前列，而广袤的非洲农村地区由于缺乏技术支持，各类污水、粪便、垃圾得不到有效治理，时刻威胁着当地居民的身体健康。中国可通过南南合作与非洲和其他发展中国家分享农村人居环境技术和融资解决方案，将中国技术转移出去，为非洲及其他发展中国家农村环境治理提供帮助。

（二）挑战

城乡要素加速流动，农村经济社会格局发生历史性巨变，对农村人居环境的科学规划提出挑战。我国不同地域的村庄类型千差万别，村庄基础设施也出现多样化需求。一方面，很多农村新产业新业态快速发展，尤其是乡村旅游产业需求旺盛，部分村庄环境基础设施出现扩容需求。此类村庄需要源源不断地接待外来人口，而户厕改造、生活污水治理、生活垃圾处理等农村人居环境整治提升项目往往以村庄内常住人口为对象来设计处理能力，在现

---

① 《习近平主持召开中央财经委员会第十一次会议》，新华社，4月26日，http：//www.gov.cn/xinwen/2022-04/26/content_ 5687372. htm.

② 《超七成村完成农村集体产权制度改革》，《人民日报》2020年8月23日，第2版。

有设施满足不了此类村庄的实际处理需求的情况下，环境整治效果会大打折扣。另一方面，随着城镇化脚步的加快，部分地区农村人口流失现象愈加明显，农村出现"空心化"现象，闲置宅基地、闲置房屋因无人修缮和管理呈现破败景象，这不仅影响村容村貌，还对乡村秩序、基层治理、环境基础设施的建设和运维都带来挑战。

原材料价格上涨，各地农村人居环境设施建设成本增加。2021年以来，受国际形势影响，原材料价格大幅上行，多数厂家采取的抵御冲击的方式是"成本传导"，也即涨价。农村人居环境整治提升涉及的垃圾箱、垃圾桶、垃圾清运车等环保环卫产品，化粪池、整体式厕屋、便器等改厕产品，水处理药剂、污水处理设施等污水处理产品，都已出现不同程度的价格涨幅，这将在一定程度上制约农村人居环境设施建设，增加整治提升难度。

我国经济发展的内外部环境更趋复杂严峻，需求收缩、供给冲击、预期转弱三重压力持续显现，地方财政在农村人居环境整治提升方面压力相应增大。在近两年超预期的疫情冲击以及土地出让收入下行的背景下，地方财政收入减少，而抗疫纾困支出增加，债务集中到期，大规模退税减税降费，很多地方都面临严峻的公共收支矛盾。2022年上半年，全国一般公共预算支出增长5.9%，高于财政收入增幅[1]，仅内蒙古、山西、新疆、陕西、江西5个省份的地方财政收入实现正增长[2]。很多地方只能在完成工资发放和债务履行之后，再将结余资金用于经济建设[3]，在这种形势下，农村人居环境整治提升项目落地、资金配套等都将受到影响。

（三）问题

部门之间协作不够。农村人居环境整治涉及诸多领域，但不同领域间又

---

① 《2022年上半年财政收支情况新闻发布会文字实录》，财政部，2022年7月14日，http：//www. gov. cn/xinwen/2022-07/14/content_ 5701049. htm。

② 《有力应对超预期因素影响 国民经济企稳回升》，国家统计局，2022年7月15日，http：//www. stats. gov. cn/xxgk/sjfb/zxfb2020/202207/t20220715_ 1886444. html。

③ 《疫情冲击下基层财政的困境及建议》，光明网-理论频道，2020年12月4日，https：//theory. gmw. cn/2020-12/04/content_ 34429930. htm。

有一定联系，例如，改造水冲式卫生厕所需与供水系统相衔接，集中式生活污水处理项目可与农村厕所革命统筹考虑。农村人居环境整治各项重点任务大多分属不同业务部门，部门制定的方案往往只针对自己领域，对其他领域考虑不够充分。甚至有的重点任务在执行过程中更换了牵头部门，前后两部门出现衔接不畅的现象，例如，某省 2018 年由住建部门牵头开展农村厕所革命，2019 年换由农业农村部门牵头推进，而牵头部门变更时未对已改厕情况明确交割，导致后续出现重复建设、整改困难等问题。

治理技术存在明显瓶颈。我国地域广阔，气候特征差异性较大，农村人居环境整治，特别是厕所粪污和生活污水处理所需技术的地域特征非常明显，高海拔、寒冷、干旱等特殊地区目前仍未探索出技术、经济均适用的治理模式。例如，当前农村厕所粪污无害化处理的核心原理是微生物的生化反应，而在高寒缺水地区厌氧发酵和干化脱水处理均受到抑制，需改进或革新防冻、粪便无害化及微水冲厕所技术[①]。部分地区在未解决技术瓶颈问题时，盲目建设了不实用的项目，造成大量的财政投入未能有效地转化为农民的公共福祉。

农村人居环境标准体系不够健全。2021 年初，国家市场监管总局等七部门虽印发了《关于推动农村人居环境标准体系建设的指导意见》，很多领域也在加速推进标准制定，但冉毅等[②]梳理我国此标准体系框架内综合通用、农村厕所、农村生活垃圾、农村生活污水、农村村容村貌等五大方面三个层级的标准建设现状，发现我国农村人居环境标准数量仍然较少，第三层级很多工作缺乏标准文件指导，且现行标准标龄普遍较长，以 10 年左右为主，超过 20 年标龄的标准也占一定比例，与技术创新、农村社会事业发展和社会、基层工作的需求存在脱节现象。

监测与评价体系建设稍显滞后。目前，我国农村环境质量监测工作未涵盖农村人居环境，仅对灌溉规模在 10 万亩及以上的农田灌区开展农田灌溉

---

① 余靖、张超杰、周琪、周雪飞、张亚雷：《典型高寒缺水农村地区厕所现状及改厕技术》，《环境卫生工程》2021 年第 1 期，第 1~8、13 页。

② 详见本书第 175 页，冉毅、曾文俊《中国农村人居环境质量监测现状研究》。

水质监测，仅对日处理能力 20 吨及以上的所有农村生活污水处理设施开展农村生活污水处理设施出水水质监测①。而随着农村人居环境整治提升工作的推进，农村户厕、农村生活垃圾、农村小型污水处理设施、村容村貌提升等项目不断实施，人居环境治理不到位时常引发舆情，这也反映出我国未建立健全全国性的农村人居环境质量监测网络，未能实现人居环境质量问题早发现早整改。

农民参与度虽有提高，但参与仍然不充分。农村改厕和生活污水治理过程中，虽各级各部门都对发挥农民主体作用有了一致认识，但部分地方政府大包大揽现象仍然存在。本课题组的调研数据显示，在开展了农村厕所革命的农户中，79%的农户表示自家厕所改造是由政府组织施工队统一施工的，66%的农户表示自己不需要支付任何费用。这种政府全埋单式改造在农村生活污水处理设施的建设中尤为明显，实施了农村生活污水治理项目的农户中，84%都表示未支付任何建设费用，也未投工投劳。农村生活垃圾治理方面，虽全国农村生活垃圾清运覆盖率已达 90%以上，很多地方也顺利推行了垃圾处理付费制度，但垃圾分类减量在推行过程中出现很多阻碍，很多农户并未参与垃圾分类工作。另据课题组调研，普通农户在村庄公共环境的建设方案上，基本没有参与讨论的机会，而他们很多人对此也不在乎，很多农户认为村庄如何规划建设是村里或政府的事，他们对村民代表和村干部有着较高的信任。

三　农村人居环境整治提升对策建议

（一）以县级为单位编制农村人居环境整治提升规划

用一盘棋的系统思维编制农村人居环境整治提升规划，能有效统筹部门协作、资源要素、重点任务。一是建立农村人居环境工作领导小组等部门议

---

① 《生态环境部答网民关于"建议在农村设立环境监测站"的留言》，中国政府网，2020 年 12 月 14 日，http://www.gov.cn/hudong/2020-12-14/content_ 5569346.htm。

事协调机制，统筹各部门项目建设计划。二是通过对农民开展需求调查等方式，明确区域优先序、重点任务优先序，坚持先易后难，明确整治提升的路线图、时间表，避免项目实施的随意性。三是科学核算资金需求规模，统筹部门资金投入，明确投入重点和投资时序，建立资金保障机制，有计划地推进建设工作。

（二）促进区域适宜性技术研发推广

技术支撑在一定程度上决定了农村人居环境设施运营的可持续性，可从以下三个方面促进技术瓶颈问题的解决。一是将农村人居环境整治技术研究列入各级重大科技项目，针对高寒、高海拔、干旱等重点地区的户厕改造、污水治理、农村生活垃圾治理等重点领域，加快兼具经济性、适宜性的治理技术研发。二是组织开展区域综合试验示范区建设，集成农村厕所革命、生活垃圾和污水治理等领域的适用技术和产品，打造在类似条件下可复制可推广的典型样板，供当地基层干部和农户参观、学习、选择。三是搭建技术开发公司和农民的互动平台，农户作为产品使用者对产品优化提出建议，可提高农村人居环境整治技术的可用性、便捷性和实用性。

专栏4　吉林省农村厕所革命新产品新技术展示使用区

吉林省在农安县万来村李家屯建设了农村厕所革命新产品新技术展示使用区，全面展示、宣传、推介高寒地区农村厕所改造的主要模式。目前展示了堆肥式浅埋、堆肥式深埋、微生物降解3种旱厕改造模式和1种水厕改造模式（净化槽式），将18家企业的改厕产品用于80多家农户，农户家就是展示使用区，由农户直接与企业沟通产品体验，帮助企业不断优化产品。吉林省农业农村厅定期组织全省农业农村系统、乡镇、村改厕负责人员参观展示使用区，因地制宜选取改厕模式和产品。辽宁、黑龙江、甘肃、内蒙古、青海等省份的改厕工作人员也先后参观考察过该展示使用区，促进了区域改厕技术交流。

（三）完善农村人居环境标准体系建设

标准是经济活动和社会发展的技术支撑，是国家基础性制度的重要方面[1]，农村人居环境标准建设关系到整治提升工作的部署、实施、评估全流程，关系到乡村振兴领域法律规范体系的完善。针对我国农村人居环境部分领域标准空白、标龄较长等问题，加大标准制定/修订支持力度，构建与整体提升相匹配的标准体系。一是对照农村人居环境标准体系的标准要素进行查漏补缺，确定相关标准制定的时间表，落实相关编制单位，努力收集标准制定意见，尽快实现农村人居环境各项建设任务都"有标可依"。二是组织开展标准修订工作，加大对标准修订工作的支持力度，对长标龄标准进行复审，对与社会发展不太相符的标准进行科学修订。三是完善标准管理制度，以"立项—制定/修订—发布—宣传培训—跟踪评估"为周期，逐步建立农村人居环境标准五年滚动更新机制，实现标准与行动方案的同步更新，使标准更好地服务于农村人居环境整治提升。

（四）建立健全农村人居环境全方位监测体系

为实现对农村人居环境整治提升成效的有效监督和核查，应建立健全农村人居环境监测体系。一是要加快完善相应监测技术体系，组建多领域、多层次的监测技术专家组，并结合各地实际，在农村人居环境各领域开展监测关键技术环节和相关产品应用的技术攻关。二是加快建立全国性的、全面的农村人居环境监测网络，包括农村厕所、生活污水、生活垃圾、村容村貌四大方面的监测内容，从顶层构架起农村人居环境质量监测的组织体系，明确各级监测主体及其责任，进而细化监测任务。三是加强农村人居环境质量监测的机构能力建设和人员培养，加大财政经费和其他相关政策支持力度，提高监测的自动化和信息化水平。四是建立农村人居环境监测信息发布制度，

---

① 《中共中央 国务院印发〈国家标准化发展纲要〉》，新华社，2021 年 10 月 10 日，http：//www. news. cn/politics/zywj/2021-10/10/c_ 1127943309. htm。

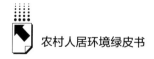

开展农村环境综合整治的县（市、区）要做好农村生活污水、厕所粪污、生活垃圾等处理设施运行情况的监督性监测。

（五）提高农民参与意愿和参与能力

农村人居环境整治提升既包括农民住所相关设施的建设和使用，也包括村庄公共环境整治及公共设施建设、管理和管护。农民是否参与建设管理对于整治提升的有效性和持续性具有关键性作用。针对目前农户参与不充分的问题，应优化农村人居环境整治提升工作组织实施流程，增强农民参与意愿和参与能力。一是调查农民厕所使用及垃圾污水处理现状，在此基础上选择农民可承受的技术模式，通过农民喜闻乐见的方式宣传改厕和垃圾污水治理对健康和环境的益处，让农民愿意接受并为这些产品和服务付费。二是根据农民意愿采取统一或自建方式开展项目建设，做好建设环节技术支持，把好验收环节质量关，确保奖补资金及时足额发放。三是合理划分农民和政府职责，探索农民付费制度，政府主要负责公共设施和服务供给，确保转运、处理等基础设施和公共服务及时有序；农民负责管护好住所内及村社设施，做好垃圾简易分类、粪污就地收集等。四是畅通需求和诉求表达渠道，在项目竣工阶段，采取"受益农户满意度+第三方（政府或独立机构）评估"的方式对项目进行评估，在后续管护阶段，畅通转运服务、报修、投诉等渠道，确保农户（特别是农村老年人）能够无障碍得到后续服务；在公共环境打造方面，充分考虑村民代表意见。

专题报告
Special Topic Reports

G.3

乡村振兴战略背景下的农村生活
垃圾治理：困境与对策

摘 要： 改善农村人居环境，建设美丽宜居乡村，是实施乡村振兴战略的必然要求和根本途径。生活垃圾治理是影响农村人居环境质量最重要的因素之一。当前农村生活垃圾产量大且增长迅速，尽管近几年来治理资金投入不断增长，处理率和无害化率都有了明显提高，但从总体来看，垃圾随意丢弃现象依然存在，垃圾分类体系建设仍处于探索阶段。当前农村生活垃圾治理仍存在农户源头分类效果不佳、农村生活垃圾治理技术普遍滞后、治理资金投入不足、治理缺乏法律保障等困境。对此，应加强宣传提高农户垃圾分类意识、因地制宜构建农村生活垃圾收运处置体系，同时需要拓宽融资渠道、实施科技创新、依靠信息技术创新农村生活垃圾治理系统模式，并促进专项立法，强化农村生活垃圾治理的法律保障。

关键词： 乡村振兴战略 农村生活垃圾 垃圾分类

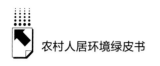

一 引言

长期以来，中国城乡二元结构下的思维定式，决定了难以将乡村与城镇放在平等的框架内进行统筹考虑，以至于农村生态环境设施严重滞后，进而导致农村生活垃圾、生活污水等难以得到有效、及时的治理。一些地方农村生活垃圾任意倾倒、生活污水任意排放，极大地影响了农村生态环境。

党的十九大报告提出乡村振兴战略，以及"产业兴旺、生态宜居、乡风文明、治理有效、生活富裕"的 20 字总要求。农村人居环境整治是实施乡村振兴战略的必然要求，是实现乡村生态振兴、推动美丽宜居乡村建设的重要内容，也是推动农村生态文明建设、增进农村居民生态福祉的重要抓手。2018 年 9 月，中共中央、国务院印发的《乡村振兴战略规划（2018～2022 年）》把提升农村村容村貌、持续改善农村人居环境作为乡村振兴的重要内容。

党中央、国务院高度关注农村人居环境整治，采取了一系列政策措施，特别是《农村人居环境整治三年行动方案》实施以来，农村人居环境得到极大改善。然而，农村生活垃圾治理、生活污水处理、厕所革命等依然是新时代美丽宜居乡村建设的短板与弱项。《中华人民共和国国民经济和社会发展第十四个五年规划和 2035 年远景目标纲要》将"城乡人居环境明显改善"作为"十四五"时期经济社会发展的目标之一，而且明确指出到 2035 年美丽中国建设目标基本实现。2021 年中央一号文件提出实施农村人居环境整治提升五年行动，有序开展农村生活垃圾分类与资源化利用示范县创建，推进农村生活垃圾分类减量与利用，全面提升农村生活垃圾治理水平，对农村生活垃圾分类治理进行了顶层设计。

2021 年 12 月 5 日，中共中央办公厅、国务院办公厅印发了《农村人居环境整治提升五年行动方案（2021～2025 年）》。党的二十大报告提出，提升环境基础设施建设水平，推进城乡人居环境整治。"十四五"时期乃至更长时期，农村人居环境整治的步伐将会全面提速。

一系列政策措施的实施，有效地推动了农村生活垃圾的治理。不同区域因地制宜完善农村生活垃圾收集、转运、处置设施和模式，强化源头分类减量、再生资源回收利用等有效措施，推动了农村生活垃圾治理的稳步发展。截至 2021 年底，全国范围内农村生活垃圾进行收运处理的自然村比例稳定保持在 90% 以上。同时，农村生活垃圾分类在一些条件成熟的乡村逐步推行，农村居民的分类意识不断增强，分类的准确性不断提高。但相对于农村居民日益增长的美好生活需要，相对于宜居宜业和美乡村建设需要，农村生活垃圾治理依然还存在一定的进步空间。

本报告聚焦农村生活垃圾治理问题，在阐述农村生活垃圾治理现状的基础上，梳理相关政策及收运处置体系建设进程，剖析提升农村生活垃圾治理水平所面临的困境，并据此提出实现农村生活垃圾有效治理的对策建议。

二 农村生活垃圾治理现状分析

随着城镇化、工业化进程的加快，我国经济社会发展取得了举世瞩目的伟大成就，农民生活水平得到极大提升。但农村居民的环境意识并没有与生活水平同步提升，农村改革开放 40 多年来积淀的生态环境问题日益突出。特别是近年来，广大农村生活垃圾产生量快速增加，农村生活垃圾已成为影响农村人居环境最重要的因素之一[①]。党的十八大以来的一系列政策措施，推动了农村生活垃圾的治理，取得了明显成效，为新时代提升农村人居环境治理水平奠定了基础。

（一）农村生活垃圾产生量大

2020 年，我国农村常住人口 8.85 亿人，按照人均日产生生活垃圾 0.86

---

① 于法稳、胡梅梅、王广梁：《面向 2035 年远景目标的农村人居环境整治提升路径及对策研究》，《中国软科学》2022 年第 7 期。

千克进行匡算，农村生活垃圾产生量是巨大的。特别是近年来，随着农民生活水平的不断提高，农民的生活方式发生了很大的变化，农村生活垃圾产生量增长迅速，而且成分越来越复杂，成为农村人居环境整治的重要内容。考虑到我国东部、中部、西部、东北地区①农村经济发展水平、农民生活习惯、农村人口规模等因素之间的差异性，各地区农村人均垃圾日产生量也有所不同。本报告根据相关系数对不同地区2020年农村生活垃圾产生量进行了匡算，见表1。

表1　2020年不同地区农村生活垃圾产生量

地区	人均生活垃圾日产生量（千克）	农村常住人口（万人）	生活垃圾年产生量（万吨）
全国	0.86	88481.79	28113.96
东部	0.96	30572.48	10712.60
中部	0.88	26233.95	8426.37
西部	0.77	26700.39	7504.14
东北	0.81	4974.97	1470.85

注：表中人口数据选择农村常住人口，而非户籍人口，使数据结果更加可信。
资料来源：2020年《城乡建设统计年鉴》及相关研究数据。

从表1可以看出，2020年我国农村生活垃圾产生量为28113.96万吨。其中，东部地区为10712.60万吨，占38.10%；中部地区为8426.37万吨，占29.97%；西部地区为7504.14万吨，占26.69%；东北地区为1470.85万吨，占5.23%。与2016年央视网报道的农村生活垃圾年产生量1.5亿吨②相比，增幅为87.42%。在中国广大乡村，特别是山区、丘陵地带

① 本报告将区域划分为东部、中部、西部和东北地区，其中，东部地区包括北京、天津、河北、上海、江苏、浙江、福建、山东、广东、海南10个省（市）；中部地区包括山西、安徽、江西、河南、湖北、湖南6省；西部地区包括内蒙古、广西、重庆、四川、贵州、云南、陕西、甘肃、青海、宁夏、新疆、西藏12个省（区、市）；东北地区包括辽宁、吉林、黑龙江3个省。
② 《农村垃圾年产生量达1.5亿吨只有一半被处理》，央视网，http://m.news.cctv.com/2016/06/19/ARTIQ9DpGOPybHoTTwhQBVRI160619.shtml。

的乡村，大部分农村居民居住较为分散、垃圾成分较为复杂、垃圾不易收集，给农村生活垃圾的管理带来严峻挑战①。

（二）农村生活垃圾治理水平区域差异性大

在推动农村人居环境整治中，各级人民政府都出台了一系列政策措施，其中有一些是专门针对农村生活垃圾治理的，有效地提升了农村生活垃圾的无害化处理率，并实现了无害化处理率的不断上升。有关统计数据表明，2015 年我国农村生活垃圾无害化处理率为 24.92%，2020 年上升到 55.16%，增加了 30.24 个百分点。图 1 是 2020 年全国 31 个省（区、市）农村生活垃圾无害化处理率的分布情况，从中可以看出，不同区域农村生活垃圾无害化处理率差异性较大。

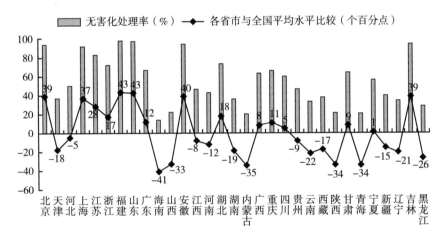

图 1 2020 年各省份农村生活垃圾无害化处理率及与全国平均水平比较

资料来源：2020 年《城乡建设统计年鉴》。

从区域来看，经济较为发达的东部地区农村生活垃圾无害化处理率明显高于中部地区、西部地区和东北地区。农村生活垃圾治理水平区域差异性的

---

① 韩智勇、费勇强、刘丹、旦增、张颛、施国中、王加雷、谢燕华：《中国农村生活垃圾的产生量与物理特性分析及处理建议》，《农业工程学报》2017 年第 15 期。

存在，与经济发展水平密切相关。东部地区经济发展水平较高，农村生活垃圾治理行动早、力度大，而且具有坚实的财力提供支撑；西部地区经济发展水平较低，农村垃圾治理行动推动较迟，关键是没有足够坚实的财力做支撑，治理效果相对较差。

东部地区10个省市中，天津、河北、海南3省（市）的农村生活垃圾无害化处理率低于全国平均水平，其余7省（市）的农村生活垃圾无害化处理率高于全国平均水平。其中，农村生活垃圾无害化处理率最高的省份是福建，为98.18%，其次是山东，为97.56%。

就中部地区6个省份而言，农村生活垃圾无害化处理率差异较大。其中，山西省农村生活垃圾无害化处理率最低，仅为22.0%，低于全国平均水平33个百分点，安徽省农村生活垃圾无害化处理率最高，为95%，高于全国平均水平40个百分点。

对于西部地区12个省（区市）而言，整体上看农村生活垃圾无害化处理水平偏低。其中，内蒙古、贵州、云南、西藏、陕西、青海、新疆7个省（区）的农村生活垃圾无害化处理率低于全国平均水平。西部地区农村生活垃圾无害化处理率最高的省份是重庆，高于全国平均水平11个百分点。

就东北地区三省而言，辽宁、黑龙江两省的农村生活垃圾无害化处理率分别低于全国平均水平21个、26个百分点，吉林农村生活垃圾无害化处理率高于全国平均水平39个百分点。

（三）农村生活垃圾分类水平较低

相关数据表明，截至2020年底，农村生活垃圾收运处置体系行政村覆盖率达到90%以上，较2017年提高16个百分点，农村生活垃圾处置率也实现了大幅度提升。这些数据也表明，在农村生活垃圾收运处置体系未覆盖的乡村，农村生活垃圾依然会存在随意丢弃、未进行处置收运的现象。据2020年《中国城乡建设统计年鉴》，2020年全国农村生活垃圾处置率为84.04%。由于农村生活垃圾产生量并未作为统计指标，农村生活垃圾处置率计算基数为生活垃圾清运量。由此可知，从全国范围来看，即使农村生活垃圾收运处置体系覆盖的区域仍有 15.96% 的垃圾未得到有效处置。这些未得到有效处置的生活垃圾，可能被随意丢弃在房前屋后、道旁沟渠之内。

自 2017 年我国开展第一批农村生活垃圾分类和资源化利用示范行动以来，一些具备条件的村庄根据自身特点，逐渐形成了垃圾分类的长效机制。如浙江省金华市广大农村开创的"两次四分法"，对农村生活垃圾进行了有效分类，并逐渐将其形成了一种文化。从全国范围来看，由于农村生活垃圾分类处在探索起步阶段，实践层面上才开始推广，当前农村生活垃圾分类水平仍然较低。无论是农村生活垃圾分类试点地区，还是一般农村，混合收运方式依然是当前农村生活垃圾收集的主要方式。其关键原因就在于，尚未建立起有效的生活垃圾分类收运及资源化利用机制。实地调研发现，有些村庄在推行垃圾分类时过于形式化，仅在一些适宜之处摆放垃圾分类设施、设置垃圾分类标识和垃圾分类宣传标语，这些生活垃圾分类设施并没有得到有效利用。即使设施有所利用，人们也没有按照要求对生活垃圾进行分类投放，仍然是采取混合投放方式。

总体来看，当前，我国广大农村依然没有建立起实质性的生活垃圾分类体系，还停留在口号宣传阶段。尽管全国各地都在宣传"户分类、村收集、镇转运、县处理"的农村生活垃圾处理模式，但这种模式也存在一些需要解决的关键问题，应坚持问题导向，有效推动。

（四）农村生活垃圾治理资金投入呈增长态势

资金投入是开展农村生活垃圾治理并取得成效的有效支撑。近几年来，围绕着推动农村生活垃圾治理的资金投入总体上呈现持续增加的态势。根据《中国城乡建设统计年鉴》，2014 年以来，不包括西藏的大陆 30 个省（区、市）农村生活垃圾治理资金投入持续增加（见图 2）。特别是，2018 年 2 月《农村人居环境整治三年行动方案》颁布之后，国家对农村生活垃圾治理的资金投入大幅增加。2014 年，农村生活垃圾治理资金投入为 1299271 万元，到 2018 年陡升到 3989472 万元，较 2014 年增长了 207.05%。从图 2 可以看出，2019 年农村生活垃圾治理资金投入出现小幅下降，主要原因是湖北省农村生活垃圾治理资金投入由 2018 年的 1415528 万元下降到 2019 年的 73099 万元。但从整体来看，2018~2020 年，农村生活垃圾治理资金投入一直保持较高水平，保证了三年行动方案结束时农村人居环境整治取得较好成效。

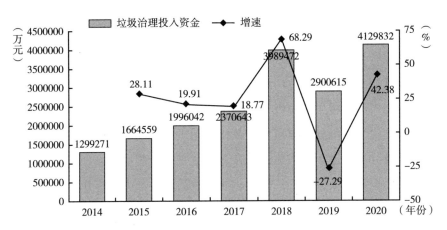

图 2　2014~2020 年中国农村生活垃圾治理资金投入及增速

资料来源：2014~2020 年《城乡建设统计年鉴》。

三　农村生活垃圾治理的阶段性及收运处置体系

20 世纪 80 年代以来，我国就开始逐步开展生活垃圾治理的政策及技术研究。起初生活垃圾治理的政策只停留在指导城市生活垃圾层面，但并没有出台相应的实施方案和细则，更没有将关注点聚焦在农村生活垃圾治理方面。随着全面建成小康社会战略目标的实现以及乡村振兴战略的实施，农村人居环境整治逐渐成为党和国家高度关注的重要问题。在此背景之下，国家层面上也开始出台有关农村生活垃圾治理的相关政策，并逐步形成了符合国情且较为完整的垃圾分类政策制度体系①。

---

①　孙晓杰、王春莲、李倩、张红霞、叶宇航：《中国生活垃圾分类政策制度的发展演变历程》，《环境工程》2020 年第 8 期。

（一）农村生活垃圾治理的阶段性分析

从农村生活垃圾治理的实践进程来看，可以将其划分为起步阶段、分类制度初创阶段以及全面推进与提升阶段。

1. 农村生活垃圾治理的起步阶段（2005~2009年）

2000年之前，城镇环境整治是基层政府关注的重点，这也是长期以来存在的城乡二元结构所决定的。进入21世纪之后，环境整治工作开始不断向广大农村延伸。2005年中共中央、国务院发布的《关于推进社会主义新农村建设的若干意见》明确提出，要改善农村人居环境，做好农村生活垃圾治理工作。这也标志着农村生活垃圾治理正式成为党中央、国务院关注的重要问题。这一阶段的农村生活垃圾治理主要集中在收集处理端的配套基础设施建设方面，目的是提高农村生活垃圾的末端治理率以及无害化处理水平。为鼓励各级政府积极开展农村人居环境治理工作，环境保护部、财政部、国家发展和改革委员会联合发布《关于实行"以奖促治"加快解决突出的农村环境问题实施方案的通知》，以确保农村环境整治的资金渠道畅通，加强政府对于农村环境治理的引导和管控。这一阶段农村生活垃圾治理以政府为主导。

2. 农村生活垃圾分类制度初创阶段（2010~2014年）

农村生活垃圾的有效治理不能仅仅依靠强化末端处理，还需要追溯到农村生活垃圾产生的源头，推进农村生活垃圾源头分类减量。这一阶段，从源头实施垃圾分类政策开始出现在农村生活垃圾治理领域。

2010年，环境保护部发布了《农村生活污染防治技术政策》，鼓励农村生活垃圾分类收集，同时提出城镇周边和环境敏感区的农村，在分类收集、减量化的基础上可通过"户分类、村收集、镇转运、县市处理"的城乡一体化模式处置生活垃圾。2013年农业部办公厅发布的《关于开展"美丽乡村"创建活动的意见》指出，在"美丽乡村"建设过程中，引导农民采用减量化、再利用、资源化的农业生产方式。2014年国务院办公厅发布的《关于改善农村人居环境的指导意见》指出，推行垃圾就地分类减量和资源回收利用。所有这些，都表明了农村生活垃圾分类减量的政策趋势。这一阶

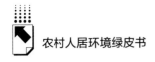

段，在农村生活垃圾治理中也涌现了一批典型模式。如浙江省金华市，自2014年以来积极推进农村生活垃圾分类和资源化利用，探索出"两次四分"的垃圾分类方法，转运过程中实现"垃圾不落地"，建设"阳光堆肥房"，实现了农村生活垃圾治理财政可承受、农民可接受、面上可推广、长期可持续①。但这一阶段并没有开展全国性的农村生活垃圾治理试点工作。

3. 农村生活垃圾治理全面推进与提升阶段（2015年之后）

2015年11月，住房和城乡建设部等部门发布的《关于全面推进农村垃圾治理的指导意见》明确指出，全面治理农村生活垃圾。该意见的出台标志着农村生活垃圾治理进入新阶段。2016年6月，国家发展和改革委员会、住房和城乡建设部联合发布了《垃圾强制分类制度方案（征求意见稿）》，强调要提高农村生活垃圾分类水平。继2018年发布《农村人居环境整治三年行动方案》之后，2021年12月，中共中央办公厅、国务院办公厅发布《农村人居环境整治提升五年行动方案（2021~2025年）》，明确提出全面提升农村生活垃圾治理水平，健全生活垃圾收运处置体系，推进农村生活垃圾分类减量与利用，有序开展农村生活垃圾分类与资源化利用示范县创建。为有效推进农村生活垃圾治理，各省区市也纷纷出台农村生活垃圾管理条例或具体办法，为依法治理农村生活垃圾提供了更权威的政策依据。这一阶段，浙江省打造的"千村示范、万村整治"工程，被作为全国农村人居环境整治的先进典型，也成为农村生活垃圾治理的标杆②。

（二）农村生活垃圾收运处置体系分析

2021年中央一号文件明确指出要健全农村生活垃圾收运处置体系。由于经济发展水平、地理条件等方面存在明显的地域性差异，各地形成了多样化的垃圾收运处置体系。本部分从收运处置主体、收运处置模式、末端处置

---

① 《住房城乡建设部关于推广金华市农村生活垃圾分类和资源化利用经验的通知》，http://www.mohurd.gov.cn/wjfb/201612/t20161228_230118.html。
② 《关于学习推广浙江"千村示范、万村整治"经验 深入推进农村人居环境整治工作的通知》，http://www.moa.gov.cn/nybgb/2018/201811/201901/t20190102_6165945.html。

方式三方面，阐述农村生活垃圾收运处置体系及特点。

1. 农村生活垃圾收运处置主体

农村生活垃圾治理属于农村公共服务的一部分，按照传统经济学的解释，具有外部性的公共物品一般由政府提供。但在农村生活垃圾治理的实践中，处置主体表现出明显的多元化特点，除政府之外，还包括市场、村自治组织、第三方企业、农户等。因此，结合农村生活垃圾收运处置体系的不同环节（决策、运营资金、运营服务、监管），存在多种多样的供给主体组合方式。参照贾亚娟等关于农村生活垃圾不同治理主体的分析方法①，结合农业农村部农村生活垃圾治理的典型案例，本文总结出如下三种收运处置体系不同环节中的供给主体组合（见表2）。

表 2　农村生活垃圾收运处置体系中的不同供给主体比较

供给主体	收运处置体系不同环节的供给主体				案例
	决策	运营资金	运营服务	监管	
政府+市场	政府	政府	市场	政府	青海省贵德县
政府+市场+村自治组织	政府	政府	市场	政府	黑龙江省庆安县
				村自治组织	
政府+市场+村自治组织+第三方企业+农户	政府	政府	政府	政府	江西省瑞昌市
		村自治组织	市场		
		第三方企业			
		农户			

资料来源：《青海省贵德县：推行农村生活垃圾治理市场化运行机制》，http://www.shsys.moa.gov.cn/ncrjhjzz/201908/t20190805_6322066.html；《庆安县农村生活垃圾治理工作亮点》，http://www.moa.gov.cn/xw/qg/202103/t20210316_6363750.html；《江西瑞昌："四化"协同推进农村生活垃圾治理》，http://www.shsys.moa.gov.cn/ncrjhjzz/201909/t20190906_6327392.html。

青海省贵德县通过政府购买服务，招标选择专业的环卫服务公司，将生活垃圾收运、填埋处置等工作整体打包交由服务公司运营。由县住建局作为甲方与中标公司签订三年的服务合同，每年向该公司支付服务费。中标公司

---

① 贾亚娟、赵敏娟、夏显力、姚柳杨：《农村生活垃圾分类处理模式与建议》，《资源科学》2019 年第 2 期。

按合同约定开展城乡保洁和垃圾收集、转运、处理，相关部门严格考核。

黑龙江省庆安县科学规划，将农村垃圾治理费用纳入财政预算，购置移动压缩车、洗车泵、垃圾中转站等环卫设施，项目运营通过购买服务方式引入社会资本。成立县住建局牵头、各乡镇政府主抓、各行政村实施的三级检查评分小组，依据合约、细则对企业作业情况进行巡查监督、检查评分，建立奖惩机制。

江西省瑞昌市为确保农村生活垃圾治理效果，努力拓宽资金来源渠道，积极探索建立"市县奖一点、乡镇出一点、村集体助一点、群众筹一点、乡贤捐一点"的农村垃圾分类筹资机制。设置垃圾处理站回收会烂的垃圾制肥，可回收垃圾和有毒有害垃圾由市供销社再生资源公司统一回收。把农村生活垃圾分类工作纳入全市党政目标综合考评体系，作为乡镇目标管理考评的重要内容。

2. 农村生活垃圾收运处置模式

2020年修订的《中华人民共和国固体废物污染环境防治法》提出，城乡接合部、人口密集的农村地区和其他有条件的地方，应当建立城乡一体的生活垃圾管理系统；其他农村地区应当积极探索生活垃圾管理模式，因地制宜，就近就地利用或者妥善处理生活垃圾。目前我国农村生活垃圾收运处置模式主要分为三种：城乡一体化模式、城乡协同模式、就地减量模式。

（1）城乡一体化模式。该模式也称为全集中模式，是指县一级实行统收统运，将城市的处置设施和管理模式覆盖到农村，统一收集、处置村镇垃圾。这种处置方式适合距离城市较近，且经济发达的地区。如陕西泾阳引入市场化服务解决生活垃圾治理难题，实现"统一收集、统一清运、集中处理、资源化利用"的城乡一体化。

（2）城乡协同模式。该模式是指在县、镇和村同时设立生活垃圾治理设施，生活垃圾收运后区分垃圾类别在县、镇和村分别处置[①]。浙江省嘉兴

---

① 邵立明、吕凡、章骅：《村镇垃圾治理模式与规范的现状及展望》，《小城镇建设》2016年第8期。

市南湖区探索"集中+就地"的垃圾处置模式，可回收物、有害垃圾和其他垃圾并入城市生活垃圾治理站点处理，易腐垃圾农户就地处理。辽宁省庄河市在村屯推行农村生活垃圾"五指分类法"，可腐烂垃圾由农户在院内自建小型沤肥池；可燃烧垃圾由农户在自家灶坑焚烧；可变卖垃圾由废品回收单位及时回收；可填坑垫道建筑垃圾用于村屯填沟平道；有毒有害垃圾由村民投放到指定垃圾桶，村屯定期收集再由环卫企业定期转运，交由有资质的企业无害化处理。

（3）就地减量模式。该模式是指由于基础设施和管理滞后，将垃圾转运出农村和集中在县城处理面临很多困难，于是就地就近简易处理。这种处理方式适合经济发展困难、距离城市较远、运输成本极高的边远地区。

3. 农村生活垃圾末端处置方式

从我国农村生活垃圾末端处置的实践来看，目前主要有填埋、焚烧、堆肥三种方式。

（1）填埋：建设垃圾填埋场，将生活垃圾堆填于填埋场中。这种方式能处理不同成分的各种垃圾，但占地面积较大，还需要设置相应的防漏措施及环境监测装置。西部地区由于地广人稀，垃圾产生总量相对较少，因此更多地采用填埋方式。

（2）焚烧：使用专用垃圾焚烧炉等方式对生活垃圾进行焚烧处理，以达到无害化的效果，焚烧的产物包括炉渣、飞灰等。这种方式建设投入较大，占地面积较小，东部地区由于经济发达、土地资源紧张，以垃圾焚烧处置为主。

（3）堆肥：将生活垃圾进行堆置，利用微生物技术对垃圾进行厌氧或好氧分解，堆肥产生的残余作为肥料进行资源化利用。由于农民生活方式与城市居民不同，所产生生活垃圾主要为有机垃圾，因此，堆肥等有机处理方式在农村较为多见。如四川省丹棱县引导农民将腐烂水果等进行堆肥还田；上海市崇贤街道建立昆虫（黑水虻）农场，每天处理约 10 吨餐厨垃圾。

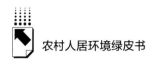

四　农村生活垃圾治理中存在的困境

新时代，要满足人民日益增长的美好生活需要，特别是要建设宜居宜业和美乡村，农村生活垃圾治理还需要破解一些困境、解决一些问题，以提升农村生活垃圾治理的成效和水平。

（一）农村生活垃圾源头分类效果不佳

农村生活垃圾源头分类直接关系着中、后端处置效果，是整个农村生活垃圾收运处置体系的起点。农村居民既是农村生活垃圾的制造者，也是实施源头分类的第一执行者，更是农村生活垃圾治理的直接受益者，在农村生活垃圾治理中扮演着至关重要的角色。因此，调动农村居民垃圾分类的积极性，提高垃圾分类意识及分类能力，是确保农村生活垃圾治理效果的重要途径。但在实践中，农户参与生活垃圾源头分类的积极性并不高，主要原因包括如下几个方面。

一是农村生活垃圾治理作为农村公共物品，具有很强的外部性，农户参与生活垃圾分类治理是有益的、社会性的合作行为[1]，农户生活垃圾分类产生的社会效益大于给农户带来的个人效益。农村生活垃圾从农户投放入垃圾桶的那一刻开始，便由农户的私人物品变成了具有公共性质的物品。公共物品的属性使农户参与度并不高。二是由于农村人口老龄化严重，农村居民难以改变长期形成的生活习惯，并且尚未完全掌握和习惯现行分类方法，分类意识薄弱。在调研中，部分村民认为垃圾分类太麻烦且不切实际、作用不大，即使分类，后续也不能保证分类运输、分类处置，这使农户参与分类的积极性不高。三是村干部作为农村生活垃圾治理政策的主要执行者，往往迫于上级的压力，急于追求成果，将政策生搬硬套，未能制定合理的方案推动

---

① 郭利京、赵瑾：《农户亲环境行为的影响机制及政策干预——以秸秆处理行为为例》，《农业经济问题》2014 年第 12 期。

垃圾分类，没有让村民产生切切实实的参与感。加上目前很多村庄需要农户缴纳垃圾处理费，但整个生活垃圾分类的决策、设施建设、运行流程，以及费用标准确定过程，农户参与很少[①]，这进一步降低了农户参与生活垃圾分类治理的积极性。

（二）农村生活垃圾治理技术普遍滞后

农村生活垃圾治理技术主要包括生活垃圾的高效分类技术、有机成分的堆肥和厌氧消化技术、无机成分的无害化技术等[②]。目前农村生活垃圾治理技术滞后，缺乏区域适宜性及针对性。

一是大部分农村生活垃圾分类标准并没有从农民的生产生活习惯出发来进行设定，很多仍是沿用城市生活垃圾分类标准，这样虽然从分类标准统一的角度看有助于进一步推广生活垃圾分类，但是并不符合农村生产生活和农民思想意识的现实状况，无疑会影响农民生活垃圾分类习惯的养成。二是缺少对堆肥等资源化利用技术的研发和推广。生活垃圾资源化处置利用主要是垃圾焚烧转化为热能，厨余垃圾转化为肥料、沼气等产物。但目前我国农村生活垃圾资源化利用的程度较低，主要是由于生活垃圾资源化新技术开发的前期投入较大，资源化利用的产品在市场上竞争力较弱，企业缺乏积极性。同时，由于农村生活垃圾成分复杂，如果作为有机肥料的原料，其中的一些杂菌、有害物质，应用到农业生产中可能会导致耕地土壤健康水平下降。三是无害化技术能否真正做到无害有待商榷。如农村生活垃圾焚烧发电，因垃圾焚烧会产生二噁英污染，焚烧发电厂在选址中经常引起公众对建设项目的担忧，垃圾无害化处理技术的滞后阻碍了农村生活垃圾的无害化处置效果。

（三）农村生活垃圾治理资金投入不足

长期以来，城镇环境基础设施建设投资依然占据较大比例，而农村环境

---

① 贾亚娟、赵敏娟、夏显力、姚柳杨：《农村生活垃圾分类处理模式与建议》，《资源科学》2019 年第 2 期。

② 朱慧芳、陈永根、周传斌：《农村生活垃圾产生特征、处置模式以及发展重点分析》，《中国人口·资源与环境》2014 年第 S3 期。

基础设施建设投资明显不足。从农村环境基础设施建设投资结构来看，用于生活垃圾处理设施建设的资金投入比重依然很小。2020年，全国村庄市政公用设施投资3590亿元，其中污水处理和园林绿化投资557亿元，占市政公用设施投资的15.53%，而垃圾处理投资277亿元，仅占市政公用设施投资的7.73%。相对于农村生活垃圾治理的强大需求，资金投入远远不够。

在整个农村生活垃圾处置运行过程中，存在"重前端分类、轻中后端处理"的现象，用于垃圾处理的基础设施量特别是末端处置设施量较少且分布不均匀，造成农村生活垃圾处置缺少"出口"，难以实现生活垃圾资源化利用，从而影响前端生活垃圾分类，使整个农村生活垃圾分类体系难以取得明显成效。

（四）农村生活垃圾治理缺乏法律保障

农村生活垃圾治理专项法律不完善，并且已有政策在实施推行中缺乏健康的政策环境，从而造成生活垃圾治理政策落地实施困难。

一是目前我国仍缺少农村生活垃圾专项法律法规，相关的配套政策主要由各地政府结合本地实际情况制定，但也存在政策供给不足的问题。虽然有部分地方制定了较为明确的激励、奖惩政策，但仍存在部门责任不清晰、职责交叉等问题，使得政策形同虚设，直接导致农村生活垃圾分类治理工作难以持续有效进行。即使在农村生活垃圾分类试点地区，颁布了较完善的制度法规，但实施效果并不理想，存在制度法规停留于"文本""挂在墙面"等现象[1]。二是农村生活垃圾治理工作被边缘化，没有从根本上得到基层政府及相关部门的重视。政府在推行过程中重道德约束、轻法律约束，对农村居民的前端分类行为缺少约束和监督，对中后端运输处置及资源化利用也缺少有力的监督与考核。另外，垃圾分类的决策、实施和监管大多数由政府主导，存在"重行政推动、轻市场带动"的问题[2]。

---

[1] 伊庆山：《乡村振兴战略背景下农村生活垃圾分类治理问题研究——基于s省试点实践调查》，《云南社会科学》2019年第3期。

[2] 张利民、郗雪婷、朱红根：《农村生活垃圾分类治理的国际经验及对中国的启示》，《世界农业》2022年第7期。

五　农村生活垃圾治理的对策建议

在全面推进乡村振兴战略背景下，为实现农村生活垃圾的减量化、无害化和资源化，针对目前我国农村生活垃圾治理面临的困境，应从农村生活垃圾农户源头分类、收运处置体系、资金及技术支撑、创新系统模式和法律制度保障方面寻找突破口，提升农村生活垃圾治理水平。

（一）加大宣传力度，营造农村生活垃圾分类的大众环境

农户垃圾分类是农村生活垃圾治理的首要环节。因此，应发挥农户的主体作用，提高农户垃圾分类意识，有效动员农户，引导农户积极参与垃圾分类。

一是坚持"网格化"管理，通过入户宣传分类知识，确保居民掌握垃圾分类方法。同时组织多种形式的环境保护、垃圾分类等主题活动，营造人人参与的治理氛围，调动农村居民参与生活垃圾分类治理的积极性。二是制定垃圾分类奖惩机制，通过积分兑换、"红黑榜"等多种形式对村民垃圾分类行为进行奖励或惩罚。同时适当加大惩罚力度，对于违反垃圾分类制度的村民予以物质惩罚，有效促进农村居民积极参与垃圾分类。三是发挥基层党员干部的示范带头作用。把垃圾分类纳入优秀党员干部的考核标准，引导更多村民参与生活垃圾分类。四是建立有效的反馈渠道和沟通平台，畅通农户与政府部门之间的信息传递，提升农户生活垃圾治理的参与感。

（二）坚持因地制宜，构建农村生活垃圾的收运处置体系

因地制宜构建简便可行、运行有效的农村生活垃圾收运处置体系，抓好农村生活垃圾源头分类减量，提升农村生活垃圾资源化利用水平。

一是根据经济条件、村庄分布、人口规模、交通条件、运输距离、生活习惯等因素，科学合理确定农村生活垃圾基础设施布局、类型、数量和规模，合理规划垃圾收运人员、车辆、路线和频次等要素，合理选择农村生活

垃圾收集、转运和处理模式，提升处置效率。对县城生活垃圾基础设施覆盖范围内的村庄，采用统一收运、集中处理的模式；对交通不便或运输距离较长的村庄，因地制宜建设小型化、分散化处理设施，就近处理生活垃圾。二是提高农村生活垃圾收运体系运行管理水平。明确运维企业责任，加强对运维公司服务质量的考核评估。如加强垃圾收集点的运行管护，确保垃圾规范投放、及时清运。对垃圾转运站产生的污水、卫生填埋场产生的渗滤液以及垃圾焚烧厂产生的炉渣、飞灰等，按照相关法律法规和标准规范做好收集、贮存及处理。

（三）拓宽融资渠道，强化农村生活垃圾治理的资金支撑

在资金来源上，一方面可在政府层面设置农村生活垃圾治理专项项目，继续加大资金投入；另一方面应根据实际情况，探索多元化资金投入机制，通过市场化运作筹集资金，同时综合利用经济政策（如税收、财政、金融政策）引导社会力量积极参与农村生活垃圾治理。部分地区已经开始探索推行农村生活垃圾治理农户付费制度，这也成为农村生活垃圾治理的重要资金来源。

在资金用途上，农村生活垃圾治理的资金投入重点应放在垃圾收运处置设施的升级换代上。结合农村地区实际情况，增加垃圾收运处置设施的投放，从硬件上满足垃圾治理的基本条件。逐步取缔露天垃圾收集池，建设或配置密闭式垃圾收集点、压缩式垃圾中转站和密闭式垃圾运输车辆。

（四）实施科技创新，强化农村生活垃圾治理的技术支撑

加强农村生活垃圾的处置技术研发。各地农业农村、生态环境等部门可联合科技部门，加强农村生活垃圾治理的技术研发、推广和应用。我国农村生活垃圾中60%以上为可堆肥类垃圾，因此应特别鼓励有技术研发实力的企业参与可堆肥垃圾资源化利用技术的开发和推广。国家应加大资金扶持力度，减轻企业研发负担，并在销售环节给予一定的政策支持，使得垃圾资源化产品能够顺利进入市场，完成垃圾资源化的闭环，从而实现可堆肥类垃圾

的资源化利用。除此之外，还应加强其他垃圾的无害化处置技术研发。如在推广焚烧发电项目时，应做好宣传引导，加强焚烧相关技术的研发，研究适合农村地区的无污染清洁焚烧技术。

（五）依靠信息技术，创新农村生活垃圾治理的系统模式

随着中国"互联网+"创新模式的兴起以及互联网技术的普遍应用，利用"互联网+"促进环境治理转型成为学界共识和实践创新来源之一[1]，垃圾分类领域亦开始进入智能化治理阶段。"互联网+"垃圾分类作为破解城市垃圾分类难题的创新模式，也成为农村地区推动垃圾分类制度落实和创新垃圾分类实践的有效方式。如浙江省嘉兴市南湖区首创全流程数字化监管系统，构建收、运、处标准化运作新网络，有效破解了农村生活垃圾分类工作的难点痛点。为加强互联网在农村生活垃圾治理中的作用，一方面，需要树立"互联网+"环境治理理念，在生活垃圾治理的分类、收集、运输、处理过程中因地制宜地建立数字化管理和监督平台，创建垃圾分类清运新模式，使垃圾分类管理更智能高效；另一方面，要以互联网为媒介，通过大众广泛接受的宣传手段、途径和方式，建立线上信息沟通平台，传播环保理念，普及宣传生活垃圾分类各项政策，增加农村居民对生活垃圾治理的认同感和满意度。

（六）促进专项立法，强化农村生活垃圾治理的法制保障

一方面，在我国农村生活垃圾治理缺乏专项立法的情形下，国家层面应尽快出台农村生活垃圾专项法律法规。另一方面，由于我国南北方、东中西部的经济发展水平、自然地理条件及村民生活习惯都差异较大，各地方应在充分考虑地区差异的基础上，因地制宜制定适合当地的农村生活垃圾治理办法，包括垃圾分类标准、垃圾处理技术规范等。

---

[1] 董海军：《"互联网+"环境风险治理：背景、理念及展望》，《南京工业大学学报》（社会科学版）2019年第5期。

要创造良好的农村生活垃圾治理政策落地实施环境。一是明确规定政府、村委会、环卫企业及村民等各个主体在垃圾分类、收集、运输、处理等环节的权责，确保垃圾治理工作的有效运行。二是改变以政府为主体的监督模式，鼓励社会组织、媒体及公众的广泛参与，改变监督成本过高、执行困难的困境。三是制定符合本村实际情况的村规民约，充分发挥农村“熟人社会”的特性，使垃圾分类政策内化为村民的自觉行为，营造出有利于垃圾治理的政策执行氛围。

参考文献

董海军：《“互联网+”环境风险治理：背景、理念及展望》，《南京工业大学学报》（社会科学版）2019 年第 5 期。

郭利京、赵瑾：《农户亲环境行为的影响机制及政策干预——以秸秆处理行为为例》，《农业经济问题》2014 年第 12 期。

韩智勇、费勇强、刘丹、旦增、张嵛、施国中、王加雷、谢燕华：《中国农村生活垃圾的产生量与物理特性分析及处理建议》，《农业工程学报》2017 年第 15 期。

贾亚娟、赵敏娟、夏显力、姚柳杨：《农村生活垃圾分类处理模式与建议》，《资源科学》2019 年第 2 期。

蒋培、胡榕：《农村生活垃圾分类存在的问题、原因及治理对策》，《学术交流》2021 年第 2 期。

李燕凌、高猛：《农村公共服务高质量发展：结构视域、内在逻辑与现实进路》，《行政论坛》2021 年第 1 期。

邵立明、吕凡、章骅：《村镇垃圾治理模式与规范的现状及展望》，《小城镇建设》2016 年第 8 期。

孙晓杰、王春莲、李倩、张红霞、叶宇航：《中国生活垃圾分类政策制度的发展演变历程》，《环境工程》2020 年第 8 期。

姚伟、曲晓光、李洪兴、付彦芬：《我国农村垃圾产生量及垃圾收集处理现状》，《环境与健康杂志》2009 年第 1 期。

伊庆山：《乡村振兴战略背景下农村生活垃圾分类治理问题研究——基于 s 省试点实践调查》，《云南社会科学》2019 年第 3 期。

于法稳、胡梅梅、王广梁：《面向 2035 年远景目标的农村人居环境整治提升路径及对策研究》，《中国软科学》2022 年第 7 期。

张利民、郄雪婷、朱红根：《农村生活垃圾分类治理的国际经验及对中国的启示》，《世界农业》2022 年第 7 期。

朱慧芳、陈永根、周传斌：《农村生活垃圾产生特征、处置模式以及发展重点分析》，《中国人口·资源与环境》2014 年第 S3 期。

G.4
农村生活垃圾源头分类及减量技术

摘　要： 全面提升农村生活垃圾治理水平是《农村人居环境整治提升五年行动方案（2021~2025年）》的重要内容。通过解读近几年农村人居环境相关政策变化，可以看出源头分类减量是农村生活垃圾治理的重点。本文针对当前农村生活垃圾治理情况和存在问题，基于农户认知和分类意愿，总结出几种现有的农村生活垃圾治理源头分类减量技术，包括厌氧发酵技术、好氧堆肥技术、无机垃圾压缩技术以及热解技术，并详细分析、比较其各自优缺点及适用性。当前主要存在农户环保和分类意识淡薄、缺乏原位处理低成本技术和基层技术人员、基层经费不足运营维护难、体制机制不健全等问题。在此基础上，应强化宣传培训，提高农户环保意识；强化科研驱动作用，加强基层技术人员培训；加大基层经费支持力度，积极拓宽资金来源；完善制度建设，建立健全考核督查机制等。

关键词： 农村生活垃圾　源头分类减量　垃圾处理技术

一　农村生活垃圾治理现状

（一）政策解读

2018年农村人居环境整治三年行动实施以来，我国农村生活垃圾治理水平显著提升，农村人居环境得到明显改善。为巩固三年行动成果，中共中央办公厅、国务院办公厅于 2021 年出台了《农村人居环境整治提升五年行动方案（2021～2025 年）》。方案中明确提出了"农村生活垃圾无害化处理水平要明显提升，有条件的村庄实现生活垃圾分类、源头减量"的行动目标，这在中共中央办公厅、国务院办公厅 2018 年印发的三年行动方案中是不曾提到的。且在东部地区、中西部城市近郊区、中西部较好基础地区、地处偏远经济欠发达地区不同的行动目标上，前者要求更具体、区分更详细。同时，对比后者只提出推进农村生活垃圾治理，前者在内容里也由"推进"改为"全面提升"，还具体提出了推进农村生活垃圾分类减量与利用的要求：加快推进源头分类减量，减少垃圾出村处理量，积极探索符合农民特点的分类习惯模式，探索就近就地处理路径。

与此同时，《中共中央 国务院关于全面推进乡村振兴加快农业农村现代化的意见》也明确提出要实施农村人居环境整治提升五年行动。其中要求健全农村生活垃圾收运处置体系，推进源头分类减量、资源化处理利用，建设一批有机废弃物综合处置利用设施。对比 2020 年中央一号文件中提出的开展就地分类、源头减量试点的要求，2021 年中央一号文件继续将源头分类减量列入重点工作。2022 年中央一号文件《中共中央 国务院关于做好 2022 年全面推进乡村振兴重点工作的意见》，再次明确提出接续实施农村人居环境整治提升五年行动，要求推进生活垃圾源头分类减量，加强村庄有机废弃物综合处置利用设施建设，推进就地利用处理。

表 1 政策变化解读

政策名称	发布(印发)时间	行动目标	重点任务
《农村人居环境整治三年行动方案》	2018 年	到 2020 年,实现农村人居环境明显改善,村庄环境基本干净整洁有序,村民环境与健康意识普遍增强	推进农村生活垃圾治理

政策名称	发布(印发)时间	行动目标	重点任务
《农村人居环境整治提升五年行动方案（2021~2025年)》	2021年	到2025年,农村人居环境显著改善,生态宜居美丽乡村建设取得新进步。农村生活垃圾无害化处理水平明显提升,有条件的村庄实现生活垃圾分类、源头减量	健全生活垃圾收运处置体系。推进农村生活垃圾分类减量与利用
《关于抓好"三农"领域重点工作确保如期实现全面小康的意见》	2020年	扎实搞好农村人居环境整治	全面推进农村生活垃圾治理,开展就地分类、源头减量试点
《关于全面推进乡村振兴加快农业农村现代化的意见》	2021年	实施农村人居环境整治提升五年行动	健全农村生活垃圾收运处置体系,推进源头分类减量、资源化处理利用,建设一批有机废弃物综合处置利用设施
《关于做好2022年全面推进乡村振兴重点工作的意见》	2022年	接续实施农村人居环境整治提升五年行动	推进生活垃圾源头分类减量,加强村庄有机废弃物综合处置利用设施建设,推进就地利用处理

除此之外,国家近两年相继出台了多项与农村生活垃圾治理相关的政策文件。这些政策文件的出台、实施,对新阶段农村生活垃圾治理工作有着十分重要的指导和推进作用。同时,国家相关部门及部分省市还制定了一些标准和规范,这些标准及规范的颁布和实施对农村生活垃圾规范化治理也起到了积极的作用。

表2　2020~2022年新出台的政策标准

名称	文号(标准号)	发布(实施)时间	发布部门
《关于推动农村人居环境标准体系建设的指导意见》	国市监标技函〔2020〕207号	2021年1月	国家市场监督管理总局、生态环境部、住房和城乡建设部、水利部、农业农村部、国家卫生健康委、国家林草局

续表

名称	文号(标准号)	发布(实施)时间	发布部门
《中华人民共和国乡村振兴促进法》	中华人民共和国主席令(第七十七号)	2021年4月	全国人民代表大会常务委员会
《关于推动城乡建设绿色发展的意见》	中办发〔2021〕37号	2021年10月	中共中央办公厅、国务院办公厅
《"十四五"城镇生活垃圾分类和处理设施发展规划》	发改环资〔2021〕642号	2021年5月	国家发展改革委、住房和城乡建设部
《农业农村污染治理攻坚战行动方案(2021～2025年)》	环土壤〔2022〕8号	2022年2月	生态环境部、农业农村部、住房和城乡建设部、水利部、国家乡村振兴局
《"十四五"推进农业农村现代化规划》	国发〔2021〕25号	2021年11月	国务院
《关于进一步加强农村生活垃圾收运处置体系建设管理的通知》	建村〔2022〕44号	2022年5月	住房和城乡建设部、农业农村部、国家发展改革委、生态环境部、国家乡村振兴局、中华全国供销合作总社
《乡村建设行动实施方案》	—	2022年5月	中共中央办公厅、国务院办公厅
《生活垃圾处理处置工程项目规范》	GB 55012—2021	2022年1月	住房和城乡建设部
《生活垃圾卫生填埋场防渗系统工程技术标准》	GB/T 51403—2021	2021年10月	住房和城乡建设部
《农村生活垃圾收运和处理技术标准》	GB/T 51435—2021	2021年10月	住房和城乡建设部
《农村生活垃圾处理标准》	DB23/T 2638—2020	2020年6月	黑龙江省住房和城乡建设厅、黑龙江省市场监督管理局
《湖南省农村生活垃圾处理技术标准》	DBJ43/T 517—2020	2020年10月	湖南省住房和城乡建设厅
《生活垃圾小型热解气化处理工程技术规范》	DB63/T 1773—2020	2020年1月	青海省市场监督管理局

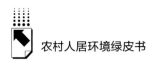
续表

名称	文号(标准号)	发布(实施)时间	发布部门
《江西省农村生活垃圾治理导则》	DBJ/T 36-053—2019	2020 年 1 月	江西省住房和城乡建设厅
《浙江省生活垃圾治理专项规划技术导则(试行)》	—	2021 年 6 月	浙江省住房和城乡建设厅
《四川省农村生活垃圾收集转运处置体系建设指南(试行)》	—	2020 年 6 月	四川省住房和城乡建设厅
《西藏自治区生活垃圾处理技术导则(试行)》	—	2020 年 10 月	西藏自治区住房和城乡建设厅
《湖北省城乡生活垃圾治理技术导则》	—	2018 年 7 月	湖北省住房与城乡建设厅
《湖北省城乡生活垃圾末端处置设施建设运营技术导则(试行)》	—	2018 年 9 月	

(二)现状与必要性

据资料统计,我国 2021 年居住在农村的人口约为 50979 万人,占全国总人口的 36.11%①。按农村每天每人生活垃圾产生量为 0.7~1.1 千克来算②,2021 年我国农村生活垃圾产生量可达 1.3 亿~2 亿吨。我国农村生活垃圾主要包括厨余类、灰土、橡塑纺织木竹类、纸类、陶瓷玻璃金属类等。按照有机部分占 44% 估算③,2021 年我国农村有机生活垃圾总量约为 0.57 亿~0.88 亿吨。

目前我国农村垃圾处理采用的模式大多是"村收集、镇转运、县处

---

① 2021 年第七次全国人口普查公报。
② 崔广宇、吕凡、章骅、邵立明、何品晶:《村镇垃圾治理典型案例及问题分析》,《农业资源与环境学报》2022 年第 2 期,第 337~345 页。
③ 韩智勇、费勇强、刘丹、旦增、张崎、施国中、王加雷、谢燕华:《中国农村生活垃圾的产生量与物理特性分析及处理建议》,《农业工程学报》2017 年第 15 期,第 1~14 页。

理"，在终端处理方式上又以卫生填埋和焚烧为主。这种统一收集、末端处理的方式，极易出现以下三点问题。一是会造成巨量的农村生活垃圾涌入城镇，加大城市处理设施的负荷，给城市垃圾处理系统带来很大压力。二是这种模式需要大量的人力物力，转运距离直接影响处理成本，而大多数农户居住较分散，因此运行成本普遍较高，多数农村地区难以持续良性运转。三是部分地区在末端处理上存在技术不达标或管理不规范的问题，比如填埋场防渗处理不规范、焚烧烟气处理不达标等，这些都会造成环境的二次污染。

归结起来，造成这些问题的原因主要是没有因地制宜，没有充分考虑农村资源环境和农村社会经济的特点。农村相对城市来说土地面积辽阔，可消纳途径多，有条件实现生活垃圾的就地处理利用。如果能将农村部分有机垃圾做源头减量处理，就既可减轻转运环节和末端处理的压力，节省大量成本，又能减少二次污染等环境隐患问题。由此可见，进行农村生活垃圾的源头分类减量化处理和就地资源利用十分有必要。

二 农村生活垃圾源头分类及减量技术

（一）农村生活垃圾源头分类好处

1. 减少填埋用地，节省土地资源

目前我国农村生活垃圾中仍有很大部分采用卫生填埋方式处理，占用了大量的土地资源。这些填埋场中的垃圾很多含有毒有害物质，会导致土壤污染，填埋场后期也无法恢复成耕地，同时又由于垃圾长时间堆放可能产生沼气也无法重新作为农村生活小区用地，因此填埋用地都属于不可恢复用地。而如果实行垃圾分类，将有机部分先处理或资源化利用，再剔除可回收利用部分，减少的垃圾量可达一半以上。

2. 提高资源化利用效率

农村生活垃圾分类后，很多物质是可以转化成资源的。比如有机生活垃圾可以通过发酵等方式转换成有机肥料，改善土壤理化性质；垃圾焚烧可以

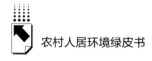
发电或者供热；农村大量的灰土、废弃砖瓦等垃圾可以二次加工制成建筑材料。由此可见，混在一起，农村废弃物就是垃圾，而分类后就可用作资源，利用好这样的资源同时也能达到垃圾减量化的效果。

3. 保护农村生态环境，减少环境污染

现在农村生活垃圾成分复杂，不再像过去那样单一，垃圾中有很多有毒有害物质，比如废旧电池、废塑料等，都会对环境造成严重影响。这些混合垃圾直接填埋处理，极有可能造成有害物质通过渗滤液污染土地和地下水，甚至通过食物链影响人类本身，而分类处理后这些问题都可避免。

4. 提高农民环保意识

加强对农民的垃圾分类宣传和培训有助于培养农民良好的生活习惯、合理的生产方式，提高农民综合素质。在垃圾产生环节通过垃圾分类以及资源化利用等方式就可实现减量化的效果，同时改善农村人居环境。

（二）农户垃圾分类认知程度及意愿

农户对垃圾分类的认知程度和分类意愿直接影响农村垃圾的分类效果，也影响着后续减量和资源化利用率，因此了解农户垃圾分类认知程度和分类意愿十分重要。调研组近几年通过对北京、四川、湖北、新疆几个具有代表性地区的调研统计，了解全国农村农户的垃圾分类认知程度及分类意愿。

1. 北京市调研结果

调研组在北京市农村入户完成了55份关于农户对生活垃圾分类意愿和认知的问卷调查。调研结果显示，50.00%的农户比较了解垃圾分类，45.95%的农户属于基本了解，只有4.05%的农户不太了解垃圾分类处理常识（见图1）。另外，受访农户中有55.41%愿意将垃圾分类处理且投入成本（见图2）。以上调研结果都表明，在受访村民中，超过半数村民愿意支付少量费用来进行生活垃圾分类处理。

2. 四川省调研结果

调研组在四川省农村入户完成了135份关于农户对生活垃圾分类意愿和认知的问卷调查。调研结果显示，超过90%的农户了解垃圾分类处理（见

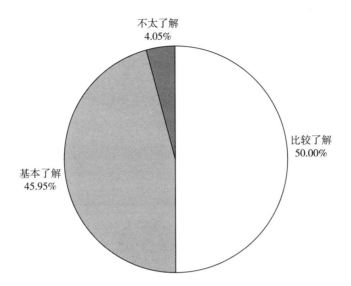

图 1　北京市农户对垃圾分类认知程度

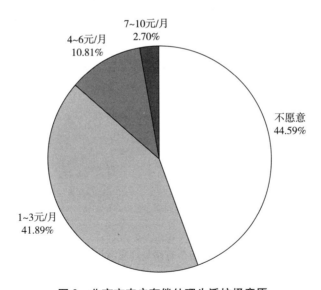

图 2　北京市农户有偿处理生活垃圾意愿

图 3），且愿意分类处理并支出成本的农户达 80.00%（见图 4），这表明受访农户大多愿意支出少量费用来进行生活垃圾分类处理。

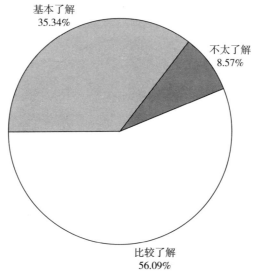

图3　四川省农户对垃圾分类认知程度

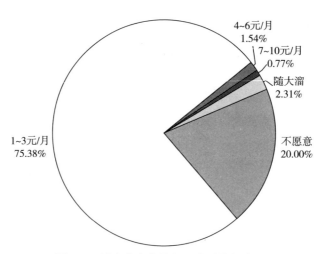

图4　四川省农户有偿处理生活垃圾意愿

3. 湖北省调研结果

调研组在湖北省农村入户完成了 129 份关于农户对生活垃圾分类意愿和认知的问卷调查。调研结果显示，只有 31.01% 表示不太了解垃圾分类（见图 5），且受访农户中有 66.67% 愿意进行垃圾分类处理且支出成本

（见图6），这同样表明受访农户大多愿意支出少量费用来进行生活垃圾分类处理。

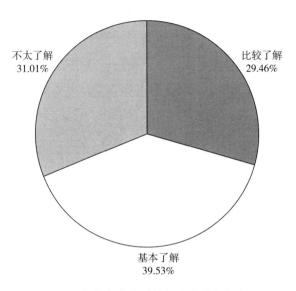

图5　湖北省农户对垃圾分类认知程度

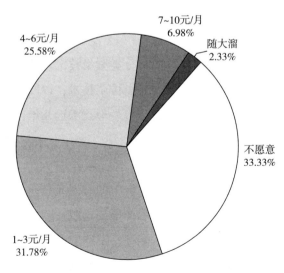

图6　湖北省农户有偿处理生活垃圾意愿

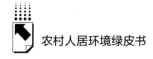
4. 新疆调研结果

调研组在新疆维吾尔自治区农村入户完成了 19 份关于农户对生活垃圾分类意愿和认知的问卷统计。调研结果显示，农户对垃圾分类处理的认知程度较低，受访者都表示不太了解垃圾分类。但是，受访农户中有 89.47% 的农户愿意进行垃圾分类处理且支出一定费用，其中愿意支出 1~3 元/月费用的占 84.21%，愿意支出 4~6 元/月的占 5.26%，但也有 10.53% 的农户不愿意支付垃圾分类处理费。以上调研结果都表明，受访村民绝大多数愿意进行生活垃圾分类并支付少量垃圾处理费用。

由此可见，大部分农户对垃圾分类有一定的认知和了解，且大多愿意为此付出一定成本，因此实现农村生活垃圾源头分类减量处理是可行的。

（三）农村生活垃圾源头分类减量技术

农村生活垃圾分为有机垃圾和无机垃圾两大类。这种简单的源头分类标准充分考虑到了农民实际情况，使分类错误率大大降低。而如果直接使用四分法则可能因农户素质参差不齐、源头分类不到位造成二次污染。待垃圾转运回收后可再按照四分法进行二次分拣、分类处理，这一定程度上还能降低运行成本。

由此，目前适用于农村的垃圾源头分类减量技术主要有针对有机垃圾的生物处理技术，比如厌氧发酵技术、好氧堆肥技术；以及针对无机垃圾的物理处理技术，比如压缩技术；此外，热解处理技术近几年也是垃圾源头减量处理的热门技术。

1. 厌氧发酵技术

厌氧发酵技术一般是将农村生活垃圾中的有机部分作为原料，在厌氧条件下，经历水解、酸化、产氢产乙酸和产甲烷这四大阶段，在有机垃圾被分解的同时，发酵产品沼气可作为清洁能源，发酵的残余物沼渣沼液还可进行二次综合利用。该技术可以实现农村生活垃圾的减量化处理，达到资源化循环利用。

该技术优点是，首先，较卫生填埋占地少，工艺成熟简单，操作容易。

且后续垃圾处理量明显减少，可达到无害化要求。同时，沼渣沼液可还田作肥料用或经二次加工制成生物炭作土壤改良剂用，又充分实现了资源化要求。其次，其设备成本远低于焚烧设备。最后，与传统好氧堆肥相比，厌氧发酵无明显异味散发。

该技术的缺点是，发酵过程易受温度变化影响，从而直接影响发酵工艺效果，发酵后的沼渣沼液若不能充分消纳，则有二次污染的风险。

根据农村生活垃圾物理特性，目前厌氧发酵工艺以湿式发酵（TS10%~15%）与干式发酵（TS20%~30%）为主。湿式发酵系统投入大，设备成本高，后期运行操作较烦琐且工作量大，但稳定性相对较好。干式发酵含水率较低，后期处理相对简单，发酵后残余物只有沼渣，可直接作为有机肥利用，且运行费用相对较低，发酵过程稳定。干式发酵过程不会存在湿式发酵中出现的浮渣、沉淀等问题，也没有沼液残余物需要二次处理利用，因此比较适合在目前农村生活垃圾处理厌氧发酵中应用，并且其减量率更高，减量化效果更明显。

目前的干式发酵工艺技术包括了覆膜沼气干式发酵技术、干发酵反应器、多元废弃物车库式干发酵技术。其中，干发酵反应器主要分立式和卧式两种。这些工艺设备处理量为每天几十到上百吨，成本也为几十至上百元每吨。由于其处理量较大，适用于原料中转运输方便、农村分布较集中的地区，同时其处理成本适中，适用于农村经济水平适中的地方。

2. 好氧堆肥技术

好氧堆肥是在有氧环境前提下，好氧菌对垃圾实现吸收、氧化和分解的过程。

好氧堆肥主要有四个阶段：潜伏阶段、中温阶段、高温阶段和腐熟阶段。该过程需要在碳氮比、氧气、水分、温度这些条件下综合协同完成，其中碳氮比一般在25~30：1区间适宜，实际所需空气量一般为理论氧气量的2~10倍，含水量在50%~60%区间为宜，当含水量达到55%时，微生物分解速度最快。水的作用主要是参与微生物的新陈代谢和调节堆肥温度，当温度过高时水分蒸发可以带走一些热量。因此，好的堆肥过程需要达到碳氮比

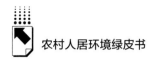

平衡以及水氧平衡。

好氧堆肥的好处。首先，有机垃圾经过堆肥处理，体量可以减少60%～80%，从而大大减少有机垃圾占据的空间，达到减量化的效果。该种工艺相对较简单，建设和运行成本较低，有机垃圾可以实现比较彻底的分解，达到病原菌消杀比较完全的效果。其次，好氧堆肥的堆肥周期相对较短，堆肥后的产品不仅可以为植物提供纯净、养分充足的有机肥料，还可以改善土壤的透气性与水分和养分的持有量，从而实现农村有机生活垃圾源头减量化的目的和资源化利用的效果。

但好氧堆肥也有不足之处：传统堆肥占用场地较大，一般选址较困难；前期进料分选以及堆沤过程中容易产生明显臭味，存在渗滤液和臭气等潜在二次污染；堆肥产品品质受垃圾成分组分影响较大，一般协同其他有机物比如秸秆、畜禽粪污等多元物料堆肥，以提升堆肥品质。

目前，国内各种堆肥技术不断改进，不同机械化设备和现代技术都应用于好氧堆肥技术中，这些技术在提高堆肥效率、缩短堆肥周期、提高堆肥产品品质、减少堆肥过程中二次污染的风险上都起着不小的作用。针对当前农村农户分布不均及农村经济基础差异较大等特点，本文提出以下几种适用于农村的好氧堆肥技术，如堆肥桶/箱、覆膜堆肥、反应器堆肥等。

（1）堆肥桶/箱

堆肥桶/箱主要适用于单户农户。农户可直接将家里产生的有机生活垃圾如厨余垃圾、尾菜等投入堆肥桶内堆沤发酵，40～50天后，再将堆好的有机肥直接用于自家庭院内或门前作物，形成有机循环的模式。这种方式不仅可使垃圾在源头就达到减量化的效果，还能在很大程度上消除垃圾臭味，也能使农户生产生活方式得到有效转变，甚至可为发展庭院经济提供技术基础。这种堆肥桶/箱操作简单，农户易上手，更适合住在偏远地区、收转运距离很长的农户。堆肥桶容积一般为20～300L，价格也为几十至上千元，农户可根据人口数量及经济条件适当选择（见图7）。

（2）覆膜堆肥

该技术是在采用强制通风和静态垛式发酵的基础上，将高分子新材料覆

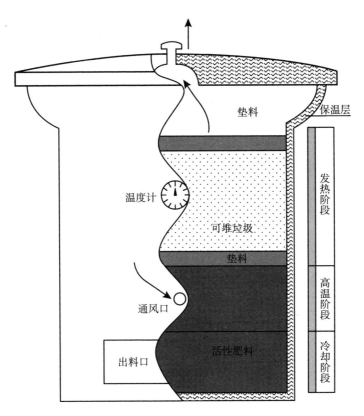

图7 户用堆肥桶原理

盖在堆体上并密封而形成的一种功能膜覆盖好氧堆肥处理的技术模式。这种技术能更经济更有效地处理传统堆肥过程中容易产生的臭气和环境污染等问题。一般由堆肥膜系统、通风供氧系统、控制系统、传感器等组成。其优点一是选址灵活且可移动，无异味，可在露天建厂，对周围居民生活无影响，也不受气候影响，适合季节性垃圾处理需求；二是可智能调控，根据堆体中温度和含氧量，实时动态控制供氧，堆肥过程中温度可达70摄氏度以上，能灭杀大多数有害病菌和虫卵，且功耗低，处理效率高；三是设备操控简单，运行稳定，后续维修保养投入少，适合处理各种有机垃圾废弃物，堆置的肥料可出售。

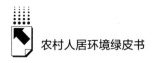
覆膜面积可根据处理量选择，针对农村不同经济条件及分布情况，目前适用于农村的覆膜堆肥设备有功能膜堆肥发酵装置和膜式静态堆肥仓。

表3　覆膜堆肥设备对比分析

覆膜堆肥技术	功能膜堆肥发酵装置	膜式静态堆肥仓
堆肥设备	堆肥膜、通风供氧传输系统、智能化远程可视控制系统、好氧堆肥发酵菌剂、强化管道、温度传感器等	一体化反应器，顶部膜式结构，底部、边侧钢架结构，电动推杆控制顶盖开关，积液通过底部的排水阀流出。底部安装曝气装置，侧面安装数字温度显示器
处理能力	处理容积规格：30m³以上，可根据处理量定制选择	设备总容积：5~20m³
处理成本	中	高
适用性	适合大规模处理，场地需硬化，解决农村区域堆肥 适合经济条件适中的地区	小规模处理；土建要求低：无须地面硬化和挡墙建设，灵活、可移动 解决小规模农村有机垃圾，联户处理适合经济条件较好的地方

（3）反应器堆肥

该技术主要利用一体化的密闭反应器来进行好氧堆肥，原料以农村生活有机垃圾为主。目前主要设备有箱式堆肥反应器、塔式堆肥反应器、立式筒仓反应器和卧式滚筒堆肥反应器这几种。该设备对原料的要求较高，原料需要经过除杂、粉碎、混合等预处理步骤后，再加辅料调节含水率至45%~65%，才能进入反应器进行高温堆肥。这种反应器堆肥模式的自动化水平较高，相应的投资成本也较高，但产生的臭气和渗滤液都可回收处理，不会造成二次污染。因此适合经济条件相对较好的农村地区。

表4　反应器堆肥设备对比分析

反应器堆肥	特点	处理规模	处理成本
箱式反应器	强制通风和机械搅动，水平流动；系统大小可调节	1~40吨/天	高

反应器堆肥	特点	处理规模	处理成本
塔式反应器	连续或间歇性进料,底部进料;底部向上运输时发生搅动	1~40 吨/天	高
立式筒仓反应器	上部混合堆肥原料,同时收集和处理废气;底部取出堆肥,且设有通风装置;堆肥周期 14 天;占地面积小;原料入筒仓前混合	1.5~44 吨/天	高
卧式滚筒反应器	水平滚筒通过机械传动装置翻动混合进料、通风及排出堆肥;堆肥进程快,易降解物质好氧降解快;进一步降解需采用条垛或静态二次好氧堆肥	1~20 吨/天	高

3. 无机垃圾压缩技术

压缩技术是指将垃圾收集车送来的垃圾,在源头收集处或者中转处,由压装机压装到转运车后,运往垃圾处理场所的技术。该技术可提高运输效率,保护环境,实现减量化处理。在技术上一般分为直接压装和预压缩技术,而在工艺上可分为水平压缩和垂直压缩技术。目前大多数垃圾转运站的压缩工艺主要采用直接压装式和预压缩式这两种。

表 5　无机垃圾压缩技术

压缩技术	方式	特点	适用性
直接压装式	压装机直接将垃圾边装边压实压入转运车厢内	工艺成熟,简单稳定,对垃圾的适应性强	配合≤20 吨的转运车辆使用
预压缩式	在压装机内先将垃圾压缩,达到装载重量要求后,再一次性推入转运车集装箱内转运	集装箱结构重量轻、造价低,转运车装载时间短,净载重量大	配合≥20 吨的半挂式转运车辆使用

垃圾压缩设备主要有垂直式垃圾压缩设备、地埋式垃圾压缩设备、分体式垃圾压缩设备、移动式垃圾压缩设备。

表6　垃圾压缩设备

类型	日处理量（吨）	价格（万元）	特点
垂直式垃圾压缩机	60~100	26~30	垂直预压工艺，压缩比3：1以上
地埋式垃圾压缩机	40~80	13~18	水平压缩工艺，压缩比2~3：1以上
分体式垃圾压缩机	150~300	39~42	大型设备，一机两厢或多厢，压缩比例2~3：1
移动式垃圾压缩机	30~100	12~18	水平压缩，整机密封，压缩比2~3：1

根据《农村生活垃圾收运和处理技术标准》要求：农村生活垃圾收集站规模超过20吨/天的，宜采用具备压缩功能的设备。具体设备选择则可根据农村经济水平以及处理量适当选择。而以上设备无论选用哪种，按压缩比效果估算，无机垃圾的减量效果都可达50%~75%。

4. 热解技术

除以上几种减量技术外，目前针对农村生活垃圾分类政策执行好、经济水平条件较好的农村地区，还可采用热解技术达到减量化处理。热解技术是指把农村生活垃圾在无氧或缺氧状态下加热，分解成可燃气体、可燃油和炭黑的技术。这种技术与直接焚烧不同，无氧或缺氧的前提下则无二噁英产生，同时热解气化所产生的气体、固体和水都能经过处理再回收，因此该技术无二次污染，对环境更友好。但热解前需要经过简单分选，去除大块不可燃烧的物质，比如玻璃、金属等，分拣后的垃圾再送入热解炉进行热解处理。

热解设备具有如下特点：采用模块化设计，占地面积较小，操作简便，运行过程稳定，只需进行进料前简单分选，且排放能达到无害化，过程中无有害气体、废水排放；同时热解效率高，热解后垃圾体积可减小85%~95%，重量可减少95%，因此减量化效果十分明显。但投资成本相对其他技术较高，因此适用于经济条件较好的农村地区。目前适用于农村的热解设备主要有以下两种（见表7）。

表 7　热解设备

热解设备	处理规模	形式	成本
低温热解设备	1~5 吨/天	热解+烟气处理配套设备	投资成本 35 万~75 万元/吨
热解气化处理设备	5~20 吨/天	集装箱式一体化设计	处理成本 60 万~150 元/吨

　　综上所述，目前适用于农村生活垃圾源头分类减量处理的技术有很多，应针对不同处理规模以及农村不同经济水平，做到因地制宜，充分考虑经济可行条件并做出最适用选择。

表 8　部分农村生活垃圾处理技术设备汇总

工艺类型		设备	规模	成本	适用性
干发酵		覆膜沼气干式发酵系统	20~100 吨	中	分布集中农村
		干发酵反应器	模块化	中	靠近城镇集中农村,经济条件较好
		多元废弃物车库式干发酵	20 吨以上	中	分布集中农村
好氧堆肥		堆肥桶	20~300L	中	分散农户
	覆膜堆肥	功能膜堆肥发酵装置	≥30m³	中	分布较集中农村,经济条件适中
		膜式静态堆肥仓	5~20 m³	高	分布较集中农村,经济条件较好
	堆肥反应器	箱式反应器	1~40 吨/天	高	经济条件水平较好的农村地区
		塔式反应器	1~40 吨/天	高	
		立式筒仓反应器	1.5~44 吨/天	高	
		卧式滚筒反应器	1~20 吨/天	高	
无机垃圾压缩技术		垂直式垃圾压缩机	60~100 吨/天	中	一般靠近城镇的农村,依托镇转运中心合并处理
		地埋式垃圾压缩机	40~80 吨/天	低	
		分体式垃圾压缩机	150~300 吨/天	高	
		移动式垃圾压缩机	30~100 吨/天	低	
热解技术		低温热解设备	1~5 吨/天	高	分布集中农村,经济条件较好
		热解气化处理设备	5~20 吨/天	中	

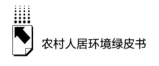

三 存在问题与建议措施

五年行动方案正稳步推进，农村人居环境的整治工作成效初显，大部分农村地区的生活垃圾治理率明显提高，农村生态环境、人居环境显著改善。但同时也存在不少问题有待改进。

第一，大多数农户环保意识淡薄，分类意识有待继续加强。

虽然我国目前大部分农村农户分类意愿较前几年已提高不少，了解分类的占大多数，但仍存在东西部差异化明显的情况。受经济水平影响，西部和偏远落后地区分类意识还有待加强。

第二，缺乏原位处理低成本技术，基层技术人员不足。

目前农村生活垃圾处理技术已经有很多，但大多只适用于分布较集中的农村。首先，受限于转运成本等因素，适用于分散偏远农村的生活垃圾处理技术还较缺乏，不能真正实现原位处理。户用堆肥桶这种设备虽然能实现农户庭院内处理，但成本依然不低，大部分农户无力承担。其次，各种处理设备的良好运转离不开好的管理维护，但目前农村技术人员缺乏，操作不当引起的设备故障无法第一时间得到解决。

第三，基层经费不足，运营维护难。

基层政府是实施农村生活垃圾治理工作的首要主体和第一责任主体，不仅要承担各项垃圾治理工作的基础设施和配套投入，还需要负担垃圾治理环节各种运行维护管理费用以及人员费用等。村集体经济又是这其中最薄弱的环节，大多数村集体都难以负担村保洁员费用和村转运设备费用，只能依托上一级政府补贴。但大多数基层政府财力也有限，难以承受这么大的财力负担，因此一般村镇的垃圾转运处理系统很难实现持续的良性运转。

第四，体制机制不健全，政府部门职责不清晰。

一些地方政府的农村垃圾协调机制和监管机制还不健全，相关部门的垃圾治理权责不清晰，且部分地方基层缺乏专门机构和人员处理垃圾问题，有些地方按城市垃圾处理制度走，也缺乏针对性。部分基层落实的力度还需加大，缺乏考核机制。

针对以上问题，提出下面几点建议措施。

第一，完善制度建设，建立健全考核督查机制。充分强化组织领导，压实各级责任，通过县对乡镇、乡镇对村、村对工作队伍自上而下多级联动的考核督查机制，实现层层监督、严格考核；充分发挥各级环保部门的监管职能，将农村生活垃圾治理与各种考评工作相结合，以促进其有序有效持续开展。同时可尝试引入社会化服务组织，采取政府扶持、农户自筹、村集体补充的协同运行方式，以此总结经验、建立长效运行机制。

第二，强化科研驱动作用，积极研发更多经济适用的农村生活垃圾处理技术，尤其是当前缺乏的分散农户适用的就地利用处理技术。同时，加强对基层技术人员的培训，以保证垃圾处理设备良好持续稳定运行。

第三，加强对基层经费支持，积极拓展资金来源。基层组织不仅要积极争取各级扶持资金，还要努力探索市场化运作模式，积极通过企业、社会团体等渠道筹措资金，引入市场企业积极参与，形成可持续发展的产业。

第四，强化宣传，加强农户垃圾分类等知识培训，提高农户的人居环境保护意识，引导农民积极参与村庄环境卫生整治，营造农村人居环境整治氛围。尤其是要加大对中西部农村落后地区的垃圾分类等培训，增强农户环保意识。

G.5
农村生活污水处理模式及技术

摘　要： 2021 年是我国农村人居环境整治五年行动开局之年，在这一年，许多相关的规划陆续出台，农村污水治理进入了一个新的阶段。本报告介绍了农村生活污水和黑臭水体治理的推进情况及技术模式。同时，通过对典型区域规划内容的描述和分析，归纳出未来几年我国农村生活污水治理将向着智能化和资源化两个方向发展的趋势。本报告还根据现在治理过程中资金、技术、管理、农户参与等存在的问题，提出了拓宽资金渠道、强化技术保障、优化管理体系、做好宣传等建议。

关键词： 农村生活污水　黑臭水体　农村人居环境整治

2021 年，中共中央办公厅、国务院办公厅印发《农村人居环境整治提升五年行动方案（2021~2025 年）》，对农村生活污水治理提出新的要求，不仅提出"分区分类推进治理"的原则，还进一步对农村黑臭水体的治理提出要求。2021 年是"十四五"开局之年，各地根据当地的情况，稳步推进农村生活污水相关工作，污水处理量逐步提升、技术标准体系日渐完善、管理及实施政策陆续出台。

一　农村生活污水治理推进基本情况

自农村人居环境整治提升计划实施以来，我国的农村生活污水治理在国家政策指导和社会关注下取得一定进展，图 1 反映了我国 31 个省（区、市）的农村污水治理率分布情况。

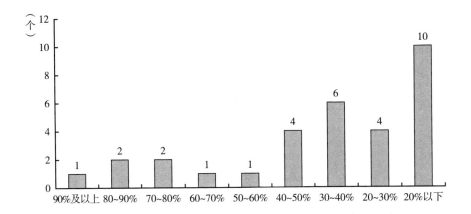

图1 我国31个省（区、市）农村生活污水治理率分布情况

资料来源：2020~2022 年初各地的统计数据、新闻发布会公布数据及相关报道的数据。

就统计数据来看，总体来说农村生活污水处理率不高，全国约为30%，2021 年治理率提升并不明显。从地域上来说，治理率分布不均的情况较为明显，少数地区治理率在80%以上，主要集中在东部地区，而六成多的地区治理率不足40%，有较大的提升空间。农村污水治理率不均衡，东部地区显著领先，这是受经济、环境、技术等多方面因素影响的结果。东部地区人口密度大、环境容量低，对于污水治理的需求相对迫切，且可以承受相对较高的建设和运行成本，而大部分中西部地区，人口密度小、环境容量大，治理迫切性较低，再加上经济条件相对受限，难以承受一些所谓"高大上"的技术，需要逐步探索成本可承受、效果可接受、运维可勉受的技术及产品。

二 农村生活污水处理模式及技术介绍

目前我国农村生活污水处理技术模式主要有三类。一是纳管，即在市政管网附近的农村地区，将其生活污水排入市政管网进行统一处理。该模式建设内容主要是收集管网和附属设施。地质稳定性、障碍物、是否穿越高速公

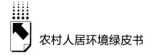

路与河谷等，都是纳管模式需要考虑的因素。此模式虽后期运维相对容易，但如果实施地地形条件过于复杂、铺设长度过长，不仅会使建设成本高涨，日后管网还可能经常破损，从而产生维护/修理费用。

二是集中处理模式，如果所处村落离市政污水管网较远，但是村民居住相对集中，就可以铺设少量管网，将污水收集到一处集中处理，处理设施出水可作为水资源回用或者排放到自然水体中去。该模式的技术关键在于污水处理设施的选择，要根据当地的环境容量、经济条件、生活习惯等综合进行选取和建设。该类模式多以沉淀池及厌氧生物法为预处理手段，后续一般采用好氧生物工艺及生态法对出水进行深度处理。

三是分散处理模式，如果项目地人口密度小，住户居住较为分散，则宜采用该模式。单户农户（或邻近的几户）建设一个污水处理设施，对污水进水无害化和稳定化处理后出水大多是回用或者通过环境消纳。除了部分处于环境敏感区域/自然保护区域等关键区域的农户外，大部分单户处理设施主要是实现污水稳定化和无害化，对于出水指标的要求相对宽松，因此在工艺上，以厌氧生物法为主，部分地区后续会采用生态法等对污水进行进一步处理。

就处理技术而言，我国还是以常规的物理分离、厌氧发酵、好氧生物处理、生态处理为主，不同的模式各有侧重的技术手段，图2~图4展示了不同模式的常见技术组合。集中处理模式技术要求最高，其出水以排放为主，大多数需要达到相应的环保标准，分散处理模式次之。以回用为主的分散处理设施，经过厌氧处理后出水主要作肥水施用，而纳管模式仅需物理分离，去除污水中的固体物质，避免管道堵塞，即可排入市政管网。各技术特点和应用范围可参考表1。

生活污水 → 物理分离 → 排入市政管网

图2 纳管模式基本流程及技术组合

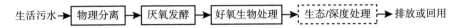

生活污水 → 物理分离 → 厌氧发酵 → 好氧生物处理 → [生态/深度处理] → 排放或回用

图3　集中处理模式基本流程及技术组合

注：虚线框代表非必需工艺，可根据情况决定是否设置。

生活污水 → 物理分离 → 厌氧发酵 → [好氧生物处理] → [生态/深度处理] → 排放或回用

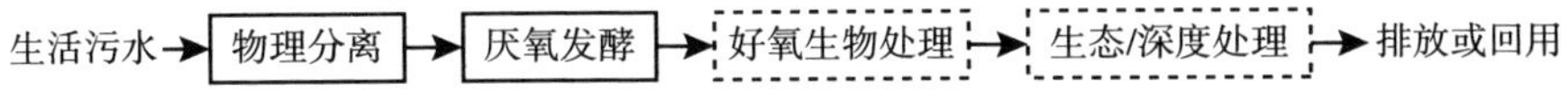

图4　分散处理模式基本流程及技术组合

注：虚线框代表非必需工艺，可根据情况决定是否设置。

表1　农村生活污水常用技术及适用范围

技术	代表性设施	主要作用及特点	适用条件
预处理技术	沉淀池/井	利用物理沉降的原理,分离悬浮物及水,停留时间多在半天以内,容积一般不大,有时也与生物处理设施合并建设,但需定期清掏沉淀物	纳管及集中式污水处理模式应建,分散式处理视情况而定
	隔油池	在缓流的情况下,由于密度差异,油脂上浮,水从隔油池下部通过,从而实现油水分离的目的,上层油污应定期清理	农家乐、乡镇的餐馆污水处理系统应建,分散式处理模式视情况而定
	调节池	由于农村地区排水量波动较大,在瞬时排水量大的时段,采用调节池暂存部分污水,待设施空闲时段再进行处理,确保系统稳定运行	集中式污水处理系统应建,其他系统视情况定
厌氧处理	沼气池	利用简易设施将人畜粪污、尾菜等进行综合发酵,对其实现无害化和稳定化,出水不能直排,通常作为肥料施用,体积较大,一般单户8~12立方米	有养殖的散户,非环境敏感区/生态脆弱区,有较多用肥需求的地区
	化粪池	对人粪尿进行无害化和稳定化处理的设施,出水作为肥料施用,单户设施体积为2立方米左右,需定期清掏	分散处理模式的厕所粪污处理,有用肥需求、环保要求较低的区域
	生活污水净化沼气池	对生活污水进行无害化处理的设施,一般无动力或者微动力,出水可达到较低的环保排放标准,主要作为灌溉水回用	经济条件受限、环保要求不高的地区,可用于集中处理或分散处理

技术	代表性设施	主要作用及特点	适用条件
厌氧处理	活性污泥法	主要工艺有 AAO、SBR、氧化沟等,不设置填料,污水跟悬浮污泥接触,对调控要求比较高,出水水质较好,视情况加化学药剂,处理时要曝气,需要耗能	经济条件相对较好的农村地区,集中模式或分散模式都适用,要有专业的运维人员
	生物膜法	代表工艺有生物滤池、生物接触氧化、生物转盘等,设置填料,根据出水要求,设施可以是调控和能耗较高的设备,也可以是一般性设施,有能耗,视情况添加絮凝剂等化学药剂	主要用于对排放水质有一定要求的区域,根据处理要求工艺和设备可调整性很大,集中和分散处理均可使用
	MBR	好氧法+膜分离技术,出水水质好,处理成本高,运维管理技术要求高	经济较好、环保要求较为严格的区域
生态处理	氧化塘/稳定塘	主要利用塘内藻类和微生物分解、沉淀等作用去除污染物,占地面积大,污水停留时间长,运维要求及成本较低,设施周围可能会有臭味,处理过程中可能孳生蚊蝇	经济条件受限、环境容量较大、设施运维能力弱的区域,主要用于集中处理模式
	人工湿地	主要利用植物吸收、微生物分解、基质过滤等作用去除污染物,占地面积大,污水停留时间长,需定期清理植物和基质	经济条件受限、环境容量较大的区域,集中和分散处理模式均适用
	土地渗滤	主要是利用土地的净化作用对污水进行处理,设施建设和运行费用相对较低,但处理不好对环境影响较大	地下水水位高地区慎用,主要适用于经济条件差、环境容量大、有闲置地块、运维能力弱的区域

三 农村生活污水处理技术探索推进

农村生活污水处理技术与模式还有待优化,应结合实际情况因地制宜探索。首先,市政污水大多数都是通过管网收集后进行集中处理的,而农村生活污水则需要较多地考虑收集规模和处理规模的问题。其次,相对城市而言,农村的经济条件较差,在一些工艺的选择和应用上,对低价高效的要求尤其突出。最后，农村污水本身的水质、水量变化较大，对污水处理设施抗冲击负荷的要求较高。因此，农村生活污水实际上更需要通过工艺优化解决实际问题。

从科研论文发表的数量来看[1]，我国在农村生活污水方面的科研论文在 2015~2020 年数量有明显增长。而且，与世界其他地区相比，我国在这方面的科研论文产出占较大的优势。就在相关领域发表学术论文的机构来说，全球发表数量前十的机构我国占了九个，处于绝对领先的状态。

从研究的内容来看，更多研究聚焦的是生态处理手段效果提升以及污水处理系统的脱氮除磷，部分研究也专注于探索温度对农村生活污水处理系统的影响。就技术角度而言，由于生态处理系统（如人工湿地、氧化塘等）占地面积较大、处理效率相对较低，市政污水和工业污水处理很少采用该方法，但农村地区具备使用该方法的前提条件和需求，该方法在部分农村地区被广泛采用。而脱氮除磷，是生活污水处理中技术难度相对较高的部分，市政污水处理在这方面呈现调试要求高和处理成本高的特点，而在农村这两点都难以做到，因此，探索适合农村的脱氮除磷技术，对农村来说有较为现实的意义。至于温度的影响，意义较大的是中西部地区和一些山区，尤其是海拔较高的地区，像西藏、青海等地。这些地方的气温较低，常规的生物强化型生活污水处理工艺（如活性污泥法、生物膜法等）处理效率和能力会有所降低，而这些地区在工作推进的时候也确实受到了技术和成本的限制。探索新的技术，使低温条件下处理技术的稳定性和效率得到提升，会有效推动这些地区农村污水的治理。

总体来讲，近几年来，农村生活污水治理在技术上的研究取得了一定的突破，科研人员也根据我国各地不同的条件开发了一些有针对性的技术，在一定程度上推进了我国农村生活污水治理工作的开展。

---

[1] 李厚禹、张春雪、马晓敏等：《基于 CiteSpace 的农村生活污水处理研究进展与趋势可视化分析》，《农业资源与环境学报》2022 年第 2 期，第 326~336 页。

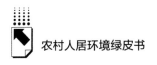

四　农村生活污水相关标准进一步完善

根据 2018 年住房和城乡建设部、生态环境部联合发布的《关于加快制定地方农村生活污水处理排放标准的通知》的要求，2021 年底 31 个省（区、市）均制定了本地的农村生活污水排放标准①，各地根据自身情况，在《城市污水处理厂污染物排放标准》（GB18918-2016）的基础上，对排污项目、污染物浓度、规模界定、等级划分进行了调整，制定了适应地方条件的农村生活污水排放标准。总体来说，由于农村生活污水处理技术在技术选择、投资成本、管理维护上相对受限，大多地区都在城镇污水处理厂排放指标的基础上放宽了氮和磷等物质的排放浓度要求，以利用农村地区相对充裕的环境容量来消纳这些物质。其中，河北和浙江根据生态环境部出台的《农村生活污水处理设施水污染物排放控制规范编制工作指南（试行）》的要求，对已制定标准的适用范围、标准分级及控制指标等进行了修改，以更契合国家农村生活污水治理的需求。

除了污水排放标准之外，国家和地方政府还制定了相应技术配套标准/指南，如国家市场监督管理总局出台了《农村生活污水处理设施运行效果评价技术要求》（GB/T40201-2021）②，综合农村生活污水设施的运行状况、物耗能耗、环境效益、运行管理等情况，提出了评价方法和标准，为农村生活污水设施提供了运行效果的规范化评价依据。山西省出台了《农村生活污水处理技术指南》（DB14/T727-2020）③，对当地污水处理的模式、工艺选择、主要设施参数范围等内容进行了规范，为当地农村生活污水处理设施的建设和运行提供了技术依据。而浙江省颁布了《农村生活污水处理设施

---

① 周飞：《农村生活污水处理排放地方标准比较分析与国家标准制定建设》，《供水技术》2022 年第 16 期，第 43~49 页。

② 《农村生活污水处理设施运行效果评价技术要求》，国家标准全文公开系统，https：//openstd. somr. gov. cn/bzgk/gb/newGblnfo？hcno＝13478EF6A3F072218C 68909914B1BA07。

③ 《农村生活污水处理技术指南》，山西省知识产权局官网，2020 年 6 月 16 日，http：//scjgj. shanxi. gov. cn/attached/file/2020/06/19/20200619151830_ 449. pdf。

污水排入标准》（DB33/T1196–2020）①，对可以排入农村集中式生活污水处理设施的污水进行了规范和界定，并明确了严禁排入农村污水管网的废水，以确保农村污水处理设施的正常运行。随着农村人居环境整治工作的深入推进，标准体系的构建也日趋完善，各地也根据自身的情况，逐步完善了农村生活污水治理的技术标准框架，为今后的农村生活污水治理提供了基本依据。

五　各地陆续出台地方性农村人居环境整治规划

自"十三五"以来，我国农村生活污水的治理已逐步铺开，到 2021 年底，部分农村已经建设了生活污水的收集和处理设施，这部分农村，接下来的主要工作是管理和用好已建的设施。而尚未建设这些设施的农村，根据《农村人居环境整治提升五年行动方案（2021~2025 年）》的要求，应选择合适的技术和模式，做好这方面未来的规划，稳步推进农村生活污水的治理。

自《农村人居环境整治提升五年行动方案（2021~2025 年）》发布以来，多地都根据本地情况，制定了地方的农村生活污水治理规划或方案，以更好地指导当地的农村生活污水治理。福建省漳州市就制定了《漳州市农村生活污水提升治理五年行动计划（2021~2025 年）》②，在技术方面，要求根据不同的地形和环境情况实施适合的技术方案，尽量选择低成本、低能耗、易维护、高效率的技术工艺设备，不片面追求"高大上"；在管理方面，不仅对日常管理的规范化提出了要求，也对污水治理工作后期的考核、评估和监管提出了相应的措施。浙江省在农村生活污水处理方面起步

---

① 浙江省住房和城乡建设厅：《关于发布浙江省工程建设标准〈农村生活污水处理设施污水排入标准〉的公告》，2020 年 4 月 8 日，http：//jst.zj.gov.cn/art/2020/4/8/art_ 1228990170_215.html。

② 漳州市人民政府：《漳州市人民政府办公室关于印发〈漳州市农村生活污水提升治理五年行动计划（2021~2025 年）〉的通知》，2021 年 12 月 13 日，漳政办〔2021〕59 号。

较早，针对农村生活污水治理的质量提升，也提出了"强基增效双提标"行动方案，除了较为常规的农村生活污水治理推进内容外，方案中还特别提到了要"全面摸清现状""抓好问题整改"，对治理过程中出现的问题进行反思和整顿。在生活污水治理水平的进一步提升方面，该方案提到了"深化数字化改革"和"强化运维管理"等要求，以实现农村生活污水治理的规范化和管理的便捷化。事实上，在农村人居环境整治大规模推广之前，浙江在这方面就已经有较好的基础，浙江省这一次的行动方案①，主要特点体现在查问题和提质量方面，为经济相对发达地区或生活污水处理设施相对完善的地方提供了进一步提升的方向和参考。相对于经济发达的浙江省，经济欠发达的地区在农村生活污水治理的规划上则更为保守，以提高农村生活污水治理率和效率为主，如广西壮族自治区发布了《广西农村生活污水治理"十四五"规划》②，规划中明确指出，截至2020年，当地的农村生活污水治理率为9.2%，计划到2025年生活污水治理率达到20%以上。而在处理技术上，当地鼓励推广"三个两、无动力、低成本"的农村生活污水处理模式。类似的，河南省出台的《河南省农村生活污水治理规划（2021-2025年）》③除了在污水治理率上要求达到45%以上之外，在处理方案的选择上，也要求处理污水达到一定水质后，优先用于农田灌溉、庭院利用等，并且尽量采用黑灰分流，实现对灰水的资源化利用及生态处理。

总体来说，在"十四五"规划的开局之年，各地都在之前的基础上对农村生活污水治理出台了新的方案和规划，这些文件大多是在顺应国家《农村人居环境整治提升五年行动方案（2021~2025年）》大方向的前提

---

① 《〈浙江省农村生活污水治理"强基增效双提标"行动方案（2021~2025年）〉政策解读》，浙江省人民政府办公厅，2021年7月9日，https：//www.zj.gov.cn/art/2021/7/9/art_1229019366_2310694.html。
② 《自治区农业农村厅关于印发〈广西农村生活污水治理"十四五"规划〉的通知》，2022年6月30日，桂环发〔2022〕9号。
③ 《河南省农村生活污水治理规划（2021-2025年）》，2022年5月31日，https：//hbj.anycng.gov.cn2022/05-31/2345915.html。

下，结合本地条件提出的务实目标。这些目标的提出，为各地今后几年的农村生活污水治理指明了大的发展方向。可以看出，目前我国农村生活污水的治理水平还参差不齐，既有向数字化和高标准管理迈进的地方，也有探索合理低价治理模式的地方，这些差异使得农村生活污水治理在推进过程中呈现复杂性，也对农村生活污水处理的技术提出了更多样化的要求。

六　农村黑臭水体治理加快推进

黑臭水体是我国环境整治的重点任务之一，我国已出台多项文件和政策指导黑臭水体的整治。2015年国务院出台的《水污染防治行动计划》中，明确提出了地级及以上城市建成区黑臭水体均控制在10%以内。同年，住房和城乡建设部及环境保护部配合出台了《城市黑臭水体整治工作指南》。随着相关文件的出台，我国很多城市都开始了城市黑臭水体的排查和整治工作，2021年初，我国地级及以上城市2914个黑臭水体消除比例达到98.2%，取得了较大的进展。在农村黑臭水体治理方面，2018年中共中央办公厅、国务院办公厅印发的《农村人居环境整治三年行动方案》就已经提到了农村黑臭水体治理的内容，当时要求在农村住所附近的河流实施清淤疏浚，实现水生态的修复，逐步消除黑臭水体。在该方案中，农村黑臭水体治理提及的强制性内容不多，更多的是建议性的指导。2019年，生态环境部会同水利部和农业农村部出台了《关于推进农村黑臭水体治理工作的指导意见》，进一步明确了农村黑臭水体治理的推进节奏及配套措施。在2018~2020年的农村人居环境整治工作中，部分农村也开展了黑臭水体治理。随着"十四五"规划的开局，国家对农村的黑臭水体治理有了进一步的要求，生态环境部联合农业农村部等五个部门，出台了《农业农村污染治理攻坚战行动方案（2021~2025年）》[①]，明确要求将农村黑臭水体治理

---

① 《关于印发〈农业农村污染治理攻坚战行动方案（2021~2025年）〉的通知》，2022年1月19日，环土壤〔2022〕8号。

与生活垃圾、生活污水、种植养殖业的整治结合起来，统筹规划，应避免冲淡稀释、一填了之等简单粗暴的治理手段。同时该行动方案也提出了到2025年基本消除农村大面积黑臭水体的目标。在《农村人居环境整治提升五年行动方案（2021～2025年）》中，对黑臭水体治理提出了摸清底数、开展试点、建立长效运维机制等要求，对未来几年农村的黑臭水体治理提出了总体方向和要求。

在国家相关文件出台后，各地根据自身情况，制定了当地的农村黑臭水体治理规划和实施方案，如山东省四部门联合发布了《山东省农村黑臭水体治理行动方案》①，提出了2021～2023年该省对农村黑臭水体治理的推进要求，并明确了控源截污、清淤疏浚、水体净化的重点任务，为该省接下来几年的农村黑臭水体治理工作奠定了基调。

在黑臭水体治理的技术方面，目前主要采用的方法还是截污控制、内源清理、水体修复以及循环补给等传统技术，各类技术的实施内容及特点可参考表2。

表2　黑臭水体治理技术简介

技术类别	主要手段	技术内容	技术特点
截污控制	纳管截污、面源控制	截流向黑臭水体排污的污染源，将污水引排至处理设施	尤其适合非点源污染，涉及截污范围广，且应因地制宜地实施合适的截污手段
内源清理	垃圾、浮渣、植物、底泥清理	在截污完成的情况下，对黑臭水体内及水体边缘的污染物进行清理	有机械清理和人工清理两种，机械清理效率高，但受地形、自然条件限制严重，人工清理效率低，但受限较小
水体修复	边坡修复、水体修复、曝气充氧	建立岸边植物拦截带或生态浮岛等设施，并通过各种方式向水体充氧，对水体进行修复	生态修复法见效较慢，且长期来讲，植物需要进行管理，机械充氧可使水体黑臭较快得以缓解，但有运行成本

---

① 《关于印发〈山东省农村黑臭水体治理行动方案〉的通知》，2021年4月20日，鲁环发〔2021〕1号。

技术类别	主要手段	技术内容	技术特点
其他方式	就地处理、清水补给、活水循环等	采用专门的处理设施对黑臭水体进行净化，然后通过处理水循环/补给清水等方式，实现黑臭水体的活化	黑臭水体净化设施有运行成本，宜请专业人员运行维护，水体循环/补给等需水量较大，只有在有条件的地方才可使用

七 农村生活污水治理主要问题

（一）治理经费相对不足，且分布不均

我国农村生活污水治理资金主要由三部分组成，一是中央的专项治理资金，二是地方政府配套资金，三是社会融资（包括农户自筹）。中央专项资金只能承担一部分设施建设、维护的费用，而地方政府配套这部分，取决于当地政府的财政状况，财政收入高的区域，其治理率相对就高，治理效果也较为理想，反之亦然。例如，从全国范围来看，经济较为发达的浙江、江苏、广东等省份治理率基本在60%以上，而经济欠发达地区，治理率相对较低（部分地区甚至低于10%），这与地方财政的支持力度紧密相关，也体现了部分地区农村生活污水治理资金缺乏的情况。而社会融资作为政府投资之外的主要补充，其逐利性大于公益性。在一些中西部地区，农户以井水、山泉水等作为主要水源，很难像城市那样将污水处理费用连同自来水费一同收取，这在一定程度上增大了社会资本投资农村生活污水治理的风险，造成了地方经济条件越差—地方财政补贴越少—社会资本投资也越少的恶性循环，加剧了部分地区农村生活污水治理资金的短缺。

（二）技术和模式仍有待优化和完善

我国的农村生活污水治理，在技术和模式上更应凸显各地不同的特色和

区域特征。以东部地区为例，现在浙江、江苏等地的农村生活污水处理模式，是建立在当地人口密度大、工商业相对发达、环境容量小、居住集中的基础条件之上的，且其采用的部分技术（处理设施）都需要一定的运维经费和管理水平来支撑，这与西部地区人口密度小、环境容量大、居住分散等情况有着明显区别。中部和西部对本土化的技术有着较为强烈的需求，而目前很多处理的产品和技术还有待开发，像青海、新疆、西藏等西部地区，其冬季保温以及处理效果稳定性不高的问题还没有很好的解决，而有的环境敏感区域，低成本的脱氮除磷的技术还有待突破。另外，虽然各地的排放标准已经颁布，但相对于整个体系来说，标准还不完善。在之前的标准体系中，计划的标准有设备设施标准、建设验收标准、排放标准、管理管护标准等[1]，排放标准仅是其中一个环节，而其他方面的标准都或多或少存在缺失的情况，将来需要尽快补上。

（三）长效综合管理机制还需要进一步探索

农村生活污水治理自"十三五"以来，在我国推行已经有好几年时间了，但其管理机制仍处于不断改进的过程中。即使是在治理率较高的东部地区，都仍存在权责边际模糊、参与主体责任意识不强、工作推进疲软、运行管理制度不完善等问题。在中西部地区，鉴于其总体治理率不高，且人口密度相对较低，山区较多，大多是小型的污水处理设施，管理的执法成本较高，长效管理机制也处于起步阶段，还需要更深入的探索和研究。另外，目前农村污水治理技术和产品繁多，维护要点各不相同，在经费相对短缺的情况下，难以都请专业人员进行维护，很难达到预期的运行效果。农村污水及黑臭水体治理是一项牵涉多个部门的工作，从基础设施建设、污水处理过程到后期的出水排放与资源化利用，涉及城乡建设、交通运输、生态环保、农业农村、水利、乡村振兴、宣传等多个部门，相应的协调工作及衔接工作繁

---

① 《关于推动农村人居环境标准体系建设的指导意见》，2020 年 12 月 31 日，国市监标技〔2020〕207 号。

重。从资金来源来讲，不管是从实际实施上，还是从国家政策要求上，污水治理大多需要整合多项资金形成综合的乡村建设与综合环境治理（甚至乡村旅游开发）项目，但这样的方式往往存在多头管理、权责难以厘清的情况。在此情况下，极易造成污水处理项目建管分家、资金来源不稳定、考核机制不完善等问题，难以满足污水及黑臭水体治理的预期需求。

（四）农户参与程度不高

农户环保意识淡薄，加上部分地区对农村生活污水治理的政策和意义宣传不够，导致农户对政策认识不够深入、参与度不高的情况。从项目设置的角度来说，乡村振兴要切实提高百姓的获得感、幸福感和安全感，如果农户认为其中的一些内容可有可无，参与积极性不高，建成之后也觉得没有明显受益，会使项目的成果大打折扣。只有农户认识到农村污水治理及环境保护的重要性，积极参与到项目的建设和后续维护过程中来，才能使生活污水得到更加有效的治理，而农户的不参与则会使生活污水的治理难上加难，例如，在部分地区，有的农户对污水管网铺设的配合程度不够[①]，乱排生活污水、破坏管网的现象时有发生，这在很大程度上阻碍了项目的推进。因此，提高农户的思想意识和政策认识，也是农村污水治理需要面对和解决的一个大问题。

八 农村生活污水治理建议及展望

（一）拓宽资金来源，提高使用效率

不管是前期建设还是后期运行维护，稳定的资金保障是项目有序推进的必要条件之一。就目前的农村生活污水治理情况来看，在资金有限的情况下，更应提高资金使用效率。一是在技术选择上，尽量选择建设及运行成本

---

① 高生旺、黄治平、夏训峰等：《农村生活污水治理调研及对策建议》，《农业资源与环境学报》2022年第2期，第276~282页。

低的技术，避免由于资金的限制造成技术面上的停摆。二是在支持方式上，分层次、分批次支持，优先支持紧迫性高、必要性强、风险性小的项目，再逐步扩展至一般性地区和项目，最后实现全面的支持。三是在资金使用上，加强监管，确保好钢都用在刀刃上，明确资金使用范围和使用方式。四是拓宽融资渠道，盘活社会资金，可以与当地旅游、农业、水利项目结合起来，提高污水处理项目的投资回报率。另外，结合当地财政情况，考虑政府兜底等方式，减少投资风险。同时，简化PPP和相关项目的投资审批流程，减少政策上的投资堵点，为资金的开源提供便利。

（二）强化技术保障

一是做好政策和依据上的保障，按照计划，进一步完善标准体系，规范农村污水处理设施的建设、验收、管理管护，为项目的执行提供技术上的参考。二是对于农村污水及黑臭水体治理的共性问题（如低成本的脱氮除磷技术、简易处理微生物指标达标技术等），应由农业农村部、生态环境部等国家级部门组织专家进行技术攻关和解决，特性问题则由地方组织人力进行攻克，为农村污水处理进一步的推进做好技术上的铺垫。另外，对于一些有针对性的探索型的技术，应鼓励其在目标区域内进行小规模的试点示范，通过实践，发现存在的问题和难点，改良提升后，形成模块化的技术、产品、装置，在目标区域铺开，在有技术保证的情况下推进该区域内的相关工作。

（三）优化管理体系

优化管理体系，一是要统筹规划，将本项工作融入乡村振兴的大布局当中，使其成为当地振兴的一项重要助力；二是压实责任，对涉及的部门、工作、项目等，厘清权责并建立相应的协调和衔接机制，让本项工作有机融入，形成综合的管理办法；三是以点带面，通过对典型村或示范点的管理以及设施的运行维护，探索适宜当地的管理手段和关键要素，以制度化、标准化的方式，建立农村污水处理治理的运行维护机制及长效管理机制；四是优化考核，有针对性地建立该项工作的考核机制，调动各方积极性，发挥主观能动性，做好管理工作。

（四）做好宣传推广

一方面，要通过对专门政策的宣传推广，让受益农户知道农村污水及黑臭水体治理的主要内容和意义，让他们切实了解政府工作的内容和对其生活的影响。另一方面，要结合农村的经济发展水平进行宣传，提高农户的环保意识，让农户自身对此事也重视起来，参与到项目的规划、建设、管护中来。宣传形式应多样化，避免呆板说教，用农户听得懂的语言、可接受的方式进行宣传，且应将本项工作的宣传制度化，与当地宣传部门和其他部门结合，共同推进本项工作的宣传和推广。

目前，我国农村生活污水治理已经形成雏形，"十四五"时期本项工作将得到进一步深入开展。从目前出台的规划内容来看，未来几年，既有东部地区在智能化以及便捷化等方面的探索，也有中西部地区对低成本循环型技术的示范以及推广。同时，技术、运维、管理三者结合将更加紧密，各类具有针对性的技术和管理措施都将在目标区域进行试错和改良，形成有区域特色的治理体系。相信"十四五"时期末，我国的农村生活污水治理将更趋于完备和成熟，与其他各项内容更加紧密融合，成为我国乡村振兴战略有力的支撑。

G.6
严寒地区农村改厕及粪污无害化技术

摘　要： 2021 年中共中央办公厅、国务院办公厅印发了《农村人居环境整治提升五年行动方案（2021~2025 年）》，方案要求扎实推进农村厕所革命，逐步普及农村卫生厕所，切实提高改厕质量及加强厕所粪污无害化处理与资源化利用。农村人居环境整治三年行动实施以来，全国农村卫生厕所普及率超过 70%，但在严寒地区由于气候、经济、地理位置、生活习惯等条件限制，农村卫生厕所普及率比全国平均水平低近 10 个百分点。本报告阐述了目前严寒地区农村改厕现状，总结了现有农村厕所改造的防冻技术特点，分析了如何改进严寒地区粪污无害化处理技术，最后针对现有问题提出了相应的对策建议。

关键词： 严寒地区　农村改厕技术　防冻技术　粪污无害化技术

一　严寒地区农村改厕现状

（一）我国严寒地区农村卫生厕所普及率

据农业农村部门调查统计，截至 2021 年底，全国农村卫生厕所普及率超过 70%，其中上海、天津已实现农村卫生厕所全覆盖，浙江、北京的农村卫生厕所普及率已达到 99% 以上。但也有部分地区农村卫生厕所的普及率不及全国平均水平的 50%，例如内蒙古自治区的农村卫生厕所普及率仅有 24.17%，山西为 32.9%，甘肃为 33.2%。这些省份均属于地理环境、气候条件和水资源状况相对恶劣的省份，缺乏适宜的改厕技术模式，新改建厕所难度大，因此卫生厕所普及率偏低。

表 1   2021 年全国各地区农村卫生厕所普及率

单位：%

严寒地区		寒冷地区		其他地区	
地区	卫生厕所普及率	地区	卫生厕所普及率	地区	卫生厕所普及率
黑龙江省	85.00	河北省	72.20	上海市	100.00
吉林省	68.00	山东省	91.00	天津市	100.00
辽宁省	83.05	陕西省	68.76	北京市	99.30
内蒙古自治区	24.17	山西省	32.90	浙江省	99.93
新疆维吾尔自治区	51.95	宁夏回族自治区	58.80	福建省	98.40
西藏自治区	49.45	甘肃省	33.20	江西省	82.80
青海省	54.40	河南省	85.00	湖北省	90.20
		安徽省	85.00	湖南省	88.63
		江苏省	97.60	广东省	95.00
				广西壮族自治区	91.47
				海南省	98.50
				重庆市	80.00
				四川省	87.00
				贵州省	78.00
				云南省	57.49

按照现行国家标准《民用建筑热工设计规范》（GB 50176）的规定，严寒地区主要是指东北、内蒙古和新疆北部、西藏北部、青海等累年最冷月平均温度≤-10℃或日平均温度≤5℃的天数在 145 天以上的地区；寒冷地区主要是指河北、山东、山西、宁夏、陕西大部、辽宁南部、甘肃中东部、新疆南部、河南、安徽、江苏北部以及西藏南部等地区，最冷月平均温度为 0~10℃，日平均温度≤5℃的天数为 90~145 天。寒冷地区冬季时间长而且气温年较差大。严寒地区气候环境较寒冷地区更为恶劣，除气温年较差大

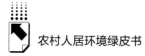

外，还有冻土层深、冰冻期长、积雪厚等特点。因此，我国严寒地区的农村卫生厕所普及率仅为 59.43%。

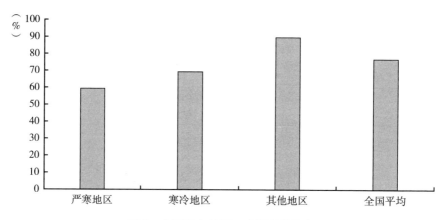

图 1　全国及各地区卫生厕所普及率

（二）现有主流改厕技术模式在严寒地区应用的问题

我国农村户厕卫生规范中提及的主要改厕技术模式一共有 6 种，包括三格化粪池式、双瓮漏斗式、三联沼气池式、粪尿分集式、下水道水冲式和双坑交替式。不同改厕技术模式特点详见表 2。

表 2　主要改厕技术模式

名称	技术模式	优缺点
三格化粪池式	主要由三格组成；第一格接收新鲜粪便并分解发酵；第二格进行深度厌氧发酵，达到无害化；第三格沉淀寄生虫卵，储存无害化后的发酵液	结构简单，经济适用，清洁卫生，厌氧发酵充分，粪便无害化效果好等；需要清掏，容易受到气候条件和施工质量的影响
双瓮漏斗式	主要由前后两个瓮型贮粪池组成，粪污在前瓮厌氧发酵、沉淀分层，进入后瓮沉淀分层，并储存无害化后的发酵液	工艺流程简单；需要清掏，建设时前后瓮和过粪管的安装要求较高

名称	技术模式	优缺点
三联沼气池式	主要由沼气池、厕屋和养殖圈组成。粪污通过机械阻留、重力沉卵，将寄生虫卵沉淀在池底或沉积在上层粪皮中，在厌氧发酵过程中杀灭病原体，使粪便达到无害化处理效果	无害化效果好，可产生有机肥；需要清掏，管理较为烦琐，存在异味和粪便干化等问题
粪尿分集式	主要由粪尿分集式便器、集尿桶、贮粪池、排气管等组成。通过粪尿分集式便器将尿液单独收集发酵，粪便收集进行高温堆肥达到无害化	无害化效果好，可产生有机肥；需要清掏，管理较为烦琐，存在异味和粪便干化等问题
下水道水冲式	主要由便器、污水管网和处理终端组成，一般都是在终端设施中达到无害化	不需要清掏，建成后几乎没有后续成本；前期投入巨大，建设的技术要求较高，依赖污水处理终端设施
双坑交替式	主要由两个独立厕坑组成，通过两个厕坑交替使用，对粪便进行长时间封闭贮存和厌氧消化，从而达到无害化	管理方便，结构简单，无害化效果好；需要清掏，占地面积大，施工成本高

调研走访发现，这六类主要技术模式在严寒地区的实施应用情况各有优劣，且不能完全满足不同严寒地区的改厕需求。以水冲式厕所为例，三格化粪池式、双瓮漏斗式、三联沼气池式厕所均为水冲式厕所，该类厕所搭配简易水冲装置冲洗粪便，虽然目前在全国范围内使用比例最高，但在不同区域的适用性有限。在水资源丰富的地区，水冲式厕所具有较好的条件优势，但是寒冬季节偶尔会出现管道结冰情况，如何阶段性地保温是目前的难题。另外三格式化粪池水冲式厕所对粪污的无害化处理效果普遍不佳，厌氧发酵受限导致出水水质下降，经调查发现，出水水质未能达到城镇污水处理厂污染物排放标准（二级）、污水综合排放标准（二级）或农田灌溉水质标准（旱作）[①]。如何将出水进一步收集、转运、集中处理和资源化利用或排放也是当前农户普遍关心的问题。

---

① 余靖、张超杰、周琪等：《典型高寒缺水农村地区厕所现状及改厕技术》，《环境卫生工程》2021年第1期，第3页。

表3 各改厕模式的特点

项目	粪尿分集式生态旱厕		水冲式厕所			
	粪尿分集式	双坑交替式	简易水冲式			下水道水冲式
			三格式化粪池式	双瓮漏斗式	三联沼气池式	
粪便无害化原理	干化发酵堆肥	干化厌氧封闭	兼厌氧发酵	厌氧发酵	厌氧发酵	污水净化
需水程度	无	无	一般	一般	少量	大量
耐寒性	耐寒	耐寒	一般	一般	不耐寒	不耐寒
成本	较低	一般	一般	较低	较高	高
资源化效果	固态、液态肥	有机肥	有机肥	有机肥	沼肥、沼气	无
严寒地区适宜性	适宜	适宜	较适宜	较适宜	不适宜	一般适宜

粪尿分集式和双坑交替式厕所均为生态化旱厕,旱厕虽无须用水,在严寒地区与寒冷地区不会产生厕所与管道冻结问题,但如厕后需要添加垫料且操作复杂,需要农户改变如厕习惯,处理不当会影响粪便无害化效果。

(三)几种适宜于严寒地区农村改厕的技术模式分析

近年来,各严寒地区农村改厕部门针对自身条件自主研制了一些因地制宜的新型改厕技术模式,如免水可冲洗厕所、免冲洗打包生态厕所、源分离资源型生物厕所等,虽然具有较好的区域适用性,但存在成本高、运行费用高、工业化程度低、清洁程度低以及操作不便等问题,仍然不能较好地满足农户的需求。

下面介绍几种农业农村部沼气科学研究所在四川省甘孜州试点探索一年以上,充分考虑当地地理环境、气候条件、水资源状况、农牧民房屋居住条件等情况,通过实地调研、技术论证、试点比较等方式,筛选出的简单实用、成本适中、技术成熟、运维费用低、群众乐于接受的技术模式。

1.一厕两用模式

(1) 基本原理与处理工艺

基本原理:利用三格化粪池和旱厕粪污堆沤等方式对厕所粪污进行处

理，有效杀灭寄生虫卵及病原菌，控制蚊蝇孳生，粪污达到无害化。

处理工艺：冬季结冻期间，使用旱厕，粪污进入旱厕贮粪池，冬季结束后，将贮粪池封闭堆沤，进行厌氧发酵，经过半年以上的堆沤，待贮粪池内粪便充分分解沤熟后，全部清出还田利用；冻结期外其余时间，使用水冲厕所，粪污进入三格化粪池，无害化处理后还田利用。

（2）特点与适用情况

一厕两用户厕主要特点：

a. 厕屋干净整洁。厕屋符合卫生厕所要求，干净整洁，无臭味、无渗漏。

b. 无害化效果好。利用三格化粪池处理粪污或好氧堆沤，粪污处理达到无害化。

c. 厕所可常年使用。水冲厕冬季存在冻结情况，冬季使用旱厕，其余季节使用水冲厕，可确保厕所常年使用。

d. 改造费用比较高。一厕两用户厕实际为传统旱厕改为水冲厕，在原旱厕厕屋内增设水冲厕的卫生洁具、洗手设施等，另需安装排粪管和三格化粪池，因水冲厕冬季防冻成本高，故而保留旱厕，冬季冻结时使用。

e. 厕屋面积占地大。一厕两用厕所包含两个便器及粪污收集设施，需要的厕屋面积较大。

f. 管理难度较大，因为同时存在传统旱厕和三格化粪池厕所，因此需要管理两种类型厕所。

主要适用于严寒、水资源丰富、厕屋面积较大且砖混或混凝土结构、水冲厕防冻成本高、改厕资金筹措有限、无法解决冬季水冲厕冻结问题的地区。

（3）结构组成与布置

一厕两用户厕由厕屋、水冲厕便器、旱厕便器、三格化粪池、旱厕贮粪池、清粪口等部分组成，如图2。

2. 旱改卫模式

（1）基本原理与处理工艺

基本原理：利用厌氧发酵或好氧堆肥等方式有效杀灭粪污中的寄生虫卵

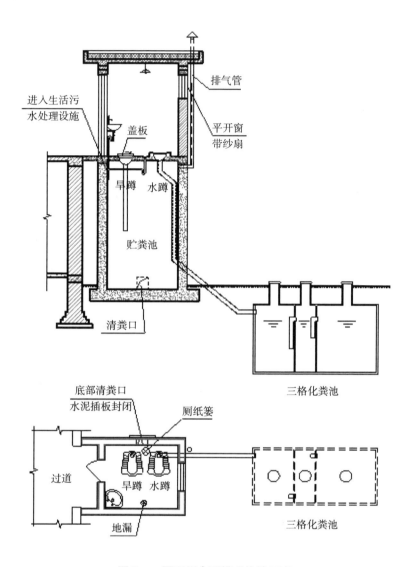

图 2 一厕两用户厕模式构造示意

和病原微生物，粪便达到无害化。

处理工艺：厕所粪污进入贮粪池，定期撒下适量的干灰覆盖，使粪便保持干燥，并定期清掏粪污，通过厌氧堆沤 6 个月以上或好氧堆肥 50℃ 持续 10 天以上，粪污达到无害化，可还田利用。

（2）特点与适用情况

旱改卫的主要特点。

a. 厕屋干净整洁。改造后厕屋符合卫生厕所要求，干净整洁，无臭味、无渗漏。

b. 无害化效果好。粪污通过 6 个月以上的厌氧堆沤或 50℃持续 10 天以上的好氧堆肥，寄生虫卵和病原微生物被有效杀灭，实现粪污无害化处理。

c. 改造费用比较高。传统旱厕普遍不符合卫生厕所要求，需要改动内容较多，改造成本较高。

d. 部分农户改厕意愿不强。农户的健康卫生意识和改厕意愿不强，且厕所改动较大，不利于推动旱改卫。

e. 日常卫生管理难以达到要求。卫生旱厕便后要求撒灰，保持粪便干燥，旱改卫后，农户日常卫生管理达不到要求时，厕屋臭味较大。

主要适用于使用传统旱厕、有改厕意愿且符合改厕要求的严寒地区，愿改则改，能改则改（见图 3）。

3. 微生物旱厕

（1）基本原理与处理工艺

基本原理：利用好氧堆肥方式有效杀灭粪污中的寄生虫卵和病原微生物，粪便达到无害化。

处理工艺：在粪污堆肥发生器中投入锯末、秸秆粉料、稻壳等作为垫料，垫料上附有微生物，微生物在搅拌、加热、好氧条件下对粪污进行有效降解，有机物降解为简单的无机物，降解产生的臭气和分解产生的水分通过排气系统排出，降解后的粪污和垫料可还田利用。

（2）特点与适用情况

微生物旱厕的主要特点。

a. 施工期短。微生物旱厕一般使用轻型装配式结构，施工简单、工期短。

b. 日常管理方便。日常使用无须便后撒灰，不用水冲，长时间不用清掏，清掏可由农户自行完成。

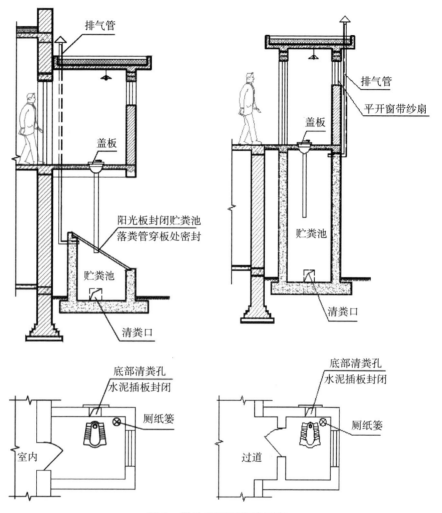

图3 旱改卫厕所构造示意

c. 无害化效果好。微生物旱厕通过微生物在一定温度下降解厕所粪污,既杀灭寄生虫卵和病原微生物,又降解粪污中的有机物。

d. 卫生效果好。微生物旱厕垫料可吸收粪尿水分,通过搅拌,使粪污与垫料混合均匀,在微生物作用下,降解粪污,产生的臭气通过排气装置排除,厕所内基本无臭味,卫生条件好。

e. 全年可稳定使用。该类厕所有自动控制装置,可根据环境条件自动调节运行参数，即使是在各季温差较大的区域，均可稳定使用。

f. 需要后期运维费用。微生物旱厕包括搅拌、加温、排气等装置，日常运行需耗电，需有电力保障，电机需定期检查，使用一段时间需添加垫料和菌剂，产生一定的运行费用。

主要适用于严寒及干旱缺水、用肥需求少、经济条件适中的地区（见图4）。

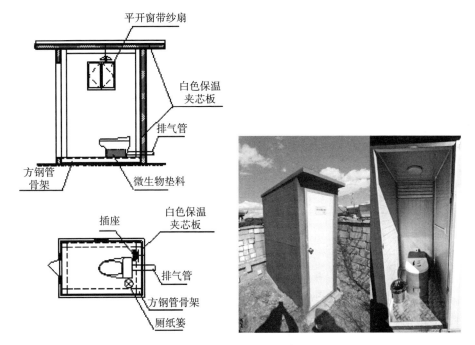

图4　微生物旱厕示意

各类改厕技术模式都具有自身独特的优劣点，基层改厕管理人员需根据本地区的地理、气候、经济、人文等条件综合考虑分析，因地制宜地选择合适的模式。表4从气候条件、水资源、综合成本、运维难易程度、智能化程度、粪污后续处理难易程度等方面分析了几种适宜在严寒地区使用的改厕技术模式。

表 4　严寒地区农村户厕适用范围及特点

户厕类型	气候条件			水资源		综合成本		运维管护简单	智能化程度高	可拼装式安装	粪污后续处理简单	如厕环境		应用场景	
	一般地区	寒冷地区	严寒地区	丰水区	缺水区	高	低					干净	一般	农区	牧区
集中下水道收集厕所	●	○	—	●	—	●	—	●	○	○	●	●	—	●	○
三格化粪池厕所	●	○	—	●	—	○	—	●	○	○	○	●	—	●	○
一厕两用	—	○	●	●	●	●	—	—	○	○	—	○	—	●	○
旱改卫	●	●	●	○	●	—	●	—	○	—	—	—	●	●	●
双坑交替式	○	●	●	○	●	—	○	—	—	—	—	—	●	●	○
微生物旱厕	○	○	●	○	●	—	○	●	●	●	●	○	—	○	●

注："●"表示符合选项要求；"○"表示比较符合选项要求；"—"表示不符合选项要求；
"寒冷地区"代表最冷月平均气温在-10℃至0℃的地区；"一般地区"代表冬季平均气温在0℃以上的地区；"严寒地区"代表最冷月平均气温在-10℃以下的地区。

二　严寒地区农村改厕防冻保温技术

严寒地区改造水冲厕所需重点解决上水（冲水设施、便器）和下水（后端粪污储存和处理设施）的防冻问题。目前严寒地区管道及化粪池保温以深埋、保温防冻材料处理为主。相对而言，上水防冻更为关键，因为上水一旦冻住，厕所将无法正常使用；下水通常容积较大，多数情况下粪污很难全部冻住，只是表层结冰。因此，将冲水设施和便器设置在室内，利用室温保障上水不上冻，是解决水冲厕所冬季防冻问题的有效手段。对后端粪污贮存和处理设施来说，目前国内探索主要是将其埋在冻土层以下，确保其中的粪液处于流体状态。选用这种措施需要关注三个方面。一是施工安装难度大，土方开挖和回填量大，成本增加，且填埋过程易发生设施和管道位移，造成管道连接处错位或撕裂，影响安装质量。二是对化粪池等后端粪污贮存和处理设施质量要求高，需要具有高抗挤压性。因为埋深较大，一旦损坏维修成本较高。三是后期清掏管护难度较大，需要较长的清掏、抽吸工具。如果冲水用的储水桶也深埋，将会增加补水难度。

包裹和覆盖保温材料是水冲厕所室外设施保温防冻的一种主要措施，在俄罗斯、加拿大等高纬度国家应用较为广泛。一般对管道包裹保温材料，在化粪池等粪污贮存和处理设施的地表铺设一定厚度的秸秆、杂草或草垫，或在设施上部土层中增加保温材料层。也有的通过在地表架设阳光拱棚等方式来提升保温效果。相比深埋而言，这种保温防冻方式实施简便、成本较低，其局限性在于保温效果稍差，特别是严寒条件下保温效果并不明显。

（一）以深埋技术为主的水冲厕所模式

深埋技术将水冲厕所的冲水装置、粪池等后端粪污贮存和处理设施埋至冻土层以下，隔绝地表低温作用，以达到保温防冻效果。埋深根据不同地区的冻土层厚度确定。

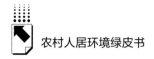
1. 室内水冲厕所+后端处理设施深埋

将厕屋建于室内,冬季利用室内采暖保证冲水装置不冻结,粪池等后端粪污贮存和处理设施在室外深埋至冻土层以下,同时对进粪管进行保温防冻材料处理(见图5)。

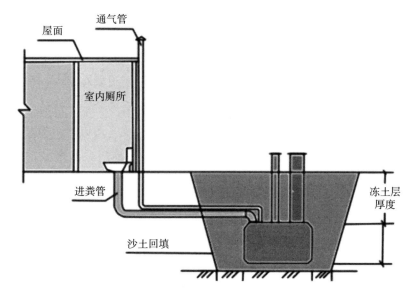

图5　室内水冲厕所+后端处理设施深埋模式示意

黑龙江、内蒙古等地试点应用 1450 余户。厕屋建在室内,室内具备供水条件,冬季有采暖措施。将 PE/PP 复合增强型集成净化槽罐体,深埋4.3 米左右,进粪管包裹保温防冻材料,粪污经处理后就地资源化利用,粪渣每年清掏一次。山西、新疆等地选用的是瓮式无害化卫生厕所。以上两种模式户均投入 5600 元左右,集成净化槽耗电,年均电费 30 元左右。

2. 冲水设施+后端处理设施深埋

该种模式将潜水泵或脚踏式高压节水冲厕器、储水桶等冲水装置和后端粪污贮存和处理设施一并深埋至冻土层以下。如厕冲水后保证冲水管顺畅,水回流到储水桶内,始终保持冲水管内无积水即可。但需注意潜水泵常年泡在水箱中,需加装漏电保护装置(见图6)。

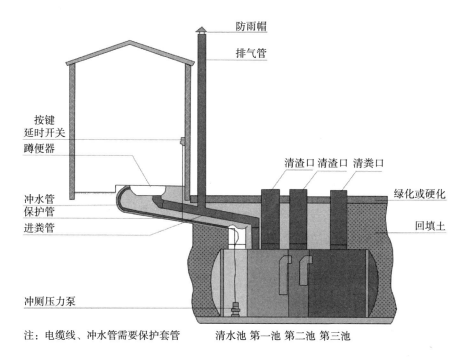

防雨帽
排气管
按键
延时开关
蹲便器
清渣口 清渣口 清粪口
绿化或硬化
回填土
冲水管
保护管
进粪管
冲厕压力泵

注：电缆线、冲水管需要保护套管　　清水池 第一池 第二池 第三池

图6　冲水设施+后端处理设施深埋模式示意

　　宁夏、甘肃、山西推广应用2万余户。该模式无须接通自来水，使用前向储水桶注入清水，利用潜水泵抽吸进行冲厕，粪污进入化粪池。需注意定期检查和更换潜水泵。山东、陕西等地采用节水型高压节水冲厕器，推广应用1万余户，该模式为减少用电成本，一次冲水约300毫升，冲厕后输水管内剩余水自动回流到储水桶泵内，回到冻土层以下，输水管无水，冬季不冻。户均投入2500~3000元，潜水泵耗电，年均电费10元左右。

表5　深埋式化粪池改建和运行成本

技术模式	改建成本（元）	运行耗能成本（元/年）
室内水冲厕所+后端处理设施深埋	5000~6000	30
冲水设施+后端处理设施深埋	2500~3000	0~10

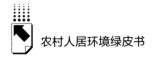

（二）以保温防冻材料处理为主的水冲厕所模式

对农村户厕后端储存和处理设施及相关管路外部包裹保温防冻材料，或者直接采用具备保温结构的后端储存和处理设施，同时在地表做保温处理，以达到保温防冻效果。保温防冻材料主要包括秸秆、草垫、地膜、聚苯乙烯保温板、聚氨酯泡沫、珍珠岩保温颗粒等。针对极寒条件，也可和深埋技术配套使用。

1. 室内水冲厕所+后端处理设施覆盖保温防冻材料+地表保温处理

该模式厕屋一般建于室内，后端储存和处理设施包裹或覆盖保温防冻材料，以达到保温防冻效果。同时，在地表覆盖秸秆等进一步进行保温处理。该模式对保温防冻材料的性能要求较高。

北京市在大兴区青云店镇、安定镇等地试点应用7900多户。厕屋建在室内，室内具备供水条件，冬季有采暖措施。利用一体化生物处理设备对厕所粪污进行处理，在设备上方浇筑一定厚度的聚氨酯泡沫，回填土后，地表再覆盖秸秆做进一步保温处理。户均投入6000元左右，一体化生物处理设备耗电，年均电费150~200元。

2. 室内水冲厕所+双层保温化粪池+地表保温处理

这种模式厕屋一般建于室内，后端处理设施采用双层保温化粪池，抗压能力强、可深埋，达到保温防冻效果。需利用秸秆、稻草等对地表进行保温处理（见图7）。

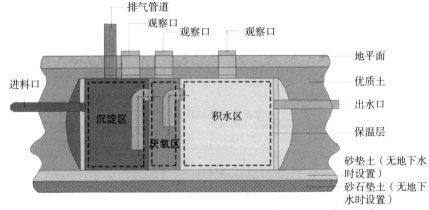

图7 室内水冲厕所+双层保温化粪池+地表保温处理模式示意

辽宁省在沈阳市、盘锦市等地推广应用 4.6 万户。厕屋建在室内，要求室内具备供水条件，冬季有采暖措施。室内采用节水型便器，后端处理设施采用双层保温化粪池，双层结构中间填充秸秆作保温层，上部铺设 30 厘米厚珍珠岩保温颗粒，并利用秸秆、地膜等材料对地表进行保温处理。户均投入 3500 元左右。

表 6　保温式化粪池改建和运行成本

技术模式	改建成本（元）	运行耗能成本（元/年）
室内水冲厕所+后端处理设施覆盖保温防冻材料+地表保温处理	6000	150～200
室内水冲厕所+双层保温化粪池+地表保温处理	3500	无

三　严寒地区粪污无害化技术

针对水冲式厕所化粪池对粪污的无害化处理效果普遍不佳，如何将出水进一步收集、转运、集中处理和资源化利用或达标排放等问题，各地区在农村户厕的改造过程中自主研发了一些新型厕所，比如免冲洗打包生态厕所、源分离资源型生物厕所以及免水可冲洗厕所等，均具有较好的区域适用性。

免水冲旱厕技术模式无须用水，不存在缺水或冬季冻结问题，可根据农民群众意愿因地制宜合理选择。除了常见的双坑交替式、粪尿分集式等模式外，原位堆肥式旱厕和生物降解式旱厕近年来也应用较多。

（一）原位堆肥式旱厕

利用农村丰富的秸秆、落叶、木屑配合微生物粉料覆盖排泄物，将其消解腐熟、杀灭病原菌，再经过人工清掏堆沤后形成肥料。该模式对农户使用规范性要求较高，每次如厕后需用灰土、秸秆粉末、草木灰等覆盖粪便。

河南、内蒙古、新疆、甘肃、西藏、河北等地试点应用 1 万多户。该模式无须用水，不需采取节水防冻措施。如厕后加入适量混有生物菌剂的草粉（草粉由秸秆粉碎而成）覆盖粪便。粪便清掏后需堆沤至少 15 天，可就近还田利用，冬季堆沤时间需适当延长。户均投入 700~900 元，年均菌剂费用 30 元，还需以村为单位配备草粉加工设备，每台 2000 元左右。

（二）生物降解式旱厕

该模式基本原理和原位堆肥式旱厕相同，但增加了搅拌、控温等功能，使得粪便和微生物填料混合更加充分，提高堆肥效率。此外，需关注设备长期耗电、填料定期更换等问题。

四川、陕西、吉林、甘肃等地试点应用 6000 多户。不需采取额外防冻措施，但设备长期耗电，需定期更换生物发酵菌剂，使用成本较高。户均投入 4000 元左右，年均电费和菌剂费用 160 元左右。

表 7　新型卫生旱厕改建和运行成本

技术模式	改建成本（元）	使用成本（元/年）	其他费用
原位堆肥式旱厕	700~900	30	草粉加工设备 2000 元/村
生物降解式旱厕	4000	160	无

四　严寒地区农村改厕现存问题与建议

目前我国严寒地区为保证厕所可全年正常使用，主要采用深埋技术和材料保温技术。但在实际应用过程中仍存在诸多问题。第一，化粪池深埋工程造价高，施工、维修难度大，且在土方回填时易造成管道移位或破损，对施工技术人员要求较高。第二，化粪池深埋会导致后期运维困难，清掏粪污需使用专业设备，农民难以负担清掏费用。第三，使用保温材料对化粪池进行保温施工难度大，对施工技术要求较高，且目前市场上保温材料的质量参差不齐，难以保证保温效果。

针对上述问题，本文提出四点建议。一是提高建设施工队伍以及服务队伍的专业化水平，通过组织免费培训、持证上岗等措施，打造一批本土化施工和服务队伍，提高建设施工队伍的专业能力。建议户厕入室，大部分严寒地区室内都具备暖气或采暖设施，可在一定程度上提高冲厕水的温度，降低化粪池冻结的概率。

二是开展严寒地区技术攻坚及推广应用，集中优势科研力量加快开展技术改造升级、相关装备研发，形成农民易接受、成本可负担的技术模式。建议严寒地区多采用黑灰水共治的技术模式，增加管道内污水的流动频率，降低管道结冰的风险；或者选择多技术组合的模式，适度深埋结合适度使用保温材料既解决了深埋时施工难度大的问题又解决了保温材料成本高的问题，再结合化粪池上方地面覆盖保温，可保证大部分严寒地区农村厕所冬季正常使用。

三是加强自主研发和技术创新。构建以市场为导向的研发模式，鼓励各类研发机构发挥专长，科学制定改厕技术，加快研发适合我国严寒地区农村的厕所粪污贮存与运输、处理与资源化利用技术产品，形成相关技术标准。

四是需要加强对村民的宣传引导，尤其是具有特色风俗习惯的地区，同时做好后期运维工作，确保农村厕所全年可用。

G.7
村容村貌发展报告

摘　要： 整洁有序、富有特色的乡村面貌既是建设生态宜居美丽乡村的基础，也是保留和传承区域乡土文化的重要载体。村容村貌整治提升是农村人居环境整治的重点任务之一。村容村貌整治提升不仅符合乡村振兴战略的发展需求，还顺应全面建设社会主义现代化国家的时代需求。本报告通过对我国村容村貌的整治历程、政策法规、资金投入等方面进行梳理，探讨当前我国整体及部分地区的村容村貌发展现状。本报告分析发现当前村容村貌整治提升面临村庄风貌缺乏原始特征、村庄发展缺乏科学规划和技术支撑、"示范村"引领效应弱化、农民参与不足等问题。结合农民的现实需要，本报告提出村容村貌整治提升的下一步工作重点是加强对村庄原始风貌的保护、加强科学规划与技术指导、建立示范推广体系、发挥农民主体作用。

关键词： 乡村振兴　农村人居环境　村容村貌

2021年，全国村庄建设用地面积为1249.1万公顷，相较于2011年的1373.8万公顷，规模缩小了约9.1%。全国行政村数量由2011年的55.4万个减至2021年的48.1万个，十年间减少了7万余个。在人口数量变化方面，全国农村户籍人口数量在2011~2016年呈小幅下降趋势，而在2016~2021年呈上升趋势，十年间户籍人口总体增加了约841万人。在人民收入水平方面，2011~2021年，我国农村居民人均可支配收入从6977元增至18931元，增加了约1.7倍，农村居民的生活水平有较大幅度的提高。然而，当前我国各地区农村居民的收入水平仍然存在一定差距。2021 年，农村居民人均可支配收入排名前三的地区依次为上海市（38521 元）、浙江省（35247 元）、北京市（33303 元），相较于排名后三的地区甘肃省（11433元）、贵州省（12856 元）、青海省（13604 元），人均可支配收入高出 2 万元以上。其余村容村貌发展的基本数据详见附表 1。

一 村容村貌现状

（一）推进乡村绿化美化

乡村绿化美化是改善村容村貌的一项重要内容。为落实《乡村振兴战略规划（2018~2022 年）》和《农村人居环境整治三年行动方案》中大力推进乡村绿化的要求，有关部门积极出台相关文件，明确了乡村绿化美化行动的目标和任务，如国务院办公厅印发《国务院办公厅关于科学绿化的指导意见》、国家林业和草原局印发《乡村绿化美化行动方案》及《村庄绿化状况调查技术方案》、国家林业和草原局等四部门联合印发《"十四五"乡村绿化美化行动方案》、全国绿化委员会印发《深入推进造林绿化工作方案》，等等。此外，绿美村庄、森林乡村的建设工作也在持续开展。国家林业和草原局评价发布《国家林业和草原局关于公布第一批国家森林乡村名单的通知》《国家林业和草原局关于公布第二批国家森林乡村名单的通知》，评价认定国家森林乡村共7586 个。为持续增加乡村绿化总量、着力提升乡村绿化美化质量，国家进一步加大财政支持力度，设立专项资金助推乡村绿化高质量发展。国家林业和草原局、财政部联合印发的《林业改革发展资金任务计划》将乡村绿化美化纳入中央财政造林补贴的支持范围。

（二）加强乡村风貌引导

2019 年，中央农办、农业农村部等五部门联合印发《关于统筹推进村庄规划工作的意见》指出，农村建筑要以多样化为美，突出地方特点、文化特色和时代特征，保留村庄特有的民居风貌、农业景观、乡土文化，防止"千村一面"。为实现农村建筑风貌的提升，住房和城乡建设部办公厅印发《关于开展农村住房建设试点工作的通知》，在全国各省（区、市）选择 3~5 个试点县（市、区、旗）开展试点，推广建设功能现代、成本经济、结构安全、绿色环保的宜居型示范农房，突出农村建筑的乡土特色和地域民族风情。此外，江西、重庆、黑龙江、广西、江苏等地积极开展农村建筑工匠培训活动，助推农村住房风貌水平、建设质量提升。

另外，对传统村落和历史文化名村名镇的保护行动也在持续推进。2012 年，住房和城乡建设部等三部门就传统村落保护与发展工作印发《关于加强传统村落保护发展工作的指导意见》，强调传统村落保护发展的重要性和必要性，要求各地建立中国传统村落档案，完成保护发展规划编制。2017 年，中共中央办公厅和国务院办公厅印发《关于实施中华优秀传统文化传承发展工程的意见》，统一设置中国传统村落保护标志，实施挂牌保护（见表1）。截至 2019 年，中国传统村落名录共列入 4153 个有重要保护价值的村落，涵盖全国 272 个地级市、43 个民族。此外，住房和城乡建设部推进第三批"中国传统建筑解析与传承"丛书编纂工作，并在 23 个地区开展传统建筑工匠技艺调查研究。

（三）开展村庄清洁行动

2018 年 12 月，中央农村工作领导小组办公室、农业农村部等 18 个部门联合印发《农村人居环境整治村庄清洁行动方案》，将包括清理农村生活垃圾、清理村内塘沟、清理畜禽养殖粪污等农业生产废弃物、改变影响农村人居环境的不良习惯在内的"三清一改"列为主要任务，聚焦农民群众最关心、最现实、最急需解决的村庄环境卫生难题。为推动村庄清洁行动常态化，全国各地围绕"村庄干净""庭院洁美"等内容，积极举办各类活动。2019 年 1 月，农业农村部以"村村户户搞清洁，干干净净迎春节"为主题，对打好村庄清洁行动春节战役进行了专题部署。此后，各地政府相继组织开

表 1 传统村落保护的典型案例

地区	做法与成效
贵州省	贵州省黔东南州结合自身实际情况,依托州内自然保护区、风景名胜区、文物古迹遗存区以及历史名镇名村等自然人文资源优势,在雷公山原生态苗族村落和月亮山原生态侗族村落两大示范板块基础上,选取 7 个相对密集的传统村落集群,确定 30 个传统村落进行重点保护利用。同时,以景区标准重点打造黎平县党安村等 5 个传统村落,通过以点带面、示范带动、聚集辐射,实现周边其他村落共同保护利用发展,推动全州传统村落可持续发展
新疆维吾尔自治区	自 2012 年传统村落保护工作在国家层面正式启动以来,新疆维吾尔自治区共有 5 批 18 个村庄入选中国传统村落名录。通过实施中国传统村落保护工程,村内的传统民居得到有效保护,文化遗产得到有效传承,道路、供水、垃圾和污水治理等基础设施建设得到明显加强,群众的居住条件同步得到改善,还带动了当地旅游经济发展,促进了农牧民就业。这 18 个传统村落分布在 7 个地(州、市),其中,有 6 个传统村落位于木垒哈萨克自治县。为保护历史文化遗产和拔廊房民居,当地出台了《木垒哈萨克自治县传统村落保护条例》,对传统村落的保护发展起到积极作用 传统村落保护标志牌按照住房和城乡建设部要求的设计样式和标准尺寸,统一制作。标志牌除了标识本村落入选中国传统村落的时间外,还拥有独一无二的二维码,游客扫码就能进入中国传统村落数字博物馆,在手机上了解该中国传统村落的历史沿革、环境格局、传统建筑、民俗文化、美食物产和旅游导览等信息

资料来源:住房和城乡建设部,https://www.mohurd.gov.cn。

展"春节战役""春季战役""夏季战役""秋冬战役"等形式多样的村庄清洁行动,通过凝聚农民群众力量,着力解决村庄环境"脏乱差"问题。

农业农村部、国家发展改革委等六部门于 2020 年 3 月联合印发《关于抓好大检查发现问题整改扎实推进农村人居环境整治的通知》,提出要抓好疫情重灾区、交通要道两侧、人流密集区等重点区域,以及乡村集市、农贸市场、农村工业园区和物流园区周边等重点区域的清洁整治。村庄清洁行动的开展还引导群众养成良好卫生生活习惯,为农村地区新冠肺炎疫情防控提供了有力支持。2022 年 1 月,农业农村部、国家乡村振兴局印发《关于通报表扬 2021 年全国村庄清洁行动先进县的通知》,对北京市昌平区等 98 个措施有力、成效突出、群众满意的村庄清洁行动先进县予以通报表扬。村庄清洁行动开展以来,全国 95% 以上的行政村踊跃参与,先后动员 4 亿多人次参加,村庄环境基本实现干净整洁。

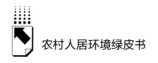
（四）改善村庄公路环境

公路是经济与社会发展的动脉。加快农村公路网络的建设对促进区域经济发展、提高农村居民生活水平、改善农村人居环境有着十分重要的战略意义。近年来，我国积极推动农村公路的建设和改造。2016~2021年，我国新增农村道路长度102.3万公里；村庄内硬化路道路长度由82.2万公里增加至198.4万公里，增长了1.4倍；村庄内道路面积增加90.4万平方米；2021年村庄内硬化道路面积为110.9万平方米，五年间增加59.4万平方米（详见附表2）。

2018年《农村人居环境整治三年行动方案》发布以来，我国中央及地方政府加快推进通村组道路、入户道路的建设。据交通运输部数据，2018~2021年，我国农村公路领域累计投入资金13384亿元，累计新建改建农村公路约82.3万公里，解决了1040个乡镇、10.5万个建制村通硬化路的难题。截至2021年底，全国农村公路里程已达446万公里，全国具备条件的乡镇和建制村实现100%通硬化路、通客车；在农村公路养护维修方面，"十三五"以来，全国累计完成农村公路修复性养护工程120万公里，截至2021年底农村公路列养率达到99.5%、优良中等路率达到87.4%；在农村公路隐患排查整治方面，"十三五"以来，全国累计完成农村公路安全生命防护工程103.9万公里，截至2021年底农村公路中的等级公路比例达到95.6%，铺装率达到89.8%；在扶持政策方面，交通运输部等相关部门先后印发《关于切实做好乡镇建制村"畅返不畅"整治工作的通知》《关于推动"四好农村路"高质量发展的指导意见》《关于贯彻落实习近平总书记重要指示精神做好交通建设项目更多向进村入户倾斜的指导意见》，积极推动通村入户的基础道路网络建设。农村公路覆盖范围、通达深度、管养水平、服务能力、质量安全水平显著提高，农民群众"出行难"的问题得到解决。

二 推动村容村貌提升的主要支持政策

（一）中央层面的相关支持政策

1. 整体支持政策

近年来，作为全面推进乡村振兴的重要一环，村容村貌的整治提升得到了国家的高度重视，聚焦村容村貌整治提升的一系列政策文件也越发翔实具体（见附表3），从前期提出概括性方向，到最新的系统性详细规划，相关政策愈加具备指导性和可实践性。2014年5月，国务院办公厅印发《国务院办公厅关于改善农村人居环境的指导意见》，对村庄规划、房屋风貌、传统村落保护等方面提出要求。2018年2月，中共中央办公厅、国务院办公厅印发《农村人居环境整治三年行动方案》，明确提出以村容村貌整治提升为农村人居环境整治的主攻方向之一。此后，中央和有关部门围绕通村入户道路、村庄清洁、乡村建筑风貌、村庄绿化美化、传统村落保护等方面出台了一系列支持政策，显著提升了我国整体的村容村貌。然而，当前我国农村人居环境还存在区域发展不平衡、基本生活设施不完善等问题，村容村貌的质量水平也参差不齐。为加快农村人居环境整治提升，2021年12月，中共中央办公厅、国务院办公厅印发《农村人居环境整治提升五年行动方案（2021~2025年）》，该方案从改善村庄公共环境、推进乡村绿化美化及加强乡村风貌引导的角度对当前我国村容村貌整治水平提出了更高要求。

2. 乡村绿化美化

乡村绿化美化涵盖道路绿化、庭院绿化、山体田园绿化、河湖湿地绿化等多个方面，相关的政策包括《乡村绿化美化行动方案》《村庄绿化状况调查技术方案》《国务院办公厅关于科学绿化的指导意见》《国家林业和草原局关于科学开展2022年国土绿化工作的通知》等（见附表4）。其中，《乡村绿化美化行动方案》提出要从保护乡村自然生态、增加乡村生态绿量、提升乡村绿化质量、发展绿色生态产业四个方面推进乡村绿化美化，

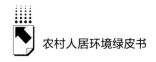
不断改善提升村容村貌。《国务院办公厅关于科学绿化的指导意见》指出应合理安排绿化用地、节俭务实推进农村绿化。

各地认真贯彻党中央、国务院决策部署，扎实推进乡村绿化美化取得积极进展。然而，我国乡村绿化总量不足、质量不高，区域发展不平衡，绿化成果巩固难等问题依然存在，与农村群众日益增长的优美生态环境需要还有较大差距。2022年10月，国家林业和草原局等四部门联合印发了《"十四五"乡村绿化美化行动方案》，该方案不仅设立到2025年全国平均村庄绿化覆盖率达32%、乡村"四旁"植树15亿株以上的目标，还从科学编制相关规划、保护乡村自然生态、稳步增加乡村绿量、着力提升绿化质量、发展绿色惠民产业、弘扬乡村生态文化、推动国有林场林区绿色发展、建立健全长效管护机制及强化典型示范引领这9个方面提出"十四五"期间乡村绿化美化的主要任务。

3. 建筑风貌

农村地区的建筑风貌应突出乡土特色和地域特点，促进村庄形态与自然环境、传统文化相得益彰，不搞"千村一面"、大拆大建。住房和城乡建设部等先后发布系列文件：《住房和城乡建设部办公厅关于开展农村住房建设试点工作的通知》提出农村民居的建设要依据当地的气候变化、地域风貌、民俗风情、文化传承、功能需求，要以点带面促进村容村貌提升；《关于加快农房和村庄建设现代化的指导意见》指出要以农房为主体，利用自然景观和人文景观营造具有本土特色的村容村貌；《住房和城乡建设部、财政部关于做好2022年传统村落集中连片保护利用示范工作的通知》则从保护、利用及规划传统村落的角度，提出传统民居宜居性改造工作要结合历史文化、自然环境、绿色生态、田园风光等特色资源优势以及村民的实际需求（见附表5）。

4. 村庄清洁行动方面的相关政策

2018年7月，农业农村部印发《农业农村部关于深入推进生态环境保护工作的意见》，提出要开展房前屋后和村内公共空间环境整治，着力解决农村人居环境"脏乱差"等农村突出环境问题。2018年12月，中央农村工作领导小组办公室、农业农村部等 18 个部门联合印发《农村人居环境整治村庄清洁行动方案》，该方案以"清洁村庄助力乡村振兴"为主题，以影响农村人居环境的突出问题为重点，在全国范围内集中组织开展农村人居环境整治村庄清洁行动，带动和推进村容村貌提升。2020 年 3 月，农业农村部办公厅印发《2020 年农业农村绿色发展工作要点》，明确指出各地要在清理环境"脏乱差"、提升村容村貌的基础上，着力引导农民群众转变不良生活习惯，养成科学卫生健康的生活方式，不断健全长效保洁机制。村庄清洁方面的有关政策详见附表 6。

5. 农村道路

相关部门围绕村庄公路的建设、改造和养护等方面出台了一系列政策（见附表 7），包括交通运输部印发的《农村公路养护管理办法》《交通运输部关于贯彻落实习近平总书记重要指示精神做好交通建设项目更多向进村入户倾斜的指导意见》《农村公路中长期发展纲要》《交通运输部关于巩固拓展交通运输脱贫攻坚成果全面推进乡村振兴的实施意见》，以及交通运输部、国家发展改革委等 8 个部门联合印发的《关于推动"四好农村路"高质量发展的指导意见》。其中，《交通运输部关于巩固拓展交通运输脱贫攻坚成果全面推进乡村振兴的实施意见》设立"争取全国乡镇通三级及以上公路比例、较大人口规模自然村（组）通硬化路比例、城乡交通运输一体化发展水平 AAAA 级以上区县比例、农村公路优良中等路率均达到85% 左右"的发展目标；《交通运输部关于贯彻落实习近平总书记重要指示精神做好交通建设项目更多向进村入户倾斜的指导意见》进一步提出"到 2035 年，基本实现人口规模较大且常住人口较多的自然村（组）通硬化路"。

（二）地方层面的相关支持政策

除中央和相关部门外，我国各地区政府也积极响应国家号召，相继出台一系列政策，推动当地村容村貌提升（见附表 8）。例如，2018 年 6 月，广东省住房和城乡建设厅印发《广东省村容村貌整治提升工作指引（试

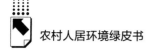

行）》，不仅以文字形式明确广东省村容村貌整治提升工作的要求和内容，还以图片形式的技术指南为广东省村容村貌整治提升提供多样、可选的技术处理方法。又如，甘肃省自然资源厅等五部门于 2022 年 3 月联合印发《甘肃省村容村貌提升导则》，该导则针对农宅院落、公共空间、道路街巷、绿化美化、环境卫生及村落保护明确了总体要求、目标任务和推进措施。这些政策在大方向上与中央政策措施保持一致，在具体推进落实过程中又结合当地情况因地制宜，为全面推动我国村容村貌的高质量发展贡献了积极力量。

三 推动村容村貌整治提升的主要做法

（一）资金投入

1. 中央层面的资金投入

我国高度重视乡村各方面发展，2021 年村庄建设总投入资金高达10255.4 亿元，相较于 2011 年的 6203.9 亿元，十年间增长了 65.3%。随着农村人居环境整治的深入推进，用于村容村貌整治提升的投入资金也有较大幅度地上升。例如，2011 年我国在村庄道路桥梁上的投入资金为 559.5 亿元，而在 2021 年这一数值以 1.3 倍的涨幅上升至 1266.5 亿元。从资金使用占比上来看，自 2011 年以来，我国村庄建设的资金支持在道路桥梁、园林绿化及环境卫生方面的比例逐渐增加，分别从 2011 年的 9.0%、1.3%、1.4%增长至 2021 年的 12.3%、1.7%、3.6%。此外，尽管房屋建设为所有村容村貌相关建设中投入资金占比最大的项目，但其在村庄建设总投入中的占比逐年减少，10 年间下降了 16.3 个百分点。2011 年、2016 年及 2021 年村庄建设总投入及道路桥梁、房屋建设、园林绿化、环境卫生等村容村貌相关建设的投入详见附表 9。

2. 地方层面的资金投入

我国 2021 年各地区村庄建设总投入及道路桥梁、房屋建设、园林绿化、环境卫生等村容村貌相关建设的投入详见附表 10。在村庄建设总投入上，

2021 年投入资金前三名地区依次为广东省、山东省、河南省，分别投入
1149.6 亿元、1073.5 亿元、738.7 亿元。尽管所有地区在房屋建设上投入
的资金都远远高于其他类别，各地区对村容村貌的资金投入仍然存在不同倾
向。例如，在村庄道路桥梁建设上，2021 年投入最多的地区是湖南省，约
为 136.7 亿元，占湖南省村庄建设总投入的 25.0%。在房屋建设投入上，云
南省投入占村庄建设总投入资金的 81.7%，而用于园林绿化、环境卫生等
方面的资金不到总投入资金的 3%。在村庄的园林绿化投入上，上海市在所
有省份中投入占比最高，用于园林绿化的资金约为村庄建设总投入资金的
4.9%；广西是所有地区中投入占比最低的地区，用于园林绿化的资金不到
村庄建设总投入资金的 1%。

（二）相关标准

1. 中央层面的相关标准

作为农村人居环境整治的关键一环，近年来，村容村貌的整治提升得
到了国家的高度重视，国家卫生健康委员会、国家林业和草原局等有关部
门相继出台了一系列规范标准，涵盖公共空间、绿化美化、清洁卫生、村
庄传统风貌等多个方面，统筹考虑不同地区的实际情况，突出标准的普适
性、指导性和实用性，切实符合当前村容村貌整治提升工作的现实需要。
中央层面的相关标准详见本书 G.8《中国农村人居环境标准体系建设
研究》。

2. 地方层面的相关标准

为落实村容村貌整治提升工作，各地方陆续出台了一系列与村容村貌密
切相关的地方标准（见附表 11）。江苏省、陕西省、福建省等地围绕村容村貌
整体的管理与维护制定了相关规范，有利于村容村貌整治提升工作因地制宜
地开展。四川省、贵州省、浙江省、河南省、安徽省等地对农村公路的设计、
建设、管理养护等方面明确了地方标准。近年来，我国的村容村貌得到明显
改善，对村容村貌的要求也从实现干净整洁、通硬化路等转变为村庄的公共
环境、绿化美化及风貌等方面的改善提升。安徽省、江苏省等地区针对村庄

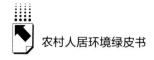
的公共环境制定地方标准，此外，贵州省还专门出台了有关农村消防安全管理的规程，健全了当地村庄的应急管理体系。江苏省、贵州省、北京市、新疆维吾尔自治区、福建省等地区制定了有关乡村绿化美化的地方标准，此外，山西省、安徽省、贵州省分别从村庄的景观绿化、道路绿化以及森林乡村建设的角度出发，细化了农村绿化美化的标准要求。在加强乡村风貌引导方面，陕西省针对农村居民庭院建设制定了相关规范；安徽省、广西壮族自治区、重庆市等地区出台了传统村落、传统民居、特色村落的保护或评定规范。

四　结论和建议

本报告通过对我国村容村貌的整治历程、政策法规、资金投入等方面进行梳理，系统阐述了当前我国村容村貌发展现状。随着《农村人居环境整治三年行动方案》的实施，各级政府和有关部门不断加大法规政策、技术标准及资金支持力度，我国整体村容村貌得到很大程度的改善和提升。截至2020年底，全国95%以上的行政村开展了村庄清洁行动，全国基本实现了具备条件的乡镇、建制村100%通硬化路，农村道路配备路灯的比例以及农村绿化覆盖率也显著提高。整体上看，全国村庄环境基本实现干净整洁有序。

然而，当前我国村容村貌与发达国家相比、与农民群众的期盼要求相比还有较大差距；在村庄原始风貌保护、整体规划、群众参与意愿等方面，个别地区还存在一些较为突出的问题。对相关问题进行科学诊断有利于明确《农村人居环境整治提升五年行动方案（2021~2025年）》关于村容村貌整治提升行动的重点与方向。因此本报告总结了当前我国村容村貌整治提升中部分地区还存在的主要问题，并提出相应的对策建议。

（一）主要问题

1. 村庄风貌缺乏原始特征

长期以来，由于工业化、城镇化优先发展战略带来城乡二元的消极影响，乡村成了落后的代名词。因此，在村容村貌整治提升行动中，部分村庄盲目追求"现代化"，试图将城市建设经验简单地复制到乡村。例如，将古朴的石板路改建成柏油大道；以城市绿化方法绿化乡村，以观赏性花草代替百年老树；富含历史文化底蕴的祠堂、寺庙被拆除，取而代之的是广场公园；新建居民住宅的颜色、格局、样式千篇一律，有的甚至将"欧式"风情生硬融入当地农宅建筑风格中。相反，还有一些村庄在建设中过度追求传统特色，批量建造大量仿古景观与建筑。这些仿古建筑不仅成本高昂，且缺少文化根基，极易"形似而神不似"。总之，刻意"现代化"或"复古"的村容村貌改造不仅破坏了代表村庄记忆的文化元素，让村庄失去原始乡土特色，还偏离了适应农村生产生活条件的要求。

2. 缺乏科学规划与技术支撑

村容村貌的整治提升涉及房屋风貌、公共空间、道路设施、水体绿化、公用设施等多方面内容，是我国农村人居环境整治中范围广、难度大的一项内容，更需要以科学规划和技术支撑助力其落地。然而，一方面，我国部分村庄在当前的村容村貌建设中缺乏系统性规划。例如，一些村庄对空间布局、住房建设用地缺乏统筹安排，导致生产经营用地、公共基础设施用地、农民住房建设用地分布散乱，一些路旁、水域旁的建筑拥挤不堪；职能部门之间项目实施不统筹，整治推进不系统，建设时序安排不合理；很多村庄由于在绿化美化方面缺乏总体规划指导，造成绿化与村庄风格不统一、重复建设多。另一方面，当前我国农村人居环境整治相关的规范和导则多集中于生活垃圾治理、生产废弃物治理等领域，仅有少数地区的村庄编制了村容村貌提升导则，村容村貌整治提升工作缺乏技术性指导。一些地方出台了农房面积、楼层的统一标准，却缺乏村庄风貌、民居布局、房屋设计与风格等方面的整体引导和管控机制，导致部分新建房屋的结构、色彩、形式等与村庄的整体风貌不协调。

3. "示范村"引领效应弱化

尽管村容村貌整治在全国范围内取得阶段性成果，但受地貌环境、自然资源、经济发展水平等多方面因素影响，各地进展存在较大差异，且村容村

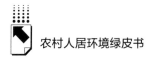

貌示范村的整治模式难以推广。例如，发达地区农村的村容村貌已全面提升，而欠发达地区经济基础薄弱、财政压力较大，贸然将发达地区农村的村容村貌整治经验照搬到西部农村，可能"水土不服"。此外，就同省市而言，大部分县区、乡镇会选择经济基础好、村干部能力突出、百姓主观意愿强烈的"富村"作为村容村貌整治提升的"试点村"，并将有限的财政资源集中于这些"试点村"。如此一来，经济较差或更需要扶持的村庄的可用财政资源则相应减少。"示范村"不仅难以发挥真正的示范作用，更难以为数量上占比更大的贫困地区村容村貌整治提升积累经验，还可能加剧村容村貌的两极分化，出现"强者愈强、弱者愈弱"的"马太效应"。

4. 农民参与度较低

经过近年来村容村貌整治提升工作的宣传及开展，绝大部分农民的思想发生了一定程度的转变，愿意积极参与自家及村庄公共环境的保护、提升。然而，仍有部分农民对村容村貌治理的积极性不高。一方面，个别地区的政府缺乏引导农民转变生产生活观念、改变不良生活习惯的有效措施，农民"主人翁"意识亟待加强：一些农民认为村容村貌整治是政府的事情，与自己无关；还有一些农民仍然保留着一些陋习，如随手乱扔垃圾、随意在路边晾晒衣服、随便停车等，对村容村貌造成负面影响。另一方面，大部分农村家庭的长期居住人口为老人和小孩，这部分群体劳动力缺失，无力关注村容村貌整治提升的相关政策和行动措施。综上所述，各方面原因共同导致了农民在村容村貌整治提升工作中参与度不足，地方政府具体的整治措施和手段难以实施。

（二）对策建议

1. 加强对村庄原始风貌的保护

村庄原始风貌的保护是延续乡村历史文脉和实现乡村可持续发展的需要，是我国在村容村貌整治提升过程中必须考虑的重要内容。因此，地方政府及相关部门应将保护原始风貌、强化地域特色作为村容村貌整治提升工作的主攻方向，突出对乡土元素与乡村文脉的保护。具体而言，在现代化建设上，不大拆大建、不追求成为城市风貌的缩微版，而是从基础设施、清洁卫生、运营维护等方面提升农村现代化水平，提高村民生活质量；在绿化美化上，不以城市绿化方法绿化乡村，而是充分利用荒地、废弃地、边角地等开展村庄小微公园和公共绿地建设；在民居修建上，不能对国内外经验采用简单的"拿来主义"，而是以体现地域文化特色为关键，实现整体建筑风貌的协调统一；在传统文化的保护、传承和发扬上，不能一味地建造仿古建筑，而是保护老宅院、老庙堂、老树、老井、老地名、老风俗等，做好活化利用，并使之融入乡村建设之中。

2. 加强科学规划与技术指导

在村容村貌整治提升过程中，科学规划和技术指导是基础和关键。首先，在统筹规划上，各级政府、各部门及相关专家应共同参与、相互合作，明确村容村貌整治提升工作的要求和内容，对村庄整体空间布局和基础设施配套等方面深入研究，积极探索完成村庄规划编制。规划设计应该注重打造村庄特色，既要符合乡村特点，又要满足当地农民生活文化需求。其次，在技术指导上，政府和有关部门应针对公共设施、农房风貌、水体绿化、村庄道路等方面村容村貌整治提升工作的要求，形成面向从事村容村貌整治提升工作的基层人员和村"两委"、符合时代发展需求的技术指南。例如，就农房风貌而言，针对外立面、围墙、隔断、畜禽舍等构筑物，在选址、材料、风格、文化等方面提出规定性措施、引导性措施以及提升性措施，以供处于村容村貌建设不同阶段的村庄参考选择。

3. 建立示范推广体系

村容村貌示范点的建设是一个地区村容村貌整治提升的起点，要推广示范点的经验，带动地方政府和群众积极参与。首先，在示范点的选择上，以村庄实际为出发点，多样化、多角度规划，合理定位示范点。村容村貌整治提升的推进工作要由从"长"处做起适时转变为从"短"处做起，将关注度和资金重点向当前村容村貌整治提升进度还较为落后的地方倾斜。尽管这些地方的村容村貌整治提升工作起步困难，但一旦突破就能势如破竹，从而实现村容村貌的高质量蜕变。其次，充分考虑示范点的整体特点，从产业发展、休闲农庄、农业基地、文化资源等不同方面去确定示范点功能，从而更大、更多、更全面地

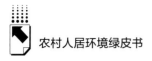
发挥示范点的引领效应。最后，优化村容村貌示范项目动态投入机制，合理确定示范项目的投融资模式和管护方式，总结提炼出符合当地实际需求的村容村貌整治提升模式和方法，形成可复制、可推广的经验模式。

4. 发挥农民主体作用

农民不仅是村容村貌整治提升的主要受益人，其日常生活行为对村庄环境也有着直接影响，因而必须发挥农民主体作用，调动农民积极参与村容村貌整治提升工作。第一，加强宣传教育。通过召开村民大会、入户宣传、线上培训学习等方式，实现政府推行的村容村貌相关政策家喻户晓；通过组织农民参观示范村等活动，促使农民切身感受村容村貌提升对生活质量的影响，激发农民主动参与的内生动力。第二，密切关注农民的现实需求。广大农民祖祖辈辈生活在农村，清楚乡村生态环境的历史和现实情况，了解当地农村人居环境整治和生态环境保护的痛点、难点在哪里，对相关举措最有发言权。因此，在工作推进中应注重政府向村庄提供的各类项目与农民现实需求的良性衔接，避免供需错位。第三，建立明晰的奖惩制度。鼓励各地进一步完善村规民约，明确农民维护村庄环境的责任和义务，激励引导农民群众主动维护村庄卫生及公共环境，培养良好卫生意识和文明生活习惯，同时坚决打击危害村庄生态环境的行为。第四，推动形成"民建、民管、民享"的长效工作机制。通过让一部分有能力、有素质的农民成为基层村容村貌整治提升工作的监督者和执行者，充分发挥农民的主观能动性和责任意识，在改善村容村貌的同时，助力农村人居环境的提档升级。

附表1 2011年、2016年、2021年全国及各地区村庄基本情况

地区	村庄建设用地面积（公顷）			行政村数量（个）			户籍人口（万人）			农村居民人均可支配收入（元）		
	2011年	2016年	2021年	2011年	2016年	2021年	2011年	2016年	2021年	2011年	2016年	2021年
全国	13737529	13922338	12491133	553677	526160	481339	76384	76301	77225	6977	12363	18931
北京	95450	88190	86639	3788	3684	3461	337	339	325	13742	22309	33303
天津	68007	59427	61565	3185	2942	2924	264	242	235	11941	20075	27955
河北	854320	867070	859071	41248	41789	44529	4290	4346	4683	7187	11919	18179
山西	373727	379740	333309	28454	27510	19684	1917	1946	1913	6225	10082	15308
内蒙古	243210	284809	264560	10465	10787	11043	1250	1338	1335	6942	11609	18337
辽宁	471002	479186	473762	10634	10793	10572	1762	1791	1687	8011	12880	19217
吉林	391475	390633	337917	8671	9027	9168	1336	1330	1315	7634	12122	17642
黑龙江	495871	486647	440444	9229	9114	8941	1773	1693	1639	7382	11831	17889
上海	81042	81626	63401	1652	1562	1514	283	286	307	15737	25520	38521
江苏	723112	716492	659211	14919	14197	13586	3590	3483	3433	10744	17605	26791
浙江	367397	362681	304418	23130	22057	16339	2173	2096	2067	14191	22866	35247
安徽	620430	658414	598910	15460	14139	14360	4384	4397	4429	6811	11720	18372
福建	258268	264095	271834	12659	12930	13287	1832	1907	1962	8952	14999	23229
江西	483573	482886	454130	16834	16832	16733	2935	3004	3071	7133	12137	18684
山东	1169608	1095315	1034256	66214	64125	58654	5522	5072	5306	8395	13954	20794
河南	994686	995203	997055	43863	45667	41759	6549	6560	6709	6989	11696	17533
湖北	548132	538394	460759	25106	24327	20961	3362	3320	3300	7540	12725	18259
湖南	935749	869632	680370	40095	25512	23260	4334	4024	4325	7082	11930	18295

续表

地区	村庄建设用地面积（公顷）			行政村数量（个）			户籍人口（万人）			农村居民人均可支配收入（元）		
	2011年	2016年	2021年	2011年	2016年	2021年	2011年	2016年	2021年	2011年	2016年	2021年
广东	914443	897860	641480	17650	17885	17940	4383	4543	4676	8889	14512	22306
广西	514940	526394	482216	14807	14355	14205	3904	4038	3982	6003	10359	16363
海南	126220	121548	105167	4206	3504	2728	498	529	574	6801	11842	18076
重庆	214615	220986	202155	8974	8482	8243	2042	1981	1893	6605	11548	18100
四川	746680	876426	750183	43842	45380	26473	5737	5862	5716	6505	11203	17575
贵州	439293	434223	364389	17497	14550	13625	2789	2754	2763	4499	8090	12856
云南	467785	530902	490996	13164	13606	13257	3267	3433	3411	5170	9019	14197
西藏	—	—	39948	—	—	5413	—	—	246	4886	9093	16932
陕西	384017	373875	352210	24907	17582	15949	2155	2142	2137	5484	9396	14745
甘肃	343163	359401	316366	15863	16690	15870	1856	1921	1869	4278	7456	11433
青海	57920	56970	54362	4137	4129	4139	365	366	362	4806	8664	13604
宁夏	71406	73110	67936	2356	2468	2236	381	413	373	5931	9851	15337
新疆	254083	317377	211400	8691	8689	8781	1008	1081	1094	5853	10183	15575
新疆兵团	27905	32826	30711	1977	1846	1705	107	64	91			

注：村庄建设用地面积、行政村数量、户籍人口数据来源于《中国城乡建设统计年鉴》，由于2011年、2016年末统计西藏数据，故缺失；农村居民人均可支配收入来源于国家统计局。

附表 2　2016 年、2021 年全国及各地区村庄道路情况

单位：公里，万平方米

地区	村庄内道路长度		村庄内硬化道路长度		村庄内道路面积		村庄内硬化道路面积	
	2016 年	2021 年	2016 年	2021 年	2016 年	2021 年	2016 年	2021 年
全国	2463327	3486668	822356	1984399	1622396	2526179	514434	1108617
北京	20098	18193	6532	13757	17757	11768	7199	8113
天津	11175	16280	2215	12594	8357	7919	2128	5633
河北	96413	255251	44030	180734	45978	117415	20714	80835
山西	52727	86592	19676	44684	31046	54745	11033	29960
内蒙古	63041	84925	32527	56229	41487	45128	19954	27097
辽宁	60015	76952	28109	44806	34135	51067	15465	22783
吉林	69883	87821	23612	63465	45688	46727	15144	31193
黑龙江	81463	81853	24547	47710	44909	40930	12051	20920
上海	11837	11237	7420	7785	9591	18813	5315	16941
江苏	134904	143441	66249	109066	80975	135129	37627	81358
浙江	70534	82376	22163	29279	60943	72656	16058	22748
安徽	122278	163321	26579	93062	80491	117156	17246	48132
福建	51712	73976	21017	42822	32861	42543	13386	21192
江西	72418	99107	19274	52493	45077	99519	11818	23713
山东	246606	339836	121338	235688	158456	213773	76717	124949
河南	126682	203543	29936	106427	107202	214295	22096	71584
湖北	141377	212307	34842	70927	89767	187396	20537	43081
湖南	132082	174496	32705	77944	92667	143836	26649	41172
广东	123245	165117	51863	82603	88085	135919	35966	51007
广西	101747	118999	27895	82342	50719	67244	14737	39419
海南	23819	29578	2978	7029	15392	15299	2303	3781
重庆	11530	34483	5338	18433	6003	17393	2827	8983
四川	201939	295518	43675	193441	169886	193585	28293	92119
贵州	70806	130896	11793	43164	60937	131776	13042	47313
云南	104817	155843	19462	67042	59770	123640	14803	38413
西藏		18384		5162		14605		2678
陕西	84667	102482	52518	72034	41552	54601	24548	30096
甘肃	67393	92311	15286	52921	35312	51401	7345	25525
青海	23477	30030	9706	14746	12976	14133	5267	6843
宁夏	23677	26557	5607	20296	13629	18652	3775	12813
新疆	52045	65528	11469	32513	35247	58555	8973	24534
新疆兵团	8921	9436	1996	3200	5501	8560	1417	3690

资料来源：《中国城乡建设统计年鉴》。

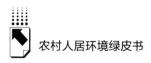

附表3　近年来村容村貌整治提升相关支持政策

文件名称	发布日期	发文机关	相关内容
关于改善农村人居环境的指导意见	2014/5/16	国务院办公厅	加强对村域的规划管理,保持村庄整体风貌与自然环境相协调;结合水土保持等工程,保护和修复自然景观与田园景观;开展农房及院落风貌整治和村庄绿化美化,保护和修复水塘、沟渠等乡村设施;制定传统村落保护发展规划,完善历史文化名村、传统村落和民居名录,建立健全保护和监管机制
中共中央 国务院关于实施乡村振兴战略的意见	2018/1/2	中共中央办公厅、国务院办公厅	保护保留乡村风貌,开展田园建筑示范,培养乡村传统建筑名匠;实施乡村绿化行动,全面保护古树名木
农村人居环境整治三年行动方案	2018/2/25	中共中央办公厅、国务院办公厅	加快推进通村组道路、入户道路建设,基本解决村内道路泥泞、村民出行不便等问题,充分利用本地资源,因地制宜选择路面材料;整治公共空间和庭院环境,消除私搭乱建、乱堆乱放;大力提升农村建筑风貌,突出乡土特色和地域民族特点;加大传统村落居民和历史文化名村名镇保护力度,弘扬传统农耕文化,提升田园风光品质;推进村庄绿化,充分利用闲置土地组织开展植树造林、湿地恢复等活动,建设绿色生态村庄;完善村庄公共照明设施;深入开展城乡环境卫生整洁行动,推进卫生县城、卫生乡镇等卫生创建工作
国家发展改革委关于扎实推进农村人居环境整治行动的通知	2018/2/26	国家发展改革委	村容村貌提升以通村组道路、入户道路为重点,基本解决农村通行不便、道路泥泞的问题,同时推进公共空间和庭院环境整治,加强传统村落民居和历史文化名村名镇保护
关于推进农村"厕所革命"专项行动的指导意见	2018/12/25	中央农办、农业农村部、国家卫生健康委、住房和城乡建设部、文化和旅游部、国家发展改革委、财政部、生态环境部	协调推进农村公共厕所和旅游厕所建设,与乡村产业振兴、农民危房改造、村容村貌提升、公共服务体系建设等一体化推进

文件名称	发布日期	发文机关	相关内容
关于统筹推进村庄规划工作的意见	2019/1/4	中央农办、农业农村部、自然资源部、国家发展改革委、财政部	按照硬化、绿化、亮化、美化要求,规划村内道路,合理布局村庄绿化、照明等设施,有效提升村容村貌;按照传承保护、突出特色要求,提出村庄景观风貌控制性要求和历史文化景观保护措施。
中共中央 国务院关于坚持农业农村优先发展做好"三农"工作的若干意见	2019/5/21	中共中央办公厅、国务院办公厅	鼓励社会力量积极参与,将农村人居环境整治与发展乡村休闲旅游等有机结合;广泛开展村庄清洁行动;开展美丽宜居村庄和最美庭院创建活动。
自然资源部办公厅关于加强村庄规划促进乡村振兴的通知	2019/5/29	自然资源部办公厅	坚持先规划后建设,通盘考虑土地利用、产业发展、居民点布局、人居环境整治、生态保护和历史文化传承;坚持农民主体地位,尊重村民意愿,反映村民诉求;坚持节约优先、保护优先,实现绿色发展和高质量发展;坚持因地制宜、突出地域特色,防止乡村建设"千村一面"
中共中央 国务院关于抓好"三农"领域重点工作确保如期实现全面小康的意见	2020/1/2	中共中央办公厅、国务院办公厅	支持农民群众开展村庄清洁和绿化行动,推进"美丽家园"建设;鼓励有条件的地方对农村人居环境公共设施维修养护进行补助
关于抓好大检查发现问题整改扎实推进农村人居环境整治的通知	2020/3/17	农业农村部、国家发展改革委、财政部、生态环境部、住房城乡建设部、国家卫生健康委	有序推进"多规合一"的实用性村庄规划编制,推进村内道路建设,提高村庄绿化水平,整体提升村容村貌
关于推动农村人居环境标准体系建设的指导意见	2021/1/19	市场监督管理总局、生态环境部、住房城乡建设部、水利部、农业农村部、国家卫生健康委、林草局	将村容村貌进一步细化分类为农村水系、村庄绿化、村庄公共照明、农村公共空间、村庄保洁五部分

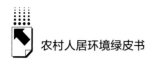

续表

文件名称	发布日期	发文机关	相关内容
国务院关于加快建立健全绿色低碳循环发展经济体系的指导意见	2021/2/22	国务院	加快推进农村人居环境整治,因地制宜推进农村改厕、生活垃圾处理和污水治理、村容村貌提升、乡村绿化美化等。继续做好农村清洁供暖改造、老旧危房改造,打造干净整洁有序美丽的村庄环境。
中共中央 国务院关于实现巩固拓展脱贫攻坚成果同乡村振兴有效衔接的意见	2021/3/23	中共中央、国务院	推进脱贫县"四好农村路"建设,推动交通项目更多向进村入户倾斜,因地制宜推进较大人口规模自然村(组)通硬化路,加强通村公路和村内主干道连接,加大农村产业路、旅游路建设力度
国务院关于印发《"十四五"推进农业农村现代化规划》的通知	2021/11/12	国务院	整体提升村容村貌。深入开展村庄清洁和绿化行动,实现村庄公共空间及庭院房屋、村庄周边干净整洁;提高农房设计水平和建设质量;建立健全农村人居环境建设和管护长效机制,全面建立村庄保洁制度,有条件的地区推广城乡环卫一体化第三方治理
农村人居环境整治提升五年行动方案(2021～2025 年)	2021/12/5	中共中央办公厅、国务院办公厅	将改善村庄公共环境、推进乡村绿化美化及加强乡村风貌引导作为推动村容村貌整体提升的主要内容
"十四五"推动长江经济带发展城乡建设行动方案	2022/1/6	住房和城乡建设部	以实施农房质量安全提升工程、推进农村人居环境建设、深入开展美好环境与幸福生活共同缔造活动为工作重点,建设美丽宜居乡村;建立和完善城乡历史文化保护传承体系,推进国家历史文化名村申报工作,加强传统村落保护;推动历史文化保护传承融入城乡建设,营造长江传统聚落文化意象
"十四五"黄河流域生态保护和高质量发展城乡建设行动方案	2022/1/6	住房和城乡建设部	提高乡村建设水平;编制省级城乡历史文化保护传承体系规划纲要;塑造城乡风貌特色,结合黄河国家文化公园建设打造沿黄生态绿道

文件名称	发布日期	发文机关	相关内容
关于做好2022年全面推进乡村振兴重点工作的意见	2022/2/22	中共中央办公厅、国务院办公厅	深入实施村庄清洁行动和绿化美化行动;有序推进乡镇通三级及以上等级公路、较大人口规模自然村(组)通硬化路,实施农村公路安全生命防护工程和危桥改造
乡村建设行动实施方案	2022/5/23	中共中央办公厅、国务院办公厅	加强入户道路建设,构建通村入户的基础网络,稳步解决村内道路泥泞、村民出行不便、出行不安全等问题;全面清理私搭乱建、乱堆乱放,整治残垣断壁,加强农村电力线、通信线、广播电视线"三线"维护梳理工作,整治农村户外广告;因地制宜开展荒山荒地荒滩绿化,加强农田(牧场)防护林建设和修复,引导鼓励农民开展庭院和村庄绿化美化,建设村庄小微公园和公共绿地;实施水系连通及水美乡村建设试点。加强乡村风貌引导,编制村容村貌提升导则

附表4 近年来乡村绿化美化相关支持政策

文件名称	发布日期	发文机关	相关内容
关于加快推进长江两岸造林绿化的指导意见	2018/9/25	国家发展改革委、水利部、自然资源部、国家林草局	以建设生态型、功能型城乡绿地生态系统为方向,以改善人居环境为目标,将山水林田湖草作为一个生命共同体,抓好长江两岸沿线城市江边、乡镇建成区、村屯居民区的绿化美化,大幅提升生态宜居水平;要充分挖掘绿化潜力,拓展绿化空间,实施规划建绿、见缝插绿、见空补绿、拆违还绿,科学配置阔叶树种、彩叶树种,在城市江岸建设防护绿地、风景林地,在路旁建植护路林,在水系周边种植护岸林,形成以片林为极、绿道为轴、林园为核、庭院为点的绿化景观格局,建设沿岸美丽城镇、美丽村庄

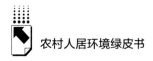

续表

文件名称	发布日期	发文机关	相关内容
关于切实做好 2019 年国土绿化工作的通知	2019/3/7	全国绿化委员会、国家林业和草原局	组织实施好中央和地方财政造林、森林抚育补助项目,加大对贫困地区造林、森林抚育、低质低效林改造、乡村绿化美化的支持力度,优化提升森林景观,助推森林旅游、森林康养等绿色生态产业发展,筑牢森林生态屏障,增强贫困地区绿色发展后劲和自我发展能力
乡村绿化美化行动方案	2019/3/25	国家林业和草原局	到 2020 年,建成 20000 个特色鲜明、美丽宜居的国家森林乡村和一批地方森林乡村,建设一批全国乡村绿化美化示范县,乡村绿化美化持续推进,森林乡村建设扎实开展,乡村自然生态得到有效保护,绿化总量持续增加,生态系统质量不断提高,村容村貌明显提升,农村人居环境明显改善
村庄绿化状况调查技术方案	2019/7/19	国家林业和草原局生态保护修复司	开展全国村庄绿化状况调查,全面准确地掌握村庄绿化情况,是深入贯彻落实党中央、国务院关于实施乡村振兴战略、开展农村人居环境整治等重大决策部署的具体行动,是各地合理编制村庄规划的重要基础,对于科学推进乡村绿化美化、促进提升村容村貌具有重要的引领作用
关于科学绿化的指导意见	2021/5/18	国务院办公厅	鼓励通过农村土地综合整治,利用废弃闲置土地增加村庄绿地;结合高标准农田建设,科学规范、因害设防建设农田防护林;严禁违规占用耕地绿化造林,确需占用的,必须依法依规严格履行审批手续;鼓励农村"四旁"(水旁、路旁、村旁、宅旁)种植乡土珍贵树种,打造生态宜居的美丽乡村。
关于科学开展 2022 年国土绿化工作的通知	2022/2/28	自然资源部、国家林业和草原局	有序开展乡村绿化美化,鼓励农村"四旁"植树、庭院绿化,加强古树名木保护,鼓励易地扶贫搬迁地通过农村土地综合整治,利用废弃闲置土地增加村庄绿地,改善提升农村人居环境

续表

文件名称	发布日期	发文机关	相关内容
"十四五"乡村绿化美化行动方案	2022/10/25	国家林业和草原局、农业农村部、自然资源部、国家乡村振兴局	到2025年,全国平均村庄绿化覆盖率达到32%,乡村"四旁"植树15亿株以上,全面巩固提升国家森林乡村,绿化一批国有林区、国有林场居住点,建设一批具有地方特色的森林乡村、绿美乡村,乡村自然生态得到全面保护,乡村绿化水平明显提高,农村人居环境持续改善。 东部地区、中西部条件较好的地区,乡村绿化布局科学,村庄内部基本做到应绿尽绿,科学绿化落地见效,村容村貌明显改善,绿化管护长效机制全面建立。 中西部具备条件的地区,大部分村庄内部基本做到应绿尽绿,绿化质量有效提高,村容村貌持续改善,绿化管护机制基本建立。 自然条件较差、经济欠发达的地区,循序渐进推进乡村绿化,基本实现村村有树、村村有绿,村容村貌得到改善

附表5 近年来农村建筑风貌相关支持政策

文件名称	发布日期	发文机关	相关内容
关于加强传统村落保护发展工作的指导意见	2012/12/12	住房和城乡建设部、文化部、财政部	传统村落保护应保持文化遗产的真实性、完整性和可持续性。尊重传统建筑风貌,不改变传统建筑形式,对确定保护的濒危建筑物、构筑物应及时抢救修缮,对于影响传统村落整体风貌的建筑应予以整治。尊重传统选址格局及与周边景观环境的依存关系,注重整体保护,禁止各类破坏活动和行为,已构成破坏的,应予以恢复
关于实施中华优秀传统文化传承发展工程的意见	2017/1/25	中共中央办公厅、国务院办公厅	加强历史文化名城名镇名村、历史文化街区、名人故居保护和城市特色风貌管理,实施中国传统村落保护工程,做好传统民居、历史建筑、革命文化纪念地、农业遗产、工业遗产保护工作;加强"美丽乡村"文化建设,发掘和保护一批处处有历史、步步有文化的小镇和村庄;制定和完善历史文化名城名镇名村和历史文化街区保护的相关政策

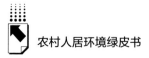
续表

文件名称	发布日期	发文机关	相关内容
住房和城乡建设部关于开展农村住房建设试点工作的通知	2019/2/2	住房和城乡建设部	以农房建设促进村容村貌提升。农房设计要充分研究分析所在区域的地域特征和文化特色，积极探索村庄整体风貌下的单体设计。农房设计要处理好传统与现代、继承与发展的关系，既深入挖掘历史文化资源，又充分体现时代气息，既注重农房单体的个性特色，更注重村居整体的错落有致，有序构建村庄院落、农房组团等空间，着力探索形成具有地方特色的新时代民居范式
关于加快农房和村庄建设现代化的指导意见	2021/6/8	住房和城乡建设部、农业农村部、国家乡村振兴局	农房建设要尊重乡土风貌和地域特色，精心打造建筑风貌要素。保护并改善村落的历史环境和生态环境。传统村落中新建农房要与传统建筑、周边环境相协调，提升传统民居空间品质。鼓励结合发展民宿、旅游等产业，进一步加强传统村落和传统民居保护与利用。以农房为主体，利用古树、池塘等自然景观和牌坊、古祠等人文景观，营造具有本土特色的村容村貌。鼓励宅前屋后栽种瓜果梨桃，保护村庄固有的乡土气息，构建"桃花红、李花白、菜花黄"的自然景观，营造"莺儿啼、燕儿舞、蝶儿忙"的乡村生境
住房和城乡建设部 财政部关于做好2022年传统村落集中连片保护利用示范工作的通知	2022/4/14	住房和城乡建设部、财政部	保护利用规划要坚持以人民为中心的发展思想，全面贯彻新发展理念，以传统村落为节点，因地制宜连点串线成片确定保护利用实施区域，明确区域内村落的发展定位和发展时序，充分发挥历史文化、自然环境、绿色生态、田园风光等特色资源优势，统筹基础设施、公共服务设施建设和特色产业布局，全面推进乡村振兴，传承发展优秀传统文化。要活化、利用好传统建筑，结合村民实际需求提出传统民居宜居性改造工作措施和技术路线等，实现生活设施便利化、现代化。要推进传统村落保护利用数字化建设

附表6 近年来村庄清洁相关支持政策

文件名称	发布日期	发文机关	相关内容
农业部关于做好2011年农业农村经济工作的意见	2011/1/6	农业部	积极推进农村清洁工程,大力开展村庄环境整治,加快推进秸秆综合利用
农业农村部关于深入推进生态环境保护工作的意见	2018/7/13	农业农村部	整治提升村容村貌,打造一批示范县、示范乡镇和示范村,加快推动功能清晰、布局合理、生态宜居的美丽乡村建设;调动好农民的积极性,鼓励投工投劳参与建设管护,开展房前屋后和村内公共空间环境整治,逐步建立村庄人居环境管护长效机制;学习借鉴浙江"千村示范、万村整治"经验,组织开展"百县万村示范工程"
农村人居环境整治村庄清洁行动方案	2018/12/29	中央农村工作领导小组办公室、农业农村部等18个部门	以"清洁村庄助力乡村振兴"为主题,以影响农村人居环境的突出问题为重点,动员广大农民群众,广泛参与、集中整治,着力解决村庄环境"脏乱差"问题,实现村庄内垃圾不乱堆乱放,污水乱泼乱倒现象明显减少,粪污无明显暴露,杂物堆放整齐,房前屋后干净整洁,村庄环境干净、整洁、有序,村容村貌明显提升,文明村规民约普遍形成,长效清洁机制逐步建立,村民清洁卫生文明意识普遍提高
2020年农业农村绿色发展工作要点	2020/3/2	农业农村部办公厅	以"干干净净迎小康"为主题,深入开展村庄清洁行动,指导各地在着力清理环境脏乱差、提升村容村貌的基础上,着力引导农民群众转变不良生活习惯,养成科学卫生健康的生活方式,不断健全长效保洁机制

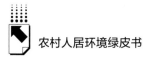

附表 7　近年来农村道路建设相关支持政策

文件名称	发布日期	发文机关	相关内容
农村公路养护管理办法	2015/11/11	交通运输部	从养护资金、养护管理、法律责任等方面规范农村公路养护管理,促进农村公路可持续健康发展
关于推动"四好农村路"高质量发展的指导意见	2019/7/19	交通运输部、国家发展改革委、财政部、自然资源部、农业农村部、国务院扶贫办、国家邮政局、中华全国供销合作总社	以推动"四好农村路"高质量发展为主题,以深化供给侧结构性改革为主线,以实施补短板、促发展、助增收、提服务、强管养、重示范、夯基础、保安全"八大工程"为重点,以改革创新为根本动力,加快农村公路发展从规模速度型向质量效益型转变
交通运输部关于贯彻落实习近平总书记重要指示精神做好交通建设项目更多向进村入户倾斜的指导意见	2019/9/18	交通运输部	在完成全国具备条件的建制村通硬化路任务的基础上,巩固提升建设成果,集中推进撤并建制村等人口较大规模自然村(组)、抵边自然村等自然村(组)通硬化路。到2035年,基本实现人口规模较大且常住人口较多的自然村(组)通硬化路
农村公路中长期发展纲要	2021/2/22	交通运输部	推进农村公路建设项目更多向进村入户倾斜,构建广泛覆盖人口聚居的主要村庄、直接服务农民群众出行和农村生产生活的农村公路基础网络,进一步提高农村公路覆盖范围、通达深度和服务水平;打造平安农村路、美丽农村路,夯实农村公路交通安全基础,营造美丽宜人并具有文化氛围的农村交通出行环境
交通运输部关于巩固拓展交通运输脱贫攻坚成果全面推进乡村振兴的实施意见	2021/5/28	交通运输部	以推动交通提档升级、改善农村交通环境、提升运输服务供给、强化管理养护升级、加强组织文化建设为发展目标,实现到2025年全国乡镇通三级及以上公路比例、较大人口规模自然村(组)通硬化路比例、城乡交通运输一体化发展水平 AAAAA 级以上区县比例、农村公路优良中等路率均达到 85% 左右,基本实现具备条件的建制村通物流快递,基本完成2020年底存量四、五类危桥改造,农村交通管理体制机制基本健全,农村公路管理机构运行经费及人员基本支出纳入财政预算,县乡级农村公路管理养护责任有效落实

文件名称	发布日期	发文机关	相关内容
农村公路扩投资稳就业更好服务乡村振兴实施方案	2022/8/9	交通运输部、国家发展改革委、财政部、农业农村部、中国人民银行、国家乡村振兴局	实施农村公路骨干路网提档升级工程、农村公路基础路网延伸完善工程、农村公路安全保障能力提升工程、农村公路与产业融合发展工程、农村公路服务水平提升工程

附表8　近年来部分地区村容村貌整治提升相关支持政策

文件名称	发布日期	发文机关
村容镇貌和环境卫生管理办法	2006/3/20	山西省建设厅
西藏自治区村庄规划技术导则(试行)	2015/2/2	西藏自治区住房和城乡建设厅
广东省村容村貌整治提升工作指引(试行)	2018/6/28	广东省住房和城乡建设厅
贵州省村庄风貌指引导则(试行)	2018/11/8	贵州省住房和城乡建设厅
天津市村容村貌提升规划设计导则	2019/11/11	天津市规划和自然资源局
关于全面推进农房管控和乡村风貌提升的指导意见	2020/7/28	广东省人民政府
山西省农村人居环境"六乱"整治标准(试行)	2021/7/28	中共山西省委农村工作领导小组
湖北省推进农业农村现代化"十四五"规划	2021/9/30	湖北省人民政府
"美丽四川·宜居乡村"建设五年行动方案(2021~2025年)	2021/12/24	中共四川省委农村工作领导小组办公室
关于"十四五"开展农村人居环境整治提升行动扎实推进生态宜居美丽乡村建设的实施方案	2022/2/22	中共江苏省委办公厅、江苏省人民政府办公厅
甘肃省村容村貌提升导则	2022/3/9	甘肃省自然资源厅、甘肃省住房和城乡建设厅、甘肃省农业农村厅、甘肃省文化和旅游厅、甘肃省乡村振兴局
福建省农村人居环境整治提升行动实施方案	2022/4/8	中共福建省委办公厅、福建省人民政府办公厅

续表

文件名称	发布日期	发文机关
河北省农村人居环境整治提升五年行动实施方案（2021~2025年）	2022/4/8	中共河北省委办公厅、河北省人民政府办公厅
江西省农村人居环境整治提升五年行动实施方案	2022/4/11	中共江西省委办公厅、江西省人民政府办公厅
云南省农村人居环境整治提升五年行动实施方案（2021—2025年）	2022/4/25	中共云南省委办公厅、云南省人民政府办公厅
四川省加快农房和村庄建设现代化的实施方案	2022/5/13	四川省住房和城乡建设厅、四川省自然资源厅、四川省生态环境厅、四川省交通运输厅、四川省农业农村厅、四川省乡村振兴局

附表9 2011年、2016年、2021年全国村庄建设资金投入

单位：万元

建设项目	2011	2016	2021
村庄建设	62039053	83205738	102553936
道路桥梁	5595402	9913994	12665211
房屋建设	49880487	62007897	68987821
园林绿化	821453	1677266	1720108
环境卫生	851822	2390565	3694124

资料来源：《中国城乡建设统计年鉴》。

附表10 2021年各地区村庄建设资金投入

单位：万元

地区	村庄建设总投入	道路桥梁	房屋建设	园林绿化	环境卫生
北　　京	1432150	53887	853461	63017	177286
天　　津	352576	41588	170446	6489	29345
河　　北	3213236	685983	1692749	42032	125000
山　　西	2089966	132464	1635606	30523	68170
内　蒙　古	421394	64581	244987	7236	27046

地区	村庄建设总投入	道路桥梁	房屋建设	园林绿化	环境卫生
辽　宁	988383	175072	672869	11178	55527
吉　林	859607	221141	330002	20266	83463
黑龙江	549831	109442	340825	9042	39539
上　海	709636	103111	171367	35071	63200
江　苏	6177081	640417	4018310	212455	348481
浙　江	6190978	679936	4203176	168697	272599
安　徽	3879871	619789	2485534	97379	201248
福　建	4177807	354534	3222641	65572	141320
江　西	3791775	463413	2718094	72523	147648
山　东	10735372	841164	5928383	204841	411219
河　南	7386995	536386	5960507	120532	198381
湖　北	3535690	534626	2257990	109959	145186
湖　南	5475111	1366909	3492789	50063	135118
广　东	11495884	674609	8249539	101751	230918
广　西	3444606	702675	2330076	16633	88970
海　南	678334	78682	441246	9539	28702
重　庆	1606305	349190	987193	21366	55009
四　川	6017739	984991	4261304	46086	143025
贵　州	3179054	591257	2159087	20028	67881
云　南	5736639	470227	4684199	45434	107502
西　藏	1110601	284993	779872	7969	2978
陕　西	2316981	288804	1214140	42767	84761
甘　肃	1638078	258877	1074799	26511	66787
青　海	331549	50776	241172	3767	9938
宁　夏	500509	71233	300350	21183	41485
新　疆	2218690	185664	1709832	22552	63324
新疆兵团	311508	48790	155278	7648	33069

资料来源:《中国城乡建设统计年鉴》。

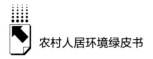

附表11　村容村貌整治提升相关地方标准

标准号	地区	标准名称	发布日期
DB32/T 1447-2009	江苏省	村庄绿化技术规程	2009/9/16
DB52/T 695-2010	贵州省	农村消防安全管理规程	2010/12/14
DB32/T 2933-2016	江苏省	农村(村庄)绿化管理与养护规范	2016/4/20
DB32/T 2926-2016	江苏省	农村(村庄)村容村貌管理与维护规范	2016/4/20
DB34/T 2633-2016	安徽省	美丽乡村　传统村落保护与利用	2016/6/15
DB51/T 2244-2016	四川省	农村公路路面典型结构设计指南	2016/8/18
DB14/T 1206-2016	山西省	乡村景观绿化技术规范	2016/9/18
DB61/T 1071-2017	陕西省	美丽乡村庭院建设规范	2017/7/6
DB52/T 1283-2018	贵州省	精准扶贫　农村"组组通"硬化路建设与管理养护规范	2018/8/14
DB34/T 3265-2018	安徽省	农村公路水泥混凝土路面常见病害处治规程	2018/12/29
DB61/T 1236-2019	陕西省	美丽乡村风貌整治规范	2019/3/25
DB33/T 2209-2019	浙江省	四好农村路	2019/7/9
DB34/T 3374-2019	安徽省	美丽乡村　村庄环境整治规范	2019/7/19
DB61/T 1270-2019	陕西省	农村人居环境　村容村貌治理要求	2019/10/29
DB52/T 1457-2019	贵州省	贵州省森林村寨建设标准	2019/12/3
DB34/T 3565-2019	安徽省	水环境优美乡村评价准则	2019/12//25
DB41/T 1935-2020	河南省	美丽农村路建设指南	2020/1/20
XJJ120-2020	新疆维吾尔自治区	农村村容村貌整治技术导则	2020/4/12
DB45/T 2139-2020	广西壮族自治区	美丽乡村　传统民居保护规范	2020/7/24
DB11/T 1778-2020	北京市	美丽乡村绿化美化技术规程	2020/12/14
DB32/T 3948-2020	江苏省	农村公路提档升级路面绿色技术施工规程	2020/12/15
DB23/T 2747-2020	黑龙江省	黑龙江省农村危房改造技术规程	2020/12/16
DB35/T 1970-2021	福建省	村容村貌管理与维护规范	2021/4/1
DB65/T 4395-2021	新疆维吾尔自治区	乡村绿化美化技术规范	2021/7/1
DB35/T 2011-2021	福建省	乡村绿化养护规范	2021/9/28
DB32/T 4205-2022	江苏省	乡村公共空间治理规范	2022/1/28
DB34/T 4097-2022	安徽省	农村公路桥梁设计与施工实施指南	2022/3/29
DB34/T 4104-2022	安徽省	乡村道路绿化设计规范	2022/3/29
DB50/T 1255-2022	重庆市	农家乐特色村落评定	2022/6/1

資料来源：https://std.samr.gov.cn/gb/search/gbAdvancedSearch。

中国农村人居环境标准体系建设研究

摘　要： 本文在梳理我国农村厕所、农村生活垃圾、农村生活污水和村容村貌4个农村人居环境子体系标准建设现状的基础上，分析发现我国农村人居环境标准体系建设存在标准数量较少、标龄普遍较长、标准发展不均衡等问题，最后从建立健全农村人居环境标准化法律法规、完善农村人居环境标准体系、持续加大标准制修订财政投入、强化标准体系专业人才队伍建设四方面提出政策建议。

关键词： 农村厕所　农村生活垃圾　农村生活污水　村容村貌　标准体系建设

加强农村人居环境标准体系建设是贯彻落实党中央、国务院关于推动农村人居环境整治工作的部署要求，也是进一步加快建设生态宜居美丽乡村的重要抓手，主要包括农村厕所、农村生活垃圾、农村生活污水、村容村貌等方面。强化健全的标准体系应用，有利于规范指导、全面保障农村人居环境整治，推动农村人居环境整治提升规范化、标准化，助力乡村振兴战略实施。

一　农村人居环境标准体系建设现状

2021年1月，国家市场监管总局、生态环境部等部门印发的《关于推动农村人居环境标准体系建设的指导意见》（以下简称《指导意见》）已明

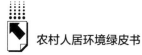
确指出我国农村人居环境标准体系包括三个层级，第一层级为子体系，分别是综合通用、农村厕所、农村生活垃圾、农村生活污水和农村村容村貌；第二层级为具体要素，包括综合通用 6 个、农村厕所 4 个、农村生活垃圾 4 个、农村生活污水 3 个、农村村容村貌 5 个；第三层级为细化分类的标准要素（见图 1）。基于《指导意见》，标准体系主要对农村人居环境国家标准、行业标准进行归纳，相关标准包括农村厕所 36 项、农村生活垃圾 55 项、农村生活污水 58 项、农村村容村貌 30 项。

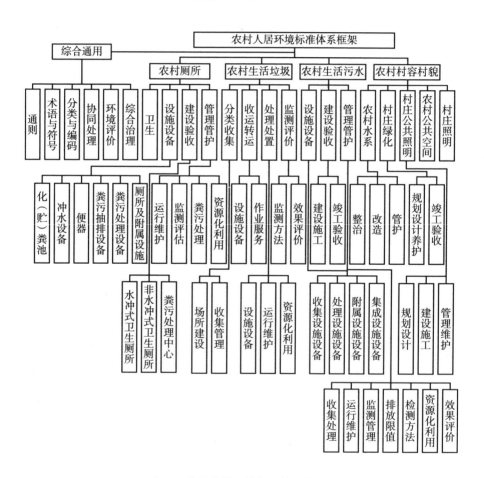

图 1 农村人居环境标准体系框架

（一）农村厕所相关标准

卫生方面包括 2 个国家标准 GB7959-2012《粪便无害化卫生要求》、GB19379-2012《农村户厕卫生规范》和 1 个国家推荐标准 GB/T9981-2012《农村住宅卫生规范》，涉及粪便无害化卫生要求限值、粪便处理卫生质量的检测检验方法、农村户厕卫生要求及卫生评价方法等方面内容。设施设备在化（贮）粪池、冲水设备、便器、粪污抽排设备、粪污处理设备、厕屋及附属设施方面均有相关标准，但下设层级的标准数量、标准类型差异较大，专门针对农村厕所设施设备的标准较少，标准的针对性不强，应加快制修订相关标准。建设验收方面，有水冲式卫生厕所、非水冲式卫生厕所和粪污处理中心的相关标准，但需要针对性开展制修订工作，特别是要推进编制农村卫生旱厕建设技术规范和农村厕所粪污集中处理中心建设技术规范。管理管护下设层级关于厕所粪污处理的标准较少，暂无专门的粪污处理和资源化利用标准，运行维护方面只有 GB/T38837-2020《农村三格式户厕运行维护规范》是专门的农村厕所维护标准，农村厕所运行维护、监测评估、粪污处理和资源化利用等方面的相关标准均应进行制修订，以满足农村厕所维护与服务、粪污处理的现实需要。

表 1　子体系一——农村厕所

第一层级	第二层级	第三层级	相关标准
农村厕所	卫生		GB7959-2012《粪便无害化卫生要求》 GB19379-2012《农村户厕卫生规范》 GB/T9981-2012《农村住宅卫生规范》 GB/T17217-2021《公共厕所卫生规范》
	设施设备	化（贮）粪池	GB/T38836-2020《农村三格式户厕建设技术规范》 GB/T38838-2020《农村集中下水道收集户厕建设技术规范》
		冲水设备	CQC3207-2016《机械式便器冲洗阀节水认证技术规范》 CQC3208-2009《技术方法标准非接触式便器冲洗阀认证技术规范》 CQC3209-2016《压力冲洗水箱节水认证技术规范》

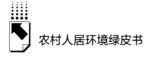

第一层级	第二层级	第三层级	相关标准
农村厕所	设施设备	便器	GB5502-2017《坐便器水效限定值及水效等级》
			JC/T764-2008《坐便器坐圈和盖》
			JC/T2118-2012《坐便器排污口密封装置》
			JC/T2332-2015《坐便器移位器》
			JC/T2425-2017《坐便器安装规范》
		粪污抽排设备	NY/T1917-2010《自走式沼渣沼液抽排设备技术条件》
			NY/T2855-2015《自走式沼渣沼液抽排设备试验方法》
		粪污处理设备	CJ/T489-2016《塑料化粪池》
			CJ/T409-2012《玻璃钢化粪池技术要求》
			CJ/T2460-2018《预制钢筋混凝土化粪池》
		厕屋及附属设施	GB/T4750-2016《户用沼气池设计规范》
			GB/T4752-2016《户用沼气池施工操作规程》
			GB/T7636-1987《农村家用沼气管路设计规范》
			GB/T7637-1987《农村家用沼气管路施工安装操作规程》
			NY/T2451-2013《户用沼气池运行维护规范》
			NY/T1639-2008《农村沼气"一池三改"的技术规范》
			CJ/T78-2011《活动厕所》
	建设验收	水冲式卫生厕所	GB50445-2008《村庄整治技术规范》
			GB/T38836-2020《农村三格式户厕建设技术规范》
			GB/T38838-2020《农村集中下水道收集户厕建设技术规范》
			GB/T38353-2019《农村公共厕所建设与管理规范》
		非水冲式卫生厕所	GB/T18092-2008《免水冲卫生厕所》
		粪污处理中心	CJJ64-2009《粪便处理厂设计规范》
			CJJ/T211-2014《粪便处理厂评价标准》
	管理管护	运行维护	CJJ30-2009《粪便处理厂运行维护及安全技术规程》
			GB7959-2012《粪便无害化卫生要求》
			GB19379-2012《农村户厕卫生规范》
			GB/T38837-2020《农村三格式户厕运行维护规范》
		监测评估	GB14554-93《恶臭污染物排放标准》
			GB/T18973-2016《旅游厕所质量等级的划分与评定》
			GB7959-2012《粪便无害化卫生要求》
			GB19379-2012《农村户厕卫生规范》
			GB/T28888-2012《下水道及化粪池气体监测技术要求》
		粪污处理	/
		资源化利用	/

（二）农村生活垃圾相关标准

农村生活垃圾高效处理的前提是科学地进行分类，分类收集下设层级"收集管理"相关标准较齐全，特别是国务院办公厅2017年发布《生活垃圾分类制度实施方案》（国办发〔2017〕26号）以来，基本建立了包括垃圾分类标志、处理导则、计算及预测方法、不同垃圾的收集利用技术等内容的垃圾分类标准体系，但是农村生活垃圾"场所建设"相关的标准较少，生活垃圾收集站点的建设规范（技术要求）亟待编制。现有城市生活垃圾收运转运的标准较为完善，对农村生活垃圾收运转运的设施设备和作业服务标准的制修订具有重要参考意义，同时要加快推进适宜农村地区的垃圾转运设备、车辆、站点建设等标准编制。处理处置方面相关的标准较多，以城镇建设工程行业标准为主，只有GB/T37066-2018《农村生活垃圾处理导则》和GB/T51435-2021《农村生活垃圾收运和处理技术标准》是明确的农村生活垃圾处理标准，诸如农村生活垃圾和农业生产有机废弃物资源化利用、协同处理的标准有待研制。监测评价相关标准当前也主要是城镇建设工程行业标准，对农村生活垃圾治理的监测评价具有一定指导作用，但农村生活垃圾治理监测方法和效果评价方面的标准亟待补充。

表2　子体系二——农村生活垃圾

第一层级	第二层级	第三层级	相关标准
农村生活垃圾	分类收集	场所建设	HJ574-2010《农村生活污染控制技术规范》 CJJ27-2012《环境卫生设施设置标准》
		收集管理	GB/T19095-2019《生活垃圾分类标志》 GB50445-2008《村庄整治技术规范》 GB/T37066-2018《农村生活垃圾处理导则》 GB/T25175-2010《大件垃圾收集和利用技术要求》 HJ-BAT-9《村镇生活污染防治最佳可行技术指南》 CJ/T106-2016《生活垃圾产生量计算及预测方法》 CJJ/T102-2004《城市生活垃圾分类及其评价标准》 JB/T13166-2017《餐厨垃圾自动分选系统技术条件机械标准》 T/HW00001-2018《生活垃圾分类投放操作规程》

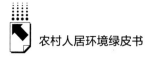

续表

第一层级	第二层级	第三层级	相关标准
农村生活垃圾	收运转运	设施设备	CJJ179-2012《生活垃圾收集站技术规程》 CJ/T496-2016《垃圾专用集装箱》 QC/T935-2013《餐厨垃圾车》 QC/T936-2013《车厢可卸式垃圾车》 JB/T13865-2020《三轮汽车车厢可卸式垃圾车》 T/HW00002-2018《大件垃圾集散设施设置标准》
		作业服务	GB/T37066-2018《农村生活垃圾处理导则》 GB/T51435-2021《农村生活垃圾收运和处理技术标准》 CJJ205-2013《生活垃圾收集运输技术规程》 CJJ109-2006《生活垃圾转运站运行维护技术规程》 T/HW00014-2020《装修垃圾收运技术规程》
	处理处置	设施设备	GB51220-2017《生活垃圾卫生填埋场封场技术规范》 GB/T51403-2021《生活垃圾卫生填埋场防渗系统工程技术标准》 GB/T34552-2017《生活垃圾流化床焚烧锅炉》 GB/T28739-2012《餐饮业餐厨废弃物处理与利用设备》 CJJ113-2007《生活垃圾卫生填埋场防渗系统工程技术规范》 CJJ90-2009《生活垃圾焚烧处理工程技术规范》 CJJ/T47-2016《生活垃圾转运站技术规范》 CJJ/T264-2017《生活垃圾渗沥液膜生物反应处理系统技术规程》 CJ/T505-2017《一体化好氧发酵设备》 CJ/T280-2020《塑料垃圾桶通用技术条件》 T/CNHA1007-2017《家庭厨余垃圾处理器》
		运行维护	GB55012-2021《生活垃圾处理处置工程项目规范》 GB50445-2008《村庄整治技术规范》 GB50869-2013《生活垃圾卫生填埋处理技术规范》 GB/T37066-2018《农村生活垃圾处理导则》 GB/T51435-2021《农村生活垃圾收运和处理技术标准》 CJJ128-2017《生活垃圾焚烧厂运行维护与安全技术标准》 CJJ90-2009《生活垃圾焚烧处理工程技术规范》 CJJ86-2014《生活垃圾堆肥处理厂运行维护技术规程》 CJJ231-2015《生活垃圾焚烧厂检修规程》 CJJ/T270-2017《生活垃圾焚烧厂标识标志标准》 CJJ184-2012《餐厨垃圾处理技术规范》 CJJ150-2010《生活垃圾渗沥液处理技术规范》 CJJ/T134-2019《建筑垃圾处理技术标准》

第一层级	第二层级	第三层级	相关标准
农村生活垃圾	处理处置	资源化利用	GB50869-2013《生活垃圾卫生填埋处理技术规范》 GB/T25180-2010《生活垃圾综合处理与资源利用技术要求》 GB/T37515-2019《再生资源回收体系建设规范》 CJJ52-2014《生活垃圾堆肥处理技术规范》 SB/T10719-2012《再生资源回收站点建设管理规范》 T/CRRA0101-2016《再生资源回收、分选和拆解作业劳动保护要求》 T/HW00007-2020《大件垃圾处理技术规程》
	监测评价	监测方法	GB16889-2008《生活垃圾填埋场污染控制标准》 GB18485-2014《生活垃圾焚烧污染控制标准》 CJJ/T212-2015《生活垃圾焚烧厂运行监管标准》 CJJ/T213-2016《生活垃圾卫生填埋场运行监管标准》 CJJ/T213-2016《生活垃圾卫生填埋场运行监管标准》
		效果评价	CJJ/T137-2010《生活垃圾焚烧厂评价标准》 CJJ/T156-2010《生活垃圾转运站评价标准》 CJJ/T172-2011《生活垃圾堆肥厂评价标准》 CJJ/T102-2004《城市生活垃圾分类及其评价标准》 CJJ/T107-2019《生活垃圾填埋场无害化评价标准》

（三）农村生活污水相关标准

农村生活污水收集、处理、附属及集成设施设备均有相关标准，其中集成类设施设备标准较多，如 CJ/T355-2010《小型生活污水处理成套设备》、CJ/T441-2013《户用生活污水处理装置》。建设施工方面的标准主要为给排水标准和城镇污水施工验收标准，除 GB/T37071-2018《农村生活污水处理导则》和 GB/T51347-2019《农村生活污水处理工程技术标准》外，缺乏农村生活污水处理建设施工、竣工验收标准，人工湿地污水处理工程、污水氧化塘、土壤渗滤系统等的技术规范也亟待研制。管理管护标准 7 个方面均有相关标准，但是针对性和相关性差异明显；收集处理的设计规范、技术规程、具体方法较为完善；运行维护标准较欠缺，现有标准只针对个别类型的农村生活污水治理设施；监测管理和监测方法可参照的环保卫生部门标准较

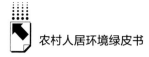

多，但针对农村生活污水治理实际的标准有待补充完善；排放限值、资源化利用及效果评价方面的标准也需要开展针对性制修订工作。

表3 子体系三——农村生活污水

第一层级	第二层级	第三层级	相关标准
农村 生活污水	设施设备	收集设施设备	GB/T26624-2011《畜禽养殖污水贮存设施设计要求》 HJ574-2010《农村生活污染控制技术规范》
		处理设施设备	GB50445-2008《村庄整治技术规范》 GB/T28742-2012《污水处理设备安全技术规范》 GB/T28743-2012《污水处理容器设备通用技术条件》
		附属设施设备	GB/T24674-2021《污水污物潜水电泵》 NY/T2597-2014《生活污水净化沼气池标准图集》 CJ/T262-2016《给水排水直埋式闸阀》
		集成设施设备	HJ2527-2012《环境保护产品技术要求膜生物反应器》 HJ2528-2012《环境保护产品技术要求中空纤维膜生物反应器组器》 CJJ/T163-2011《村庄污水处理设施技术规程》 CJ/T355-2010《小型生活污水处理成套设备》 CJ/T441-2013《户用生活污水处理装置》 NB/T34011-2012《生物质气化集中供气污水处理装置技术规范》 T/CCPITCUDC-001-2021《小型生活污水处理设备标准》 T/CCPITCUDC-002-2021《小型生活污水处理设备评估认证规则》
	建设验收	建设施工	GB50265-2010《泵站设计规范》 GB50141-2008《给水排水构筑物工程施工及验收规范》 GB50268-2008《给水排水管道工程施工及验收规范》 GB51221-2017《城镇污水处理厂工程施工规范》 GB50014-2006《室外排水设计规范》 GB50015-2003《建筑给水排水设计规范》 GB/T37071-2018《农村生活污水处理导则》 GB/T51347-2019《农村生活污水处理工程技术标准》 CJJ123-2008《镇（乡）村给水工程技术规程》 CJJ124-2008《镇（乡）村排水工程技术规程》 CJJ/T54-2017《污水自然处理工程技术规程》 NY/T2597-2014《生活污水净化沼气池标准图集》 NY/T2601-2014《生活污水净化沼气池施工规程》 NY/T1639-2008《农村沼气"一池三改"的技术规范》 NY/T2601-2014《生活污水净化沼气池施工规程》 建标148-2010《小城镇污水处理工程建设标准》

第一层级	第二层级	第三层级	相关标准
农村生活污水	建设验收	竣工验收	GB50203-2019《砌体工程施工质量验收规范》 GB50204-2015《混凝土结构工程质量验收规范》 GB50141-2008《给水排水构筑物工程施工及验收规范》 GB50268-2008《给水排水管道工程施工及验收规范》 GB50334-2017《城镇污水处理厂工程质量验收规范》 CJJ124-2008《镇(乡)村排水工程技术规程》
	管理管护	收集处理	GB50963-2014《硫酸—磷肥生产污水处理设计规范》 GB50747-2012《石油化工污水处理设计规范》 GB/T51347-2019《农村生活污水处理工程技术标准》 GB/T51347-2019《农村生活污水处理工程技术标准》 NY/T1702-2009《生活污水净化沼气池技术规范》 HJ576-2010《厌氧—缺氧—好氧活性污泥法污水处理工程技术规范》 HJ577-2010《序批式活性污泥法污水处理工程技术规范》 HJ2009-2011《生物接触氧化法污水处理工程技术规范》 HJ2010-2011《膜生物法污水处理工程技术规范》 HJ-BAT-9《村镇生活污染防治最佳可行技术指南》 CJ343-2010《污水排入城镇下水道水质标准》 JB/T6932-2010《生物接触氧化法生活污水净化器》
		运行维护	GB/T51347-2019《农村生活污水处理工程技术标准》 NY/T2602-2014《生活污水净化沼气池运行管理规程》 TCCPITCUDC-003-2021《村庄生活污水处理设施运行维护技术规程》
		监测管理	GB/T51347-2019《农村生活污水处理工程技术标准》 GB/T38549-2020《农村(村庄)河道管理与维护规范》
		排放限值	GB18918-2002《城镇污水处理厂污染物排放标准》 GB8978-1996《污水综合排放标准》 GB4284-2018《农用污泥中污染物控制标准》 GB14554-93《恶臭污染物排放标准》 GB/T11730-1989《农村生活饮用水量卫生标准》
		监测方法	HJ/T91-2021《地表水和污水监测技术规范》
		资源化利用	GB5084-2021《农田灌溉水质标准》 GB20922-2007《城市污水再生利用农田灌溉用水水质》 GB11607-1989《渔业水质标准》 GB/T18921-2002《城市污水再生利用景观环境用水水质》 GB/T18920-2002《城镇污水再生利用城市杂用水水质》
		效果评价	GB/T40201-2021《农村生活污水处理设施运行效果评价技术要求》

（四）村容村貌相关标准

农村水系治理包括整治、改造和管护三个方面，农村水系整治和农村水系改造涵盖农村河道、坑塘沟渠的整顿治理，暂无专门的标准、技术规范。农村水系管护标准 GB/T38549-2020《农村（村庄）河道管理与维护规范》，规定了农村（村庄）河道管护的总则，以及管护范围、管护人员、管护内容及要求、评价与改进，但是坑塘沟渠的管护标准还需加快编制。村庄绿化方面，现有林业标准 LY/T2645-2016《乡村绿化技术规程》规定了乡村绿化的范围、功能和技术要求，适用于全国范围除城市建成区、建制镇以外的乡村绿化，但是缺乏具体的村庄绿化养护标准。村庄公共照明标准包括规划设计、建设施工、管理维护三个方面，可参照 JGJ16-2008《民用建筑电气设计规范》、GB50057-2010《建筑物防雷设计规范》、CJJ89-2012《城市道路照明工程施工及验收规程》等标准制修订村庄公共照明技术规范。农村公共空间类型多样，相关标准也较多，如 GB51143-2015《防灾避难场所设计规范》、GB/T41375-2022《农村文化活动中心建设与服务规范》。村庄保洁标准包括 GB/T41373-2022《农村环卫保洁服务规范》、GB/T9981-2012《农村住宅卫生规范》、NY/T2093-2011《农村环保工》等，可进一步探索对农村庭院环境卫生的规范化管理。

表4　子体系四——村容村貌

第一层级	第二层级	第三层级	相关标准
村容村貌	农村水系	整治	GB3838-2002《地表水环境质量标准》 GB5749-2011《生活饮用水卫生标准》 GB/T14848-2017《地下水质量标准》 GB/T50181-2018《洪泛区和蓄滞洪区建筑工程技术标准》
		改造	GB50201-2014《防洪标准》 GB50288-2018《灌溉与排水工程设计规范》 GB50014-2006《室外排水设计规范》
		管护	GB51222-2017《城镇内涝防治技术规范》 GB/T50445-2019《村庄整治技术标准》 GB/T38549-2020《农村（村庄）河道管理与维护规范》

第一层级	第二层级	第三层级	相关标准
村容村貌	村庄绿化	规划设计	GB/T50445-2019《村庄整治技术标准》 LY/T2645-2016《乡村绿化技术规程》
		养护	LY/T2646-2016《城乡结合部绿化技术指南》
	村庄公共照明	规划设计	GB50592-2013《农村民居雷电防护工程技术规范》 JGJ16-2008《民用建筑电气设计规范》 JGJ242-2011《住宅建筑电气设计规范》
		建设施工	GB50057-2010《建筑物防雷设计规范》 GB50601-2010《建筑物防雷工程施工与质量验收规范》
		管理维护	GB50601-2010《建筑物防雷工程施工与质量验收规范》 GB/T15659-2014《水电新农村电气化验收规程》 CJJ89-2012《城市道路照明工程施工及验收规程》
	农村公共空间		GB50039-2010《农村防火规范》 GB50016-2014《建筑设计防火规范》 GB50007-2011《建筑地基基础设计规范》 GB51143-2015《防灾避难场所设计规范》 GB50445-2008《村庄整治技术规范》 GB/T35624-2017《城镇应急避难场所通用技术要求》 GB/T50445-2019《村庄整治技术标准》 GB/T41375-2022《农村文化活动中心建设与服务规范》
	村庄保洁		GB18055-2012《村镇规划卫生规范》 GB/T41373-2022《农村环卫保洁服务规范》 GB/T9981-2012《农村住宅卫生规范》 NY/T2093-2011《农村环保工》

二　存在的问题

（一）标准数量较少，部分工作缺乏指导

《指导意见》明确了五大方面三个层级的农村人居环境标准体系框架，但是具体到五大方面的现行国家标准和行业标准数量较少，部分工作缺乏标准文件指导，影响农村人居环境进一步整治提升工作的开展。从综合通

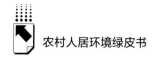

用标准来看，下设的通则、协同处理和综合治理的标准缺失，通用的农村人居环境评价标准亟待制修订。农村厕所方面，化（贮）粪池标准只有GB/T38836-2020《农村三格式户厕建设技术规范》1项，其他类型的化（贮）粪池标准缺少；冲水设备、便器、粪污抽排设备、粪污处理设备、粪污处理中心、资源化利用均以参考性的行业标准和国家质量认证的相关产品为主，缺少针对性的标准。农村生活垃圾方面，垃圾分类收集管理的标准较完善，但缺乏场所建设标准；收运转运设施设备可参考标准较多，但缺乏基于农村生活垃圾户收集、村转运、县处理实际的标准；处理处置方面，针对农村偏远地区和居民分散居住地区如何运行维护和资源化利用的标准缺失；监测评价标准未成系统，现有标准主要针对处理环节，缺乏收集和转运过程的监测评价标准。农村生活污水设施设备方面缺乏针对单户、多户的收集及处理设备专用标准；建设验收方面可借鉴的国标和行标较多，但只有GB/T51347-2019《农村生活污水处理工程技术标准》、GB/T37071-2018《农村生活污水处理导则》是专门针对农村生活污水的；管理管护下设的监测管理、监测方法、效果评价标准缺少。村容村貌涉及面广，现有标准缺乏针对农村塘堰沟渠改造及管护、村庄绿化设计及养护、村庄公共照明设计及施工维护的标准，且现有标准内容比较单一，缺乏综合性，如农村公共空间与村庄公共照明、村庄绿化与村庄保洁可融合制定综合性标准。

（二）标准制修订驱动力不足，标龄普遍较长

我国农村人居环境标准制修订驱动力不足，标准制修订周期较长，标龄以10年左右为主，超过20年标龄的标准也占一定比例。具体来看，农村厕所相关标准33项，平均标龄10.15年，只有8项为5年内实施的，超过5年不足10年的14项，超过10年不足15年的8项，还有3项超过20年，即标龄超过10年的标准占1/3，农村厕所相关标准以5到15年标龄为主。农村生活垃圾相关标准54项，平均标龄7.44年，5年内实施的有22项，超过5年不足10年的19项，超过10年不足15年的11项，20年以上的2项，5

到 15 年标龄的标准占比为 55.56%；农村生活污水相关标准 56 项，平均标龄 10.86 年，5 年内实施的 15 项，超过 5 年不足 10 年的 13 项，超过 10 年不足 15 年的 19 项，超过 15 年不足 20 年的 2 项，还有 7 项超过 20 年，5 到 15 年标龄的标准占比为 57.14%；村容村貌相关标准 30 项，平均标龄 8.47 年，5 年内实施的有 9 项，超过 5 年不足 10 年的 10 项，超过 10 年不足 15 年的 9 项，超过 15 年不足 20 年的 1 项，1 项超过 20 年。综合来看，173 项标准平均标龄为 9.24 年，制修订周期漫长，超过 5 年不足 10 年的标准占比为 32.37%，其次是占比 31.21% 的"5 年内实施标准"和占比 27.17% 的"超过 10 年不足 15 年标准"。

（三）标准发展不均衡，板块和地区差异大

从农村人居环境相关国标和行标来看，首先是第一层级五大方面标准数量差异较大，综合通用标准缺少，明显少于其余四个方面，而农村生活垃圾和农村生活污水的标准则显著多于农村厕所和村容村貌。其次是第二层级具体要素标准制修订数量不均衡，如农村厕所"厕屋及附属设施"方面有 GB/T38838-2020《农村集中下水道收集户厕建设技术规范》、GB/T4750-2016《户用沼气池设计规范》等 8 项相关标准，而"粪污处理"和"资源化利用"均只有 1 项相关标准；农村生活污水"建设施工"方面有 GB50265-2010《泵站设计规范》、GB50015-2003《建筑给水排水设计规范》等 10 项相关标准，而"收集设施设备""监测管理""监测方法""效果评价"均只有 1~2 项标准。

从地方标准（简称"地标"）来看，不同地区制修订农村人居环境地标数量差异较大。根据全国标准信息公共服务平台检索统计，农村厕所地方标准最多的是山东省，有 5 项，其次是江苏、浙江、重庆均有 3 项，北京、吉林、山西均有 2 项，其余省区市最多只有 1 项；农村生活污水地标最多的是宁夏和江西，均为 6 项，其次是北京和山东 3 项，安徽、贵州、江苏、辽宁、山西、陕西、四川、天津、浙江、重庆均有 2 项，其余省区市最多只有 1 项；农村生活垃圾地标最多的是黑龙江有 5 项，其次是宁夏 3 项，安徽、

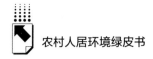

广西、江苏、山东、浙江均为 2 项，另有 9 个省市区为 1 项；村容村貌地标数量较多，共有 103 项，最多的是山东和江苏，分别有 10 项和 9 项，贵州、黑龙江、宁夏和浙江均有 6 项，另有 9 个省市区为 1 项。地标的地区差异不仅在省级层面存在，在地市一级差异更大，少数地市制定了 5 项以上相关地标，而大多数地市并未制定地标。

三　建议与对策

（一）建立健全农村人居环境标准化法律法规

目前，我国实施的《中华人民共和国环境保护法》《中华人民共和国乡村振兴促进法》《中华人民共和国水污染防治法》《中华人民共和国畜牧法》《畜禽养殖污染防治管理办法》《关于推进农业废弃物资源化利用试点的方案》等法律法规或多或少涉及农村人居环境，主要包括排污标准、废弃物综合利用设施支持政策等，集中在农业农村污染源方面，鲜有法律法规对农村人居环境标准化进行专门引导。我国应加快制定出台相关法律法规，鼓励地方法规出台应用，建立健全农村生活污水、垃圾等管理制度，使农村人居环境整治提升标准化有法可依，为广大农村居民的切身利益提供坚实的法律保障。一方面，结合我国实际，制定关于农村人居环境治理标准化的法律，明确相关主体和政府有关部门的权力和责任，确保农业、生态、劳动保障、教育、科技和财政等相关部门在职责范围内切实做好农村人居环境治理与保护的保障工作。另一方面，制定部门规章、地方性法规以及政策实施细则，依法开展相关产品质量和项目质量标准化监管，强化考核激励，严守质量安全底线，促使农村人居环境治理工作标准化、制度化，提升各部门的协作合力，为农村人居环境治理各环节提供标准化、专业化的指导服务，将改善提升农村人居环境作为省市县各级政府职能部门实施乡村振兴战略实绩考核的指标之一，从顶层设计上保障农村人居环境治理工作顺利开展。

（二）完善农村人居环境标准体系

农村人居环境标准体系不够完善、标龄过长，一定程度上影响了农村人居环境整治提升实效。应依托科研院所、大学、企业等单位，针对农村人居环境治理、保护、监测评价的关键技术环节和相关产品应用的技术难点进行攻关，在提升科技含量的同时，总结经验做法，推动相关标准的制修订。一是加快农村厕所冲水设备、便器、粪污抽排设备、粪污处理设备、粪污处理中心、资源化利用的标准制修订工作，特别是明确相关设施设备质量标准及资源化利用参数、指标要求。二是加快制修订农村生活垃圾场所建设和监测评价标准，特别是农村生活垃圾分类、减量标准，以及就近就地处理的农村有机废弃物标准，要重视制定农村偏远地区和居民分散居住地区生活垃圾资源化利用标准。三是加快制定农村生活污水针对单户、多户的收集及处理设备专用标准，制修订监测管理、监测方法、效果评价标准，规范农村生活污水达标排放和资源化利用。四是加快制修订农村塘堰沟渠改造及管护、村庄绿化设计及养护、村庄公共照明设计及施工维护等村容村貌提升标准，以及农村公共空间与村庄公共照明、村庄绿化与村庄保洁的综合性标准。更重要的是，鉴于我国幅员辽阔，应根据各省区市实际情况，着重加强各地区地方标准的制修订工作，从而构建起完善的农村人居环境标准体系。另外，营造舆论氛围，以多种形式宣传农村人居环境标准，逐步提高各界人士的标准化意识，增强参与主体严格根据标准开展工作的积极性和主动性，推动全国农村人居环境管理信息化建设。

（三）持续加大标准制修订财政投入

经费投入是指引农村人居环境治理标准体系建设的重要因素，需要进一步加大财政资金的投入力度和完善相关支持政策，不断拓宽农村人居环境治理标准体系建设的投入渠道，构建起多层次、全方位的支持投入体系。一是中央财政和省级财政应根据区域农村人居环境现状及地方经济发展水平，持续安排中央预算内投资，完善"地方为主、中央适当奖补"的政府投入机

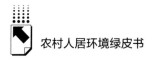

制，建立健全资金使用管理的保障机制，保障农村人居环境标准体系建设资金投入。二是地方各级政府设立农村人居环境标准制修订专项运行经费，加强经费使用和运行绩效监管，协调农村人居环境治理地方标准的制修订工作，充分发挥政府财政资金的引导作用和宣传作用，从多个方面筹措经费，鼓励科研院所、金融机构、龙头企业、社会团体及个人共同参与到农村人居环境治理标准体系建设中来，建立健全政府财政拨款引导、企业投入、社会组织合理分担的多渠道、多形式、多层次的资金投入机制，提供持续性资金保障。

（四）强化标准体系专业人才队伍建设

农村人居环境治理标准体系涉及农村厕所、农村生活污水、农村生活垃圾、农村村容村貌等多个方面，包括项目建设、管理、维护、监测等多个层次，涉及建材、建筑、水利、园艺、环保、卫生等领域，应持续加强相关专业技术人才队伍建设和培训培育，可通过专家一对多培训、课堂理论讲解、实地指导等形式，着重提高农村人居环境标准体系人才队伍的业务素质。一方面，优化整合培训资源，探索创新培训培育的形式方法，不仅要进行课堂理论教学、书本宣贯，还要到农村人居环境整治提升的一线开展灵活的培训，由政府部门主导，企业及各类农村经济组织广泛参与，借用网络等信息载体多方位开展。另一方面，在教学团队的组织上，可以成立由多领域专家、技术操作人员和一线管理人员组成的教学团队，运用"线上+线下"的教学方式，适时更新培训课程，既要让人才队伍精于专业技能，也要掌握最新政策动向，切实提升农村人居环境标准体系建设队伍的综合素质。

G.9
中国农村人居环境质量监测现状研究

摘　要： 本文在梳理我国农村厕所和农村生活污水质量监测现状的基础上，分析发现我国农村人居环境质量监测存在顶层设计不到位、技术体系不健全、监测结果支撑不足等问题，最后从建立健全农村人居环境质量监测工作机制、加大相关政策扶持力度、加强农村人居环境质量监测平台建设、完善农村人居环境质量监测技术体系、提升农村人居环境质量监测能力等方面提出对策建议。

关键词： 农村人居环境　农村厕所　农村生活污水　质量监测

农村人居环境质量稳步提升关系到农村居民的根本福祉，逐步完善农村人居环境质量监测体系是改善农村人居环境的关键点，是理顺机制体制、健全监测技术体系、精准破解农村人居环境质量提升症结的主要手段，也是未来几年农业农村生态文明建设的重要内容。但是，我国目前农村人居环境质量还有较大提升空间，特别是质量监测体系不完善，未充分发挥出质量监测的监督、规范和保障作用，相关协调工作机制也有待进一步完善。因此，本文在梳理我国农村人居环境质量监测现状的基础上，总结分析当前监测工作面临的主要问题，并提出进一步健全我国农村人居环境质量监测体系、推动农村人居环境整治提升的政策建议。

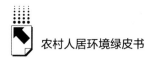

一 农村人居环境质量监测现状

（一）农村厕所质量监测

我国农村厕所革命处于升级改造、不断优化的阶段，仍有近30%的农村厕所需要改造，更重要的是如何确保如此庞大数量的已改造厕所和待改造厕所的质量，真正提升广大农村居民的获得感、幸福感。为此，中农办等七部门专门发布《关于提高农村改厕工作质量的通知》（中农发〔2019〕15号），针对性提出"严把"农村改厕质量的十大"关"。《农村人居环境整治提升五年行动方案（2021～2025年）》（以下简称"五年行动方案"）也强调：切实提高改厕质量，严格执行标准，把标准贯穿于农村改厕全过程，加强生产流通领域农村改厕产品质量监管，把好农村改厕产品采购质量关，强化施工质量监管。部分省（自治区、直辖市）也出台了考核监测相关规范、标准等文件保障农村改厕质量，相关学者也从定性、定量角度对农村改厕质量监测做了大量研究。

1. 标准参数要求

GB19379-2012《农村户厕卫生规范》、GB7959-2012《粪便无害化卫生要求》、GB/T38353-2019《农村公共厕所建设与管理规范》等国家标准规定了农村户用厕所卫生要求及卫生评价方法、粪便无害化卫生要求限值、粪便处理卫生质量监测检验方法、农村公共厕所建设管理等内容，是农村厕所质量监测的重要依据。如GB19379-2012《农村户厕卫生规范》规定厕屋面积$\geq 1.2m^2$，有通风、防蚊蝇措施，人工照明$\geq 40lx$；卫生指标方面，成蝇0只，蝇蛆0尾，臭味强度≤ 2级，氨（NH_3）$\leq 0.3mg/m^3$，窗地面积比$\geq 1/8$，粪大肠杆菌值湿式设施大于10^{-4}、干式设施大于10^{-2}，沙门氏菌不得检出。GB7959-2012《粪便无害化卫生要求》对好氧发酵（高温堆肥）、厌氧与兼性厌氧消化、密封贮存处理、粪便"脱水干燥、粪尿分集处理"的卫生指标进行了规定，如好氧发酵（高温堆肥）蛔虫卵死亡率$\geq 95\%$，粪大肠杆菌值≥10^{-2}，沙门氏菌不得检出。GB/T38353-2019《农村公共厕所建设与管理规范》规定农村公共厕所厕屋男女厕位比宜为1∶1.5或1∶2；墙壁应采用明亮、光滑、便于清洗的材料；地面应采用防渗、防滑的材料；应在明显位置公示监督投诉电话、服务规范、当班保洁人员姓名；应在明显位置设置文明如厕提醒牌。

另外，本文通过地方标准信息服务平台（SAC）检索出了28个省级、11个地市级农村厕所标准，这些标准规定了农村户用厕所、公共厕所、乡村旅游厕所的建设管理规范、改造技术规范、净化处理技术、疫情防控技术、管理与服务等方面的内容，贴合各地区实际，也是监测评价农村厕所质量的重要支撑（见表1）。

表1　农村厕所质量监测地方标准

序号	状态	地区	实施日期	序号	状态	地区	实施日期
1	DB34/T3003-2016《乡村旅游厕所管理与服务要求》	安徽省	2016/3/2	6	DB43/T1715-2019《乡村旅游厕所建设与服务管理规范》	湖南省	2020/3/1
2	DB11/T1811-2020《厨房、厕浴间防水技术规程》	北京市	2021/4/1	7	DB22/T5001-2017《农村户厕改造技术标准》	吉林省	2017/9/4
3	DB11/T597-2018《农村公厕、户厕建设基本要求》	北京市	2019/4/1	8	DB22/T3232-2021《农村户用卫生旱厕建设技术规范》	吉林省	2021/6/15
4	DB45/T2067-2019《美丽乡村无害化公共卫生厕所建设与维护规范》	广西壮族自治区	2020/1/30	9	DB32/T3761.10-2020《新型冠状病毒肺炎疫情防控技术规范第10部分:公共厕所》	江苏省	2020/2/25
5	DB42/T1495-2019《农村无害化厕所建造技术指南》	湖北省	2019/3/1	10	DB32/T2934-2016《农村（村庄）公共厕所管理与维护规范》	江苏省	2016/6/20

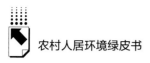

续表

序号	状态	地区	实施日期	序号	状态	地区	实施日期
11	DB32/950－2006《农村无害化卫生户厕技术规范》	江苏省	2006/11/1	20	DB14/T1816-2019《乡村旅游厕所服务要求》	山西省	2019/6/15
12	DB36/T1148-2019《美丽乡村卫生户厕建设管理规范》	江西省	2020/1/1	21	DB61/T1272-2019《农村人居环境厕所要求》	陕西省	2019/10/29
13	DB63/T1775-2020《农村户厕改造技术规范》	青海省	2020/5/1	22	DB51/T2696-2020《四川省公共厕所信息标志标准》	四川省	2020/8/1
14	DB37/T5075-2016《生态一体式厕所净化处理技术标准》	山东省	2016/12/1	23	DB33/T2241.8－2020《新冠肺炎疫情防控技术指南第8部分:公共厕所》	浙江省	2020/2/29
15	DB37/T5062-2016《农村一体式无害化卫生厕所施工及验收规范》	山东省	2016/9/1	24	DB33/T3004.2－2015《农村厕所建设和服务规范第2部分:农村三格式卫生户厕所技术规范》	浙江省	2015/8/16
16	DB37/T3865-2020《农村公厕建设与管理规范》	山东省	2020/4/16	25	DB33/T3004.1－2015《农村厕所建设和服务规范第1部分:农村改厕管理规范》	浙江省	2015/8/16
17	DB37/T2867-2016《农村无害化卫生厕所使用与维护规范》	山东省	2016/11/21	26	DB50/T1138-2021《农村户用卫生厕所验收规程》	重庆市	2022/2/1
18	DB37/T2732-2015《农村中小学标准化校舍改造建设规范:学校厕所》	山东省	2016/1/14	27	DB50/T1137-2021《农村户用卫生厕所建设及粪污处理技术规程》	重庆市	2022/2/1
19	DB14/T2352-2021《农村粪污集中处理式户厕改造技术规范》	山西省	2022/1/22	28	DB50/T987－2020《公共厕所新冠肺炎疫情防控技术指南》	重庆市	2020/3/5

续表

序号	状态	地区	实施日期	序号	状态	地区	实施日期
29	DB4401/T15-2018《公共厕所建设与管理规范》	广东省广州市	2019/2/1	35	DB5115/T25-2020《"厕所革命"综合考核评价规范》	四川省宜宾市	2020/7/1
30	DB3302/T1081－2018《公共厕所保洁与服务规范》	浙江省宁波市	2018/6/21	36	DB5115/T24-2020《竹结构装配式公共厕所》	四川省宜宾市	2020/7/1
31	DB4403/T23-2019《公共厕所建设规范》	广东省深圳市	2019/8/1	37	DB5115/T22-2020《农村三格式户厕建设管理规范》	四川省宜宾市	2020/7/1
32	DB4212/T11-2020《新冠肺炎疫情防控技术指南公共厕所(试行)》	湖北省咸宁市	2020/3/13	38	DB5115/T21-2020《公共厕所运行管理规范》	四川省宜宾市	2020/7/1
33	DB1305/T31-2021《一体式双瓮漏斗化粪池卫生厕所施工及验收规范》	河北省邢台市	2021/12/25	39	DB5115/T20-2020《公共厕所分类建设基本要求》	四川省宜宾市	2020/7/1
34	DB5118/T4－2018《厕所革命农村户厕建设与管理规范》	四川省雅安市	2019/1/1				

2. 监测现状

农村改厕质量监测定性研究主要以问题研究为导向，王丹等认为基层群众对于农村厕所改造认识不足、升级后厕所质量问题屡见不鲜、维护意识不强、厕所建设时并未因地制宜①。李婕等则认为缺乏整体配套设计、政府包

---

① 王丹、王丽：《乡村振兴背景下农村厕所革命问题及发展策略阐释》，《智慧农业导刊》2022年第11期，第113~115页。

办痕迹过重、农村公共厕所陷入"悲剧"、设备缺乏质量保障是主要问题①。薛旎研究认为农村推动进度缓慢、政府主体责任落实不到位、基础设施数量不足、市场产品质量和技术没有实现根本性突破、后期维修管护工作不到位、农民群众参与意识淡薄、缺乏与厕所革命相关的社会组织、管理协调网络不健全、治理主体单一、过程缺乏活力是主要问题②。宋晓慧从专项政策执行层面入手,认为执行主体方面敷衍式执行、附加执行,具体执行人员机械执行;目标对象方面被动接受、配合欠缺③。耿敬杰等从贵州省农村厕所标准体系出发,认为当前贵州省农村厕所革命在标准建设方面存在国家标准实施不到位、地方标准空白、行业标准欠缺、团体标准缺位等问题④。

农村改厕质量定量研究主要包括综合评价和跟踪监测两大方面。综合评价方面,吕安丽将平衡计分卡(BSC)作为绩效评估工具,从客户、财务、内部运营、学习与成长4个维度构建了农村厕所革命绩效评价体系⑤。殷博厚等基于300名农户满意度的视角,构建了农村厕改效果评价指标体系,运用层次分析模型研究表明农户对厕改的评价较偏向于比较满意⑥。翟文增等采取模糊综合评价法对河北省平泉市的厕所改造效果进行总体评价,最终评分为74.93,表明还有很大的完善空间⑦;刘聪也基于模糊综合评价法对农村厕所改造效果进行了评价研究,最终得分74.09,最终评价结果趋近于

① 李婕、王玉斌、程鹏飞:《如何加速中国农村"厕所革命"?——基于典型国家的经验与启示》,《世界农业》2020年第10期,第20~26页。
② 薛旎:《农村"厕所革命"中的多中心治理研究》,西北师范大学硕士学位论文,2021。
③ 宋晓慧:《农村"厕所革命"专项政策执行问题研究》,曲阜师范大学硕士学位论文,2021。
④ 耿敬杰、朱耀、李良懿:《标准引领农村"厕所革命"实施现状、问题及制定建议——基于贵州的调查研究》,《中国标准化》2022年第12期,第108~112页。
⑤ 吕安丽:《基于BSC的农村"厕所革命"绩效评价指标体系构建研究》,《湖北农业科学》2022年第6期,第183~187页。
⑥ 殷博厚、汪红梅:《基于农户满意度的农村厕所改革效果实证研究》,《山东农业大学学报》(自然科学版)2021年第6期,第1069~1074页。
⑦ 翟文增、王承武:《农村厕所改造效果评价与优化对策研究——以平泉市为例》,《湖北农业科学》2020年第19期,第222~227、232页。

"较好"等级[1]。王婧等则基于 TOPSIS 法，使用 2017 年农村环境卫生监测项目中的部分数据进行评价，结果表明 20 个县的农村厕所整体评分都不算太高，且各县的农村厕所卫生和使用状况存在着明显差异，卫生厕所、无害化卫生厕所的普及率虽逐年增高，但农户的卫生使用意识仍有待加强[2]。彭超等则从居住环境、公共安全和生态环境三个维度构建农村人居环境质量指标体系，研究表明农村人居环境总得分处于较低水平[3]。

跟踪监测方面又可分为持续跟踪分析和卫生参数监测。①持续跟踪分析：李芳等跟踪调查 2015~2019 年甘肃省定西市 3 个县共 2000 户农户，统计表明卫生厕所普及率由 2015 年的 23.00% 上升到 2018 年和 2019 年的 100.00%，同时监测户房屋周围不同程度地存在病媒生物孳生地，其中猪圈（70.40%）和水厕/旱厕（50.80%）占比较高[4]；王舒等对 2017~2019 年辽宁省农村环境卫生监测结果的分析表明卫生厕所大多建在院内，其次建在室内，厕室内的卫生情况逐年好转，2019 年满意居民为 542 户，占 90.33%，不满意的主要原因是不实用和卫生条件不好[5]；黎勇等研究发现 2016~2020 年广西全区无害化卫生厕所普及率为 86.64%，粪便主要排入排水系统和沟塘河道，其中 2020 年粪便利用率仅为 14.70%[6]。②卫生参数监测：王玲等以四川省成都市龙泉驿区 799 户改厕户为监测对象，研究表明改厕户蝇、蛆密度和臭味监测的合格率分别为 97.1%、98.7% 和 100.0%，无害化卫生厕所的化粪池修建合格率（97.7%）高于厕屋修建合格率（82.4%），砖砌式

---

① 刘聪：《基于模糊综合评价的农村厕所改造效果评价研究》，山东农业大学硕士学位论文，2019。

② 王婧、刘暑霞、谢曙光等：《基于 TOPSIS 法评价湖北省农村厕所现状》，《公共卫生与预防医学》2018 年第 6 期，第 59~61 页。

③ 彭超、张琛：《农村人居环境质量及其影响因素研究》，《宏观质量研究》2019 年第 3 期，第 66~78 页。

④ 李芳、殷小娟、马文奇等：《定西市农村家庭环境卫生监测分析》，《疾病预防控制通报》2020 年第 3 期，第 66~68、89 页。

⑤ 王舒、李继芳、崔仲明：《2017-2019 年辽宁省农村环境卫生监测结果分析》，《职业与健康》2021 年第 9 期，第 1233~1237 页。

⑥ 黎勇、钟格梅、黄江平：《2016-2020 年广西壮族自治区农村户厕及粪便处理监测结果分析》，《中国卫生工程学》2022 年第 1 期，第 1~5 页。

三格化粪池无害化效果好于一体式玻璃钢化粪池[①]；王莉等对 200 户家庭和20 所学校卫生状况的调查结果显示 43.00% 的厕所粪便未经处理进入排水系统，95.50% 的厕所无臭味，98.50% 的厕所无蝇蛆，98.50% 的厕所无粪便暴露[②]；熊光超等对上海市金山区 100 户居民的调查显示，监测点居民卫生厕所使用率为 100.00%，厕室内环境为清洁、无臭味、无蝇蛆和无粪便暴露率分别为 100.00%、97.00%、97.00% 和 98.00%[③]；朱波等对 262 户使用卫生厕所家庭的研究则表明 38.17% 的厕所有臭味，22.14% 的厕所有蝇蛆，27.86% 的厕所有粪便暴露[④]。

现有农村厕所相关标准对农村厕所的设计、施工、验收、质量评价、服务保障、运行与维护、监督检查、管护和档案管理等方面均进行了规定，但是目前农村厕所改造停留在多级验收层面，除部分省份开展跟踪统计和卫生指标监测外，大多数省份没有针对厕屋、池体、管道的质量、粪水处理效果开展长期质量监测，也没有农村厕所改造质量长期跟踪监测的相关标准、规范和技术体系。

（二）农村生活污水治理质量监测

习近平总书记向来重视农村生活污水治理，他强调要因地制宜做好厕所下水道管网建设和农村污水处理，不断提高农村居民生活品质。通过《农村人居环境整治三年行动方案》的实施，我国农村生活污水治理率为 25.5%，基本建立了污水排放标准和县域规划体系[⑤]，但农村生活污水治理

① 王玲、刘朝发、陈琨等：《成都市龙泉驿区农村无害化卫生厕建设效果评价》，《预防医学情报杂志》2020 年第 7 期，第 869~872 页。
② 王莉、王茜、严生威等：《2019 年泰州市农村地区环境卫生状况调查分析》，《江苏预防医学》2022 年第 3 期，第 345~347 页。
③ 熊光超、张靖伟、李伟等：《2018 年上海市金山区农村环境卫生监测结果》，《职业与健康》2019 年第 12 期，第 1685~1689 页。
④ 朱波、潘阳、段睿馨等：《2016~2019 年吉林省农村环境卫生监测分析》，《中国卫生工程学》2021 年第 1 期，第 16~19 页。
⑤ 《接续推进农村人居环境整治行动》，《经济日报》2022 年 5 月 13 日，http：//www.moa.gov.cn/ztzl/ymksn/jjrbbd/202205/t20220513_ 6399104.htm。

仍有很长的路要走。2021 年 12 月发布的"五年行动方案"也明确提出加快推进农村生活污水治理，分区分类推进治理和加强农村黑臭水体治理，同时强化考核激励，将改善农村人居环境纳入相关督查检查计划。

1. 标准参数要求

农村生活污水治理质量监测可遵循 GB/T37071-2018《农村生活污水处理导则》、GB/T51347-2019《农村生活污水处理工程技术标准》等国家标准，但更重要的依据是农村生活污水处理排放标准。生态环境部办公厅、住房和城乡建设部办公厅 2018 年 9 月印发《关于加快制定地方农村生活污水处理排放标准的通知》（环办水体函〔2018〕1083 号），明确了制定农村生活污水处理排放标准的总体要求、控制指标及排放限值等，要求农村生活污水就近纳入城镇污水管网的，执行《污水排入城镇下水道水质标准》（GB/T31962-2015）；500m³/d 以上规模（含 500m³/d）的农村生活污水处理设施可参照执行《城镇污水处理厂污染物排放标准》（GB18918-2002）。农村生活污水处理排放标准原则上适用于处理规模在 500m³/d 以下的农村生活污水处理设施污染物排放管理[①]。当前，各省区市根据实际情况基本完成了地方农村生活污水处理排放标准制修订工作，确定了各地农村生活污水处理（500m³/d 以下）排放限值（见附表 1）。

2. 监测现状

经过三年整治行动，农村生活污水治理取得一定成效，但还有很长的路要走，治理监测工作还需要进一步优化和深化，部分省区市正逐步完善监测工作，如浙江省 2019 年颁布实施的《浙江省农村生活污水处理设施管理条例》，是直接针对农村生活污水处理设施管理的立法，对农村生活污水处理设施的建设改造、运行维护及监督管理做了规定；2021 年浙江省住房和城乡建设厅发布的《浙江省农村生活污水处理设施在线监测系统技术导则》

---

① 《关于加快制定地方农村生活污水处理排放标准的通知》，生态环境部门户网站，2018 年 9 月，https://www.mee.gov.cn/xxgk2018/xxgk/xxgk06/201810/t20181015_662167.html。

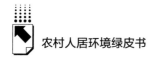

进一步规范了农村生活污水处理设施在线监测工作；2022年浙江省发布了全国首部农村生活污水绿色处理设施的建设评价导则《浙江省农村生活污水绿色处理设施评价导则》；2022年江西省发布的《江西省农村生活污水治理行动方案（2021～2025年）》则直接明确到2025年底农村生活污水治理率达到30%以上，力争达到40%。

相关学者就农村生活污水治理质量监测进行了大量研究，主要包括生活污水处理排放情况监测统计和具体参数监测。李雅琪等分析2018～2020年宁夏回族自治区固原市农村环境卫生监测结果，发现生活污水排放多为随意排放，占比为45.33%[1]。陈露露等对贵州省贵阳市2015～2019年农村环境卫生变化情况的分析显示，在生活污水排放方式上，随意排放的占比由66.7%下降到18.3%，呈逐年降低趋势，管道排放的占比逐渐上升[2]。董燕等对重庆市某区2018～2020年农村环境卫生监测的研究表明，生活污水随意排放的比例呈下降趋势（65.00%、45.00%、20.00%），排放地点为河流、坑塘和农田的比例较高（均为85.00%)[3]。孙煜等对2011～2019年山东省烟台市蓬莱区农村环境卫生状况的分析显示，各监测点生活污水排放方式基本上一致，主要为随意排放，约占96.67%[4]。李芳等对2015～2019年甘肃省定西市3个县（区）2000户家庭环境卫生监测分析的结果显示，生活污水排放方式主要为"随意排放"，占比为66.50%，其次是占比为25.65%的明沟排放[5]。

具体参数监测方面，何源等研究巢湖地区3个村落5930人的生活污水

① 李雅琪、杜贞、刘红霞：《2018～2020年固原市农村环境卫生监测结果分析及干预对策》，《沈阳药科大学学报》2021年第S2期，第142页。
② 陈露露、杨俊、张开菊等：《2015-2019年贵阳市农村环境卫生调查结果分析》，《现代预防医学》2022年第9期，第1559～1563页。
③ 董燕、韦笑：《2018—2020年重庆市某区农村环境卫生监测结果》，《职业与健康》2021年第19期，第2675～678、2682页。
④ 孙煜、袁文兴、王磊等：《2011-2019年烟台市蓬莱区农村环境卫生状况分析》，《预防医学论坛》2021年第12期，第955～958页。
⑤ 李芳、殷小娟、马文奇等：《定西市农村家庭环境卫生监测分析》，《疾病预防控制通报》2020年第3期，第66～68、89页。

情况，结果表明污水产生系数为 56.47L·人$^{-1}$·d^{-1}，其中灰水占 65.77%，黑水占 34.23%[①]。王留锁对辽西北丘陵地区农村的监测表明，农户人均日产污水量为 16.42L，用水来源对农户生活污水中人均日产污水量和动植物油产污系数无显著影响[②]。而刘岚昕等对辽宁省 5 个地级市农村生活污水的跟踪监测研究表明，农村生活污水产生系数为 26.49L·人$^{-1}$·d^{-1}，COD、BOD$_5$、NH$_3$-N、TN、TP、动植物油的产污系数分别为 23.85g·人$^{-1}$·d^{-1}、11.78g·人$^{-1}$·d^{-1}、0.12g·人$^{-1}$·d^{-1}、0.64g·人$^{-1}$·d^{-1}、0.11g·人$^{-1}$·d^{-1}、0.43g·人$^{-1}$·d^{-1}[③]。左齐对江苏省镇江市 8 个镇（村）农村生活污水处理效果的实地监测显示，COD、NH$_3$-N、TP、SS 出水浓度变化分别为 48~90mg/L、1~8mg/L、0.2~1.1mg/L、1~10mg/L 区间，去除率分别达 62%~79%、47%~83%、54%~76%、45%~64%[④]。刘晓慧以安徽省 3 个行政村为研究对象，农村生活污水水质监测结果表明，农户间水质波动较大，污染物浓度较低，且一年内变化系数大[⑤]。

我国农村人均生活用水量和污水排放量逐年递增，给生活污水治理带来挑战，虽然目前基本建立了污水排放标准和县域规划体系，但受经济、交通、生活习俗等多种因素影响，农村生活污水有效治理率始终处于较低水平，更重要的是缺乏治理过程及效果监测的顶层设计，很难以监管反推治理工作。2019 年农村环境质量监测才增加农村生活污水处理设施、农田灌溉水等监测内容，起步较晚，监测内容较窄，农村生活污水处理设施及其处理出水的监测管理技术体系亟待建立健全。

[①] 何源、吕锡武、郑向群等：《巢湖地区农村生活污水产排污调研方法及实证》，《农业资源与环境学报》2022 年第 2 期，第 319~325 页。

[②] 王留锁：《辽西北丘陵地区农村生活污水产污系数测算研究》，《环境保护与循环经济》2021 年第 2 期，第 67~71 页。

[③] 刘岚昕、何军、王留锁等：《辽宁省农村生活污水产污特征及其系数测算研究》，《生态与农村环境学报》2021 年第 6 期，第 794~800 页。

[④] 左齐：《镇江市农村生活污水及处理调查研究》，江苏大学硕士学位论文，2017。

[⑤] 刘晓慧：《安徽省农村生活污水成分特征与排放规律研究》，合肥工业大学硕士学位论文，2016。

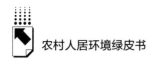

二 面临的困难

（一）农村人居环境质量监测工作顶层设计不到位

农村人居环境治理是一项系统工程，需要多个部门通力协作，其质量监测工作同样需要各部门共同发力、协同完成。但目前农村人居环境质量相关监测工作主要分为生态环保和农业农村两条线，监测工作并没有形成合力，存在"各搞各"的情况。

一是生态环保监测方面。2009年发布的《全国农村环境监测工作指导意见》推动农村环境质量监测技术体系逐步建立，开始开展空气、饮用水、土壤环境等的质量监测与评价[①]；2018年，生态环境部、农业农村部联合印发《农业农村污染治理攻坚战行动计划》，要求2019年农村环境质量监测工作新增农村生活污水处理设施、农田灌溉水和万人千吨饮用水等监测内容，进一步扩展了监测范围和监测内容[②]。

二是农业农村方面。1979年成立的农业部环境保护科研监测所、2012年成立的农业部面源污染控制重点实验室和农业生态与资源保护总站都从多个方面履行农村环境监测等主要职能，同时两次全国农业污染普查及农业面源污染控制还设置了众多监测点。除此之外，水利部门、自然资源部门也开展了相关监测[③]。以上监测技术体系涉及农村人居环境相关内容，对农村人居环境质量监测工作有一定指导意义，但是均没有完全囊括农村厕所革命、农村生活污水、农村生活垃圾、村容村貌四大方面的监测内容，更缺乏深入细化的监测指标体系，亟须从顶层构架起

① 《全国农村环境监测工作指导意见》，生态环境部门户网站，2009年12月，https：//www.mee.gov.cn/gkml/hbb/bgt/201004/t20100409_187992.htm。

② 《农业农村污染治理攻坚战行动计划》，生态环境部门户网站，2018年11月，https：//www.mee.gov.cn/xxgk2018/xxgk/xxgk15/201811/t20181108_672952.html。

③ 周岢、陈善荣、罗海江等：《"十四五"农村环境质量监测体系研究》，《中国环境监测》2021年第2期，第8~15页。

农村人居环境质量监测的组织体系，明确各级监测主体及责任，进而细化监测任务。

（二）农村人居环境质量监测技术体系不健全

农村人居环境质量监测技术体系是农村环境质量监测技术体系的重要内容之一，农村人居环境质量监测技术体系监测范围更窄、监测内容更具体，但目前还未建立健全，主要体现在监测网络搭建、标准规范支撑、人员队伍配备、经费支撑等方面。一是监测网络搭建方面，国家层面目前并没有相关文件明确对农村人居环境质量监测点位布设做出部署，鉴于我国3.15万个乡镇54.20万个行政村（截至2018年底）的庞大基数，监测点位形成成熟网络还有很长的路要走。二是标准规范支撑方面，农村人居环境质量监测标准数量少、标龄长，特别是农村厕所和村容村貌的监测标准，没有形成体系，难以保障监测工作的代表性、科学性和全面性。三是人员队伍配备方面，暂未组建专业的、稳定的监测队伍，没有专职的农村人居环境质量监测监督人员，就无法保证监测的及时性、有效性，进而难以有针对性地推动下一阶段的农村人居环境整治提升工作。四是经费支撑方面，农村人居环境质量监测范围广、周期长、开支大、技术要求高，需要大量的仪器设备、人员等投入，经费需求量大，但是当前并未统筹利用相关资金，也还没有建立起多级投入保障机制。

（三）监测结果支撑不足

农村人居环境质量监测的目的是明确阶段性农村人居环境整治提升效果和短板，获取农村厕所、生活污水、生活垃圾等方面的实时监测数据，分析存在的具体问题，为相关部门的决策提供科学依据和借鉴，在农村人居环境整治提升过程中起着承上启下的作用。但农村人居环境质量监测的效益未完全发挥出来，支撑作用也有待提升，主要表现在三个方面。

一是监测的代表性不足，我国地域辽阔，各地气候、经济、文化等差异极大，农村居民的生活习俗也不尽相同，监测村的选取虽在动态调整，但始

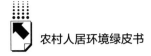

终有部分村不具有代表性，监测数据不具有普遍性，难以支撑农村人居环境改善工作。同时，涉及土壤、水系等的监测点位布设的监督机制不健全，不严谨的点位布设产生无实际指导意义的监测结果。

二是监测的全面性不足，涉及农村厕所厕屋内部构造质量、化粪池建管维、粪污处理效果等方面的监测没有在全国范围内系统性开展；生活污水方面只涉及生活污水处理设施，缺乏针对生活污水处理效果、出水对土壤及水体影响等方面的监测；农村生活垃圾方面缺乏对垃圾收集、暂存站点建管维的监测，也没有对垃圾转运过程和资源化利用效果的系统性监测；村容村貌方面，对公共照明、公共绿化等的监测工作都亟待开展。

三是监测的具体指标待优化，过量重金属对土壤和水体环境都会造成破坏，特别是重金属富集区域，应增加对相关指标的监测；另外农用薄膜和其他生活塑料包装产生的白色污染和微塑料会严重影响土壤环境、水生态，目前也没有相关监测参数①。

三 对策建议

（一）建立健全农村人居环境质量监测工作机制

建立健全农村人居环境质量监测相关法律法规和规章制度体系，明确相关主体和政府有关部门在农村人居环境质量监测领域的权利和责任，规制和引导质量监测工作，使农村人居环境整治提升、质量监测有法可依，确保发改、乡村振兴、农业农村、生态环境、自然资源、科技和财政等相关部门在职责范围内切实做好农村人居环境质量监测工作，保障广大农村居民的切身利益。建立各级发改、乡村振兴、农业农村、生态环境、自然资源、科技和财政等相关部门配合的农村人居环境质量监测协同推进机制，共同做好监测

---

① 王军敏、姜晟、李旭文等：《江苏省农村环境监测现状及"十四五"工作建议》，《环境监控与预警》2021 年第 4 期，第 1~5 页。

的前期工作，确保农村人居环境质量监测各项政策措施落到实处。将农村人居环境质量监测工作作为考核指标纳入省、市、县、镇四级年度目标责任书，各省级农业农村部门要会同有关部门对阶段性监测情况进行跟踪评估，各地市要建立常态化督导机制，主抓落实，县级负责开展具体监测工作，乡镇负责宣传引导。强化农村人居环境质量监测责任制，以县为单位成立专项工作领导小组，由县主要领导任组长，分管领导任副组长，相关成员单位任成员，组织协调开展农村人居环境质量监测的相关事宜，加强同发展改革、财政、生态环境、自然资源等部门的沟通协调，督促各乡镇农村人居环境质量监测工作，做好监测工作的绩效评估，充分发挥监测结果的支撑作用，推动下一步农村人居环境整治提升工作。

（二）加大相关政策扶持力度

农村人居环境质量监测工作具有很大的社会效益和环境效益，是提升农村居民生活水平的一个重要抓手，其公益性和社会性意义巨大，应加大财政资金的投入力度，并完善相关支持政策，助力农村人居环境质量监测。一方面，拓展投入渠道，保障建设资金。中央财政资金应持续安排中央预算内投资，地方项目应加大配套支持力度，保障农村人居环境质量监测运行资金，统筹安排财政资金，充分发挥政府财政资金的引导作用和宣传作用，构架起多元化的资金投入机制。同时，探索建立政府补贴引导、企业市场运作、农户积极参与的投融资机制，从多个方面筹措经费，促成各方主体共同参与的可持续资金筹措机制与使用机制，提供持续性资金保障。另一方面，完善支持政策。农村人居环境质量监测有很强的正外部性，但是要求高、技术性强、工作量大，且经济效益不明显，相关部门应加大补贴力度，出台多种支持手段，完善监测补助机制，对农村厕所、农村生活污水、农村生活垃圾等监测项目采取多种补助方式。一是试点监测机构补贴、先监测后补贴、以奖代补等方式，建立农村人居环境质量监测项目库，以库立项，作为获得补贴资格的前提条件，制定并公开补助标准。二是财税优惠等政策，针对开展农村人居环境质量监测的机构实施税收减免、金融借贷倾向等措施，鼓励相关机构提升监测综合能力，提高监测积极性。三是鼓励监测技术引进吸收和创新研发。针对我国不同区域特点，设立专项资金，鼓励走监测技术自主创新与引进吸收相结合的道路，发挥科研院所、大学、科技企业等科研单位的优势，开发新技术、新产品，突破监测的技术瓶颈。同时，开展多种形式的宣传，发动广大农村居民积极参与，稳步推动我国农村人居环境质量监测工作。

（三）加强农村人居环境质量监测平台建设

农村人居环境质量监测平台是衡量农村人居环境改善程度的标尺，连续性、周期性的监测数据和监测报告是农村人居环境工作的晴雨表。加快加强监测平台建设，既可以从微观上监督督促各地具体工作，也可以从宏观上明晰我国农村人居环境整治、提升的动态变化，是根据《农村人居环境整治提升五年行动方案（2021～2025年）》中产品质量、监测、检测要求，"推动全国农村人居环境管理信息化建设，加强全国农村人居环境监测，定期发布监测报告"的需要，也是落实党中央、国务院改善农村人居环境政策的重要抓手。可依托现有农村人居环境相关的检测机构与科研团队，整合相关资源，设立国家级农村人居环境质量安全监测机构及区域性长期定点监测工作站，在各级农业农村部门和乡村振兴部门的指导下，开展农村人居环境质量与安全监测、设施设备检验检测、技术评估评价、标准化研究、监督检查、监测数据与信息整理等工作，支撑服务农村人居环境整治提升五年行动高质量推进。

（四）完善农村人居环境质量监测技术体系

各地方政府应与科研院所、大学、检验检测科技企业等农村人居环境质量监测优势力量加强交流合作，组建多领域的监测技术专家组，在农村厕所、农村生活污水、农村生活垃圾和村容村貌等监测方面开展多层次的关键技术环节和相关产品应用的技术攻关，在科技助力提升监测水平的同时，加快完善相应监测技术体系。

一是农村厕所应构建起包含厕屋设施设备、化粪池构造与材质、粪污处理效果、粪污抽排设备、粪污处理设备（中心）、资源化利用等方面的质量监测体系，重点关注建设质量、粪污无害化处理效果及其资源化利用的相关指标与参数。二是农村生活垃圾应建立健全涵盖垃圾分类设施、收集器具、转运车辆、转运过程、暂存场所、处理场所等方面的质量监测体系，重点监测农村生活垃圾分类、减量化处理及资源化利用的相关参数，同时要重视农村偏远地区和居民分散居住地区生活垃圾自然降解的监测工作。三是农村生活污水应完善包括污水减量化、收集及处理设备、处理效果、达标排放等方面的监测体系，重点关注中小型集中污水处理设施、农村偏远地区和居民分散居住地区生活黑水监测的相关指标和参数，规制农村生活污水治理与达标排放。四是村容村貌涉及面广，需对农村塘堰沟渠改造与管护、村庄绿化设计与养护、村庄公共照明设计与施工维护、农村公共空间与公共照明、村庄绿化与村庄保洁等多个方面的动态过程进行监测，选择关键指标参数，构建村容村貌监测技术指标体系。另外，鉴于我国地域差异较大，应根据各地实际，完善农村人居环境质量监测技术体系。

（五）提升农村人居环境质量监测能力

农村人居环境质量监测包括农村厕所、农村生活污水、农村生活垃圾、村容村貌四大方面，涵盖项目规划、建设、管理、维护、检测等环节，涉及卫生、环保、建筑、园艺、环境等领域，对监测能力的要求较高，需要强化相关监测机构能力建设和监测人才队伍培育与技能培训，可通过线上培训和线下实践相结合的方式，开展实训、经验交流、知识竞赛等，多层面提升农村人居环境质量监测的综合能力。

一方面，强化提升相关监测机构能力，探索PPP、政府集中采购、大型仪器设备共享、实验室共建等多种合作模式，优化整合财政资金，引导相关监测和检验机构积极投入农村人居环境质量监测工作，不断提升综合监测能力。可依托现有农村人居环境相关的检测机构与科研团队，整合相关资源，设立国家级农村人居环境质量安全监测机构及区域性长期定点监测工作站，

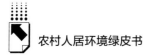

在各级农业农村部门和乡村振兴部门的指导下，开展农村人居环境质量与安全监测、设施设备检验检测、技术评估评价、标准化研究、监督检查等工作，全面加强农村人居环境整治配套设施设备质量、安全监测。

另一方面，健全农村人居环境质量监测人才队伍培养制度，由政府、监测机构、相关企业和基层组织等协作，成立由行业专家教授、检验检测技术人员、一线操作人员参加的教学团队，科学编制并适时更新培训资料，开展多种灵活的课程培训，提高农村人居环境质量监测队伍的业务素质。积极开展职业技能培训与鉴定工作，强化农村人居环境质量监测人员的责任意识和操作技能。进一步加大各类培训力度，开展全行业管理人员能力提升培训，提高项目管理和财务管理水平。同时，强化最新政策解读、风险防范、生态环保方面的学习，全面提高农村人居环境质量监测队伍的综合素质。

附表 1 农村生活污水处理设施水污染物排放地方标准汇总

地区	等级	广西 DB45/2413-2021	浙江 DB33/T2377-2021	浙江 DB33/973-2021	重庆 DB50/848-2021	河北 DB13/2171-2020	江苏 DB32/3462-2020	湖北 DB42/1537-2019	西藏 DB54/T0182-2019	青海 DB63/T1777-2020	湖南 DB43/1665-2019	吉林 DB22/3094-2020	宁夏 DB64/700-2020	天津 DB12/889-2019	四川 DB51/2626-2019	安徽 DB34/3527-2019	山西 DB14/726-2019
pH 值（无量纲）	一级	6~9	6~9	6~9	6~9	6~9	6~9	6~9	6~9	6~9	6~9	6~9	6~9	6~9	6~9	6~9	6~9
	二级	6~9	6~9	6~9	6~9	6~9	6~9	6~9	6~9	6~9	6~9	6~9	6~9	6~9	6~9	6~9	6~9
	三级	6~9	—	—	6~9	6~9	6~9	6~9	6~9	6~9	6~9	6~9	6~9	—	6~9	6~9	6~9
悬浮物（SS）	一级	20	20	20	20	10	20	20	20	15	20	20	20	20	20	20	20
	二级	30	30	30	30	20	30	30	30	20	30	30	30	20	30	30	30
	三级	50	—	—	40	30	50	50	50	30	50	50	40	—	40	50	50
化学需氧量（CODcr）	一级	60	60	60	60	50	60	60	60	60	60	60	60	50	60	50	50
	二级	100	100	100	100	60	100	100	100	80	100	100	100	60	80	60	60
	三级	120	—	—	120	100	120	120	120	120	120	120	120	—	100	100	80
氨氮（NH₃-N）	一级	8(15)	8(15)	8(15)	8(15)	5(8)	8(15)	8(15)	15(20)	8(10)	8(15)	8(15)	10(15)	5(8)	8(15)	8(15)	5(8)
	二级	15	25	25(15)	20(15)	8(15)	15	8(15)	25(30)	8(15)	25(30)	25(30)	15(20)	8(15)	15	15(25)	8(15)
	三级	15/20	—	—	25(15)	15	25	25(30)	25(30)	10(15)	25(30)	25(30)	20(25)	—	25	25(30)	15(20)
总磷（以 P 计）	一级	1.5	2(1)	2(1)	2(1)	0.5	1	1	2	1.5	1	1	2	1	1.5	1	1.5
	二级	3	3	3(2)	3(2)	1	3	3	3	3	3	3	3	2	3	3	3
	三级	5	—	—	4(3)	3	—	—	—	5	3	5	—	—	4	—	—
总氮（以 N 计）	一级	20	20	20	20	15	20	20	20	20	20	20	20	20	20	20	20
	二级	—	—	—	—	20	30	25	—	—	—	35	30	—	—	30	30
	三级	—	—	—	—	30	—	—	—	—	—	35	—	—	—	—	—
动植物油	一级	3	3	3	3	1	3	3	3	3	3	3	3	3	3	3	3
	二级	5	5	5	5	3	5	5	5	5	5	5	5	5	5	5	5
	三级	20	—	—	10	5	20	10	20	15	5	20	10	—	10	5	10

续表

地区	福建	广东	海南	上海	陕西	云南	河南	山东	北京	辽宁	黑龙江	甘肃	江西	贵州	江苏	昆明市	昆明市
标准号	DB35/1869-2019	DB44/2208-2019	DB48/483-2019	DB31/T1163-2019	DB61/1227-2018	DB53/T953-2019	DB41/1820-2019	DB37/3693-2019	DB11/1612-2019	DB21/3176-2019	DB23/2456-2019	DB62/4014-2019	DB36/1102-2019	DB52/1424-2019	DB32/T3462-2018	DB53 01/T6 2-2021	DB53 01/T5 1-2021
pH值（无量纲）一级	6~9	6~9	6~9	6~9	6~9	6~9	6~9	6~9	6~9	6~9	6~9	6~9	6~9	6~9	6~9	6~9	6~9
pH值 二级	6~9	6~9	6~9	6~9	6~9	6~9	6~9	6~9	6~9	6~9	6~9	6~9	6~9	6~9	6~9	6~9	6~9
pH值 三级	6~9	6~9	6~9	—	6~9	6~9	6~9	—	6~9	6~9	6~9	6~9	6~9	6~9	6~9	6~9	6~9
悬浮物（SS）一级	20	20	20	10	20	20	20	20	15	20	20	20	20	20	10	20	20
悬浮物 二级	30	30	30	20	30	30	30	30	20	30	30	30	30	30	20	30	30
悬浮物 三级	50	50	60	—	20	50	50	—	30	50	50	50	50	50	30	40	50
化学需氧量（CODcr）一级	60	60	60	50	80	60	60	60	30	60	60	60	60	60	50	50	50
化学需氧量 二级	100	70	80	60	150	100	80	100	50	100	100	100	100	100	60	60	100
化学需氧量 三级	120	100	120	—	60	120	100	—	100	120	120	120	120	120	100	100	120
氨氮（NH₃-N）一级	8	8(15)	8	8	15	8(15)	8(15)	8(15)	1.5(2.5)	8(15)	8(15)	8(15)	8(15)	8(15)	5(8)	3(5)	5(8)
氨氮 二级	25(15)	15	20	15	—	15(20)	15(20)	15(20)	5(8)	25(30)	25(30)	15(25)	25(30)	15	8(15)	5(8)	15(20)
氨氮 三级	25(15)	25	25	—	15	15(20)	20(25)	—	25	25(30)	15	25(30)	25(30)	25	25(30)	8(15)	15(20)
总磷（以P计）一级	1	1	1	1	2	1	1	1.5	0.3	2	1	2	1	2	1	0.5	0.5
总磷 二级	3	—	3	2	3	3	2	—	0.5	3	3	3	3	3	3	1.0	3
总磷 三级	—	—	—	—	2	—	—	—	—	—	5	—	—	—	—	2.0	5
总氮（以N计）一级	20	20	20	15	—	20	20	20	15	20	25	20	20	20	20	15	15
总氮 二级	—	—	—	25	—	—	—	—	—	—	35	—	—	30	30	20	30
总氮 三级	—	—	—	—	20	—	—	—	—	—	35	—	—	—	—	—	—
动植物油 一级	3	3	3	1	5	3	3	5	0.5	3	3	3	3	3	1	1	1
动植物油 二级	5	5	5	3	10	5	5	10	1.0	5	5	5	5	5	3	3	5
动植物油 三级	5	5	20	—	5	20	5	—	3.0	10	20	15	—	10	5	5	20

注：限于篇幅，等级划分、备注等请查阅标准原文本。

主题报告
Theme Reports

G.10
农村人居环境发展满意度调查

摘　要： 改善农村人居环境是实施乡村振兴战略的重点任务。本报告利用"农村社会事业状况专题调查"数据，计算了总样本及东部、中部和西部地区样本农民对农村人居环境发展11项指标的满意度，并对各区域满意度赋值排序。满意度赋值得分及排序结果表明：村容村貌、村庄空气质量和村庄保洁是满意度赋值得分最靠前的指标，而农村生活垃圾分类和农村污水处理是农民满意度赋值得分排序最靠后的指标。区域间比较分析结果表明：中部地区的村容村貌、农村垃圾清运和西部地区的村庄环境噪声满意度赋值得分排序靠前；东部地区的村庄河道治理和西部地区的农村住宅改厕满意度赋值得分排序靠后。

关键词： 农村人居环境　厕所革命　污水治理　垃圾分类

改善农村人居环境是实施乡村振兴战略的重点任务之一，事关广大农民根本福祉，事关美丽中国建设。2018年农村人居环境整治三年行动实施以

195

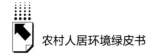
来，各地区、各部门认真贯彻党中央、国务院决策部署，全面扎实推进农村人居环境整治，扭转了农村长期以来存在的"脏乱差"局面，村庄环境基本实现干净整洁有序，农民环境卫生观念发生可喜变化、生活质量普遍提高，为全面建成小康社会提供了有力支撑。2021年，中共中央办公厅、国务院办公厅进一步印发《农村人居环境整治提升五年行动方案（2021～2025年）》，提出目标为："到2025年，农村人居环境显著改善，生态宜居美丽乡村建设取得新进步。农村卫生厕所普及率稳步提高，厕所粪污基本得到有效处理；农村生活污水治理率不断提升，乱倒乱排得到管控；农村生活垃圾无害化处理水平明显提升，有条件的村庄实现生活垃圾分类、源头减量；农村人居环境治理水平显著提升，长效管护机制基本建立。"对比农村人居环境整治三年行动，实施农村人居环境整治提升五年行动应该在哪些重点领域发力和突破，是亟须厘清的关键问题。

农民是农村人居环境整治提升的需求者和受益者，农民满意不满意是衡量农村人居环境整治提升的根本标准①。农村人居环境整治三年行动已收官，深入分析农户视角的农村人居环境整治提升效果，不仅有利于解决农村人居环境整治提升过程中存在的问题，也能为落实农村人居环境整治提升五年行动提供实践和政策参考。本报告拟利用"农村社会事业状况专题调查"数据，分析农民对农村人居环境发展各项指标的满意度，剖析当前农村人居环境整治提升过程中的短板和弱项，并提出推进农村人居环境整治提升的政策建议。

一 数据来源和样本情况

本报告数据来自农业农村部农村社会事业促进司组织开展的全国性的"农村社会事业状况专题调查"，该调查旨在深入了解农村基础设施和公共服务供给现状，调查农民对供给状况的满意度，以及农民对农村基础设施和

---

① 李成慧：《农村人居环境整治重在农民参与》，《吉林日报》2019年11月25日，第4版。

公共服务的需求。调查问卷包括六个部分的内容，分别是受访者基本信息、就业与家庭收支、住房与基础设施、生态与人居环境、治理与公共服务和总体期盼。本报告主要采用的是生态与人居环境部分中"对本村下列人居环境整治提升情况满意度"部分数据。2021 年 8~9 月，课题组三个调研团队分赴浙江和福建、山西和安徽、贵州和陕西 6 个省开展调查，先后走访了 18 个县 72 个村，获取农户问卷 1629 份。调研样本涉及中国东部、中部和西部地区，具有很好的代表性。为了保证满意度计算的整体性，课题组剔除了空白问卷和核心指标中回答为"不清楚"的问卷，剔除后共计得到 983 份有效问卷。

从区域看，东部、中部和西部的样本占比分别为 35.40%、54.73% 和 9.87%；从性别看，男性比例较高，为 68.87%，女性比例为 31.13%；从年龄看，20~50 岁的青壮年占比为 36.83%，60 周岁以上老年人占比为 63.17%，整体年龄偏大；从学历看，高中、中专或技校及以下文化程度的样本数占比为 89.62%，大专或高职及以上的样本数占比为 10.38%，整体学历层次偏低；从政治面貌看，群众占比最多，为 64.77%，其次为共产党员，占比为 34.11%；从健康状况看，选择"健康"的样本占比为 81.57%，选择"有疾病或残疾，但仍有劳动能力"的样本占比为 13.85%，选择"丧失劳动能力"的样本共占 4.58%。

二　农民对农村人居环境发展的满意度分析

（一）满意度评价指标选取和计算方法

课题组有关"人居环境整治提升情况满意度"调查的问卷设计以《农村人居环境整治三年行动方案》和《农村人居环境整治提升五年行动方案（2021~2025 年）》为基础，确定农村人居环境发展主观满意度评价指标体系以污水处理、垃圾治理、厕所革命、河道整治和村庄环境 5 个部分为准则，并结合农村人居环境发展的实际情况，进一步确定 11 个具体指标，分别为农村污水处理、农村垃圾清运、农村生活垃圾分类、村庄保洁、农村住宅改厕、村庄公厕硬件、村庄公厕保洁、村庄河道整治、村庄空气质量、村庄环境噪声和村容村貌（见表1）。

表1　农村人居环境发展主观满意度评价指标体系

目标层	准则层	指标层
农村人居环境整治提升满意度评价	污水处理	农村污水处理
	垃圾治理	农村垃圾清运
		农村生活垃圾分类
		村庄保洁
	厕所革命	农村住宅改厕
		村庄公厕硬件
		村庄公厕保洁
	河道整治	村庄河道整治
	村庄环境	村庄空气质量
		村庄环境噪声
		村容村貌

满意度是人们的一种情感体验和心理状态。本报告结合李克特五级量表对农村人居环境予以评价，每个指标设非常不满意、比较不满意、一般、比较满意和非常满意五个等级。满意度的计算方法为：以总体样本满意度计算为例，首先统计出每个指标中各个满意度等级的样本数，然后加总"比较满意"和"非常满意"的样本数，最后除以总体样本数，得到的百分比即为总体满意度的代理指标。同样的方法可以分别计算出东部、中部和西部地区农民对人居环境发展的满意度。

（二）各项指标满意度

在农村污水处理方面，比较满意的样本数占比57.48%，非常满意的样本数占比20.55%，总体满意度为78.03%。东部地区满意度最高，为

81.61%；中部地区次之，为76.95%；西部地区最低，为71.13%。分区域看，东部地区满意度高的原因在于其农村生活污水治理有效，例如，浙江省农村生活污水治理起步早、成效明显。2014年浙江省启动农村生活污水治理工程，开展"五水共治"，原本"污水靠蒸发，垃圾随风刮"的乡村，大多告别了污水直排历史。

表2　农民对农村生活污水处理的满意度

单位：个，%

区域	非常不满意		比较不满意		一般		比较满意		非常满意		满意度
	频数	频率	频数	频率	频数	频率	频数	频率	频数	频率	
东部	0	0.00	16	4.60	48	13.79	256	73.56	28	8.05	81.61
中部	1	0.19	23	4.28	100	18.59	246	45.72	168	31.23	76.95
西部	1	1.03	8	8.25	19	19.59	63	64.95	6	6.19	71.13
总体	2	0.20	47	4.78	167	16.99	565	57.48	202	20.55	78.03

在农村生活垃圾清运方面，比较满意的样本数占比68.87%，非常满意的样本数占比21.06%，总体满意度为89.93%。分区域看，东部地区、中部地区和西部地区农民对农村垃圾清运的满意度分别为89.37%、91.08%和85.57%。实地调研中发现，各县基本采取村收集、镇转运、县处理的方式开展农村垃圾清运工作。

表3　农民对农村垃圾清运的满意度

单位：个，%

区域	非常不满意		比较不满意		一般		比较满意		非常满意		满意度
	频数	频率	频数	频率	频数	频率	频数	频率	频数	频率	
东部	0	0.00	4	1.15	33	9.48	281	80.75	30	8.62	89.37
中部	0	0.00	0	0.00	48	8.92	322	59.85	168	31.23	91.08
西部	0	0.00	8	8.25	6	6.19	74	76.29	9	9.28	85.57
总体	0	0.00	12	1.22	87	8.85	677	68.87	207	21.06	89.93

在农村生活垃圾分类方面，比较满意的样本数占比 54.83%，非常满意的样本数占比 15.97%，总体满意度为 70.80%。分区域看，东部地区、中部地区和西部地区农民对农村生活垃圾分类的满意度分别为 62.64%、77.32% 和 63.92%。在实地调研中发现，浙江省的农村生活垃圾分类工作在全国处于领先地位，建立并完善了农村生活垃圾分类投放、分类收集、分类运输、分类处理体系，截至 2020 年底，浙江全省设区市农村生活垃圾分类覆盖面已达 85% 以上。其他省份基本处于农村生活垃圾分类试点阶段。农村垃圾分类未全面开展地区的满意度高于已经开展的地区，出现满意度倒挂现象，可能的原因在于不同地区的农户对于农村生活垃圾分类的认知水平不同，导致已经落实农村生活垃圾分类的农户对垃圾分类的要求和期望值更高。

表4　农民对农村生活垃圾分类的满意度

单位：个，%

区域	非常不满意		比较不满意		一般		比较满意		非常满意		满意度
	频数	频率	频数	频率	频数	频率	频数	频率	频数	频率	
东部	1	0.29	22	6.32	107	30.75	202	58.05	16	4.60	62.64
中部	0	0.00	8	1.49	114	21.19	278	51.67	138	25.65	77.32
西部	0	0.00	7	7.22	28	28.87	59	60.82	3	3.09	63.92
总体	1	0.10	37	3.76	249	25.33	539	54.83	157	15.97	70.80

在村庄保洁方面，比较满意的样本数占比 68.57%，非常满意的样本数占比 22.38%，总体满意度为 90.95%。分区域看，东部地区、中部地区和西部地区农民对村庄保洁的满意度分别为 89.66%、91.08% 和 94.84%。在实地调研中发现，农户一般负责门前屋后"三包"，而村庄保洁员一般负责村庄公共区域清扫和保洁，保洁员大多是公益性岗位，其收入由政府下拨资金和村集体补贴组成。

表5　农民对村庄保洁的满意度

单位：个，%

区域	非常不满意		比较不满意		一般		比较满意		非常满意		满意度
	频数	频率	频数	频率	频数	频率	频数	频率	频数	频率	
东部	1	0.29	0	0.00	35	10.06	273	78.45	39	11.21	89.66
中部	0	0.00	1	0.19	47	8.74	324	60.22	166	30.86	91.08
西部	0	0.00	0	0.00	5	5.15	77	79.38	15	15.46	94.84
总体	1	0.10	1	0.10	87	8.85	674	68.57	220	22.38	90.95

在农村住宅改厕方面，比较满意的样本数占比65.31%，非常满意的样本数占比19.33%，总体满意度为84.64%。分区域看，东部地区满意度最高，为86.49%；西部地区次之，为86.36%；中部地区最低，为82.90%。在实地调研中发现，农户改厕后使用卫生厕所，一定程度上改变了卫生习惯，生活环境和生活质量得到很大改善。

表6　农民对农村住宅改厕的满意度

单位：个，%

区域	非常不满意		比较不满意		一般		比较满意		非常满意		满意度
	频数	频率	频数	频率	频数	频率	频数	频率	频数	频率	
东部	0	0.00	8	2.30	39	11.21	276	79.31	25	7.18	86.49
中部	0	0.00	6	1.12	86	15.99	290	53.90	156	29.00	82.90
西部	0	0.00	4	4.55	8	9.09	76	86.36	0	0.00	86.36
总体	0	0.00	18	1.83	133	13.53	642	65.31	190	19.33	84.64

在村庄公厕硬件方面，比较满意的样本数占比62.36%，非常满意的样本数占比20.75%，总体满意度为83.11%。分区域看，东部地区、中部地区和西部地区农户对村庄公厕硬件的满意度分别为84.77%、81.60%和85.57%。近些年来，随着厕所革命的推进，各地开展村庄公厕的硬件建设。根据问卷调查数据，72个样本村平均每个村有4.52个公共厕所；67个村有公共厕所，最多的村拥有公共厕所22座，该村地处山区，居住分散，有37个自然村；55个村是水冲式卫生厕所。

表7 农户对村庄公厕硬件的满意度

单位：个，%

区域	非常不满意		比较不满意		一般		比较满意		非常满意		满意度
	频数	频率	频数	频率	频数	频率	频数	频率	频数	频率	
东部	0	0.00	7	2.01	46	13.22	251	72.13	44	12.64	84.77
中部	1	0.19	6	1.12	92	17.10	291	54.09	148	27.51	81.60
西部	0	0.00	2	2.06	12	12.37	71	73.20	12	12.37	85.57
总体	1	0.10	15	1.53	150	15.26	613	62.36	204	20.75	83.11

在村庄公厕保洁方面，比较满意的样本数占比62.26%，非常满意的样本数占比20.14%，总体满意度为82.40%。分区域看，东部地区、中部地区和西部地区农民对村庄公厕保洁的满意度分别为85.63%、79.55%和86.60%。实地调研发现，一些地方对村庄公厕实施规范化管护，设立专项经费用于保洁人员工资发放，设定专人负责管理、保洁和维护，常态化实现"三有四无"，即"有水、有电、有人管，无味、无垢、无尘、无积水"。

表8 农民对村庄公厕保洁的满意度

单位：个，%

区域	非常不满意		比较不满意		一般		比较满意		非常满意		满意度
	频数	频率	频数	频率	频数	频率	频数	频率	频数	频率	
东部	1	0.29	5	1.44	44	12.64	258	74.14	40	11.49	85.63
中部	1	0.19	8	1.49	101	18.77	281	52.23	147	27.32	79.55
西部	0	0.00	2	2.06	11	11.34	73	75.26	11	11.34	86.60
总体	2	0.20	15	1.53	156	15.87	612	62.26	198	20.14	82.40

在村庄河道整治方面，比较满意的样本数占比66.63%，非常满意的样本数占比19.02%，总体满意度为85.65%。分区域看，东部地区、中部地区和西部地区农民对村庄河道整治方面的满意度分别为79.31%、89.22%和88.66%。近年来，多地开展河道水环境整治专项行动，整理坍塌河坡，清除岸坡乱垦乱种、沿河乱堆乱放，大力开展农村河道治理，有效改善了当地河道的基本面貌和生态环境。

表 9　农民对村庄河道整治的满意度

单位：个，%

区域	非常不满意		比较不满意		一般		比较满意		非常满意		满意度
	频数	频率	频数	频率	频数	频率	频数	频率	频数	频率	
东部	2	0.57	16	4.60	54	15.52	250	71.84	26	7.47	79.31
中部	0	0.00	0	0.00	58	10.78	332	61.71	148	27.51	89.22
西部	1	1.03	4	4.12	6	6.19	73	75.26	13	13.40	88.66
总体	3	0.31	20	2.03	118	12.00	655	66.63	187	19.02	85.65

在村庄空气质量方面，比较满意的样本数占比 61.85%，非常满意的样本数占比 29.60%，总体满意度为 91.45%。分区域看，东部地区、中部地区和西部地区农民对村庄空气质量的满意度分别为 91.38%、89.96% 和 100.00%。西部地区满意度较高的原因可能在于其与东部比，工业发展欠发达，原生态保护较好，因此西部地区村庄空气质量优于东部地区。

表 10　农民对村庄空气质量的满意度

单位：个，%

区域	非常不满意		比较不满意		一般		比较满意		非常满意		满意度
	频数	频率	频数	频率	频数	频率	频数	频率	频数	频率	
东部	0	0.00	5	1.44	25	7.18	237	68.10	81	23.28	91.38
中部	0	0.00	5	0.93	49	9.11	319	59.29	165	30.67	89.96
西部	0	0.00	0	0.00	0	0.00	52	53.61	45	46.39	100.00
总体	0	0.00	10	1.02	74	7.53	608	61.85	291	29.60	91.45

在村庄环境噪声方面，比较满意的样本数占比 66.23%，非常满意的样本数占比 23.70%，总体满意度为 89.93%。分区域看，东部地区、中部地区和西部地区农民对村庄环境噪声的满意度分别为 89.37%、89.22% 和 95.87%。在农村人居环境整治提升的过程中，各地依据《中华人民共和国环境噪声污染防治法》加强了对农村噪声污染源的控制，如贵州省为防治环境噪声污染，制定了《贵州省环境噪声污染防治条例》，建立了多元化资

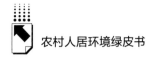

金投入和保障机制，接受公众监督，对违法企业实施限期治理，并将环境噪声污染违法信息记入社会诚信档案，依法向社会公布，该条例适用于城市和农村地区。

表 11　农民对村庄环境噪声的满意度

单位：个，%

区域	非常不满意		比较不满意		一般		比较满意		非常满意		满意度
	频数	频率	频数	频率	频数	频率	频数	频率	频数	频率	
东部	1	0.29	4	1.15	32	9.20	270	77.59	41	11.78	89.37
中部	0	0.00	5	0.93	53	9.85	324	60.22	156	29.00	89.22
西部	0	0.00	2	2.06	2	2.06	57	58.76	36	37.11	95.87
总体	1	0.10	11	1.12	87	8.85	651	66.23	233	23.70	89.93

在村容村貌方面，比较满意的样本数占比 65.41%，非常满意的样本数占比 29.20%，总体满意度为 94.61%。分区域看，东部地区、中部地区和西部地区农民对村容村貌的满意度分别为 96.26%、92.75% 和 98.96%。村容村貌提升是全面改善农村人居环境质量的重要内容，通过实地调查发现，福建省上杭县创新实施"零补偿"农房整治机制，党员带头、乡贤支持、群众跟进，拆除旱厕、废弃烤烟房、危损空心房等，村容村貌大变样。

表 12　农民对村容村貌的满意度

单位：个，%

区域	非常不满意		比较不满意		一般		比较满意		非常满意		满意度
	频数	频率	频数	频率	频数	频率	频数	频率	频数	频率	
东部	0	0.00	1	0.29	12	3.45	275	79.02	60	17.24	96.26
中部	0	0.00	0	0.00	39	7.25	298	55.39	201	37.36	92.75
西部	0	0.00	1	1.03	0	0.00	70	72.16	26	26.80	98.96
总体	0	0.00	2	0.20	51	5.19	643	65.41	287	29.20	94.61

综上所述，农民对农村人居环境发展的满意度较高，其中，农民对村容村貌、村庄空气质量和村庄保洁的满意度在 90% 以上，分别为 94.61%、91.45% 和 90.95%；对农村垃圾清运、农村住宅改厕、村庄公厕硬件、村庄公厕保洁、村庄河道整治和村庄环境噪声的满意度超过 80%；但农民对农村生活垃圾分类的满意度最低，仅为 70.80%。东部地区、中部地区和西部地区农民对农村人居环境发展各项指标的满意度与总体样本满意度基本一致①。

三 农民对农村人居环境发展的满意度排序分析

（一）满意度赋值得分及排序的计算方法

为了更准确地衡量农民对农村人居环境发展的总体满意度情况，以及比较东部地区、中部地区和西部地区农民对各项人居环境发展指标满意度的排序情况，本报告进一步采用满意度赋值得分法进行计算。农村人居环境发展的各项指标赋值得分的计算方法为：首先，分别对非常不满意至非常满意 5 个程度赋值 1~5 分，其次将各赋值分数与对应人数百分比相乘，最后再加总，得到单项指标的满意度赋值得分，并根据赋值得分计算各地区各指标的满意度排序。

表 13 展示了总体样本，东部地区、中部地区和西部地区样本对各项农村人居环境发展指标的满意度赋值得分，以及每个区域内部各指标的满意度赋值得分及排序情况。

（二）总体满意度排序

由表 13 可知，农民对农村人居环境发展的各项指标总体满意度赋值得分由高到低依次为：村容村貌>村庄空气质量>村庄保洁>村庄环境噪

---

① 因三组调研团队分别赴东部、中部和西部地区开展调研，可能会由于在满意度调查时的询问方式不同而出现偏差，所以本报告不做东部、中部和西部地区之间的满意度比较，仅在后文做各地区内部的满意度排序。

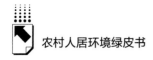

声>农村垃圾清运>农村住宅改厕=村庄公厕硬件=村庄河道整治>村庄公厕保洁>农村污水处理>农村生活垃圾分类。可以看出，除了农村生活垃圾分类和农村污水处理，农民对农村人居环境发展的整体满意度赋值得分较高，均在 4 分以上。排序前三名的指标分别为村容村貌、村庄空气质量和村庄保洁，其赋值得分分别为 4.24 分、4.20 分和 4.13 分；排序后三名的指标分别为农村生活垃圾分类、农村污水处理和村庄公厕保洁，其赋值得分分别为 3.83 分、3.93 分和 4.01 分。分析结果表明，农村人居环境发展卓有成效，但还需进一步加强农村生活垃圾分类、农村污水处理和村庄公厕保洁工作。

（三）东部地区满意度排序

由表 13 可知，东部地区农村人居环境整治各项指标满意度排序为：村庄空气质量=村容村貌>村庄保洁>村庄环境噪声>农村垃圾清运>村庄公厕硬件=村庄公厕保洁>农村住宅改厕>农村污水处理>村庄河道整治>农村生活垃圾分类。东部地区村庄空气质量和村容村貌满意度赋值得分最高，其次是村容村貌和村庄保洁，其赋值得分分别为 4.13 分、4.13 分[①]和 4.00 分；排序后三名的指标分别为农村生活垃圾分类、村庄河道整治和农村污水处理，其赋值得分分别为 3.60 分、3.81 分和 3.85 分。除了农村生活垃圾分类外，东部地区农民对农村人居环境发展的满意度赋值得分均在 3.80 分以上。

（四）中部地区满意度排序

由表 13 可知，中部地区农村人居环境整治各项指标满意度排序：村容村貌>农村垃圾清运=村庄保洁>村庄空气质量>村庄环境噪声=村庄河道整治>农村住宅改厕>村庄公厕硬件>村庄公厕保洁>农村污水处理>农村生活垃圾分类。中部地区村容村貌满意度赋值得分最高，其次是农村垃圾清运和村

---

① 精确到小数点后四位，分别为 4.1322 和 4.1321。

庄保洁,其赋值得分分别为 4.30 分、4.22 分和 4.22 分①;排序后三名的指标分别为农村生活垃圾分类、农村污水处理和村庄公厕保洁,其赋值得分分别为 4.01 分、4.04 分和 4.05 分。

(五)西部地区满意度排序

由表 13 可知,西部地区农村人居环境整治各项指标满意度排序:村庄空气质量>村庄环境噪声>村容村貌>村庄保洁>村庄公厕硬件=村庄公厕保洁=村庄河道整治>农村垃圾清运>农村住宅改厕>农村污水处理>农村生活垃圾分类。西部地区村庄空气质量满意度赋值得分最高,为 4.46 分,其后依次是村庄环境噪声和村容村貌,其赋值得分分别为 4.31 分和 4.25 分;排序后三名的指标分别为农村生活垃圾分类、农村污水处理和农村住宅改厕,其赋值得分分别为 3.60 分、3.67 分和 3.82 分。西部地区各个指标之间满意度赋值得分差异较其他地区大,两极分化现象较严重。

(六)区域间比较分析

由表 13 可以看出,总体与中部、东部、西部地区农民对于农村人居环境发展的满意度赋值得分排序情况类似,且总体与中部、东部、西部地区农民对村容村貌、村庄空气质量和村庄保洁指标的满意度赋值得分排序均很靠前,而对农村生活垃圾分类和农村污水处理的排序较为靠后。

同时,东部、中部和西部地区农村人居环境发展又呈现差异化趋势。具体看来,东部地区农民对于村庄河道治理的满意度排序较其他地区排序较靠后;中部地区村容村貌、农村垃圾清运和村庄保洁工作做得最为突出,农民对农村住宅改厕的满意度排序也比其他地区靠前,而对村庄空气质量、村庄公厕硬件和村庄公厕保洁的满意度排序稍低;西部地区村庄环境噪声的满意度排序很靠前,且西部地区农民对于村庄公厕硬件、村庄公

---

① 精确到小数点后四位,分别为 4.2231 和 4.2178。

厕保洁和村庄河道整治的满意度排序优于其他地区，但农民对于农村垃圾清运的满意度有待提升。

表 13 农民对农村人居环境发展的满意度得分及排序

指标	总体得分	总体排序	东部得分	东部排序	中部得分	中部排序	西部得分	西部排序
农村污水处理	3.93	10	3.85	9	4.04	10	3.67	10
农村垃圾清运	4.10	5	3.97	5	4.22	2	3.87	8
农村生活垃圾分类	3.83	11	3.60	11	4.01	11	3.60	11
村庄保洁	4.13	3	4.00	3	4.22	2	4.10	4
农村住宅改厕	4.02	6	3.91	8	4.11	7	3.82	9
村庄公厕硬件	4.02	6	3.95	6	4.08	8	3.96	5
村庄公厕保洁	4.01	9	3.95	6	4.05	9	3.96	5
村庄河道整治	4.02	6	3.81	10	4.17	5	3.96	5
村庄空气质量	4.20	2	4.13	1	4.20	4	4.46	1
村庄环境噪声	4.12	4	3.99	4	4.17	5	4.31	2
村容村貌	4.24	1	4.13	1	4.30	1	4.25	3

四　结论与对策

本报告采用调研数据，探讨了农民对农村人居环境发展的满意度。研究结论主要有两点。一是，满意度分析结果表明，农民对农村人居环境发展的整体满意度较高，其中，农民对村容村貌、空气质量和村庄保洁的满意度在90%以上，对农村垃圾清运、农村住宅改厕、村庄公厕硬件、村庄公厕保洁、村庄河道治理和村庄环境噪声的满意度超过80%，但农民对农村生活垃圾分类的满意度最低，仅为70.8%；二是，满意度赋值得分和排序结果表明，总体看，农民对村容村貌、村庄空气质量和村庄保洁指标的满意度赋值得分排序均很靠前，而对农村生活垃圾分类和农村污水处理的排序较为靠后。

分区域看，东部地区农民对农村人居环境发展的各项指标满意度赋值得分最高的三项分别是村容村貌、村庄空气质量和村庄保洁，赋值得分最低的三项是农村生活垃圾分类、村庄河道治理和农村污水处理；中部地区农民对农村人居环境发展的各项指标满意度赋值得分最高的三项分别是村容村貌、农村垃圾清运和村庄保洁，赋值得分最低的三项是农村生活垃圾分类、农村污水处理和村庄公厕保洁；西部地区农民对农村人居环境发展的各项指标满意度赋值得分最高的三项分别是村庄空气质量、村庄环境噪声和村容村貌，赋值得分最低的三项是农村生活垃圾分类、农村污水处理和农村住宅改厕。

同时，满意度赋值得分的各地区组内排序结果表明，东部地区村庄河道治理的满意度排序较其他地区排序较靠后；中部地区村容村貌、农村垃圾清运、村庄保洁、农村住宅改厕的满意度排序比其他地区靠前，而村庄空气质量、村庄公厕硬件和村庄公厕保洁的满意度排序稍靠后；西部地区村庄环境噪声的满意度排序很靠前，村庄公厕硬件、村庄公厕保洁和村庄河道整治的满意度排序也优于其他地区，但农村垃圾清运的满意度排序较为靠后。

对比三年行动成果，目前农村人居环境发展呈现以下特点。一是农民对农村人居环境发展整体满意度高，村容村貌、村庄空气质量、村庄保洁和村庄环境噪声整治和发展成效显著，农村人居环境整治三年行动成果得到巩固。二是农村厕所革命基本完成，并得到进一步发展，农民对农村厕所革命整体满意度较高，但也有待提升。未来亟须进一步加强中部地区村庄公厕硬件和村庄公厕保洁建设，尤其要加强推进西部地区农村住宅改厕。三是农村污水处理和农村垃圾分类满意度最低，仍是未来改革的重点。

对此，应在以下几个方面加强建设。

（一）扎实推进农村厕所革命

目前农民对农村厕所革命满意度较高，农村卫生厕所已基本普及，但仍需切实提高改厕质量，尤其是要加强西部地区农村住宅改厕，因地制宜提升中部地区村庄公厕硬件和村庄公厕保洁水平。

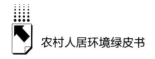
（二）加快推进农村污水处理水平

农村污水处理仍是农村人居环境整治提升的重点，目前农村污水处理存在污水治理能耗高、处理技术薄弱和缺乏专业人员维护的问题。未来需要加大农村污水处理资金支持力度，组建专业团队支持农村污水处理，不断提升农村生活污水治理率。

（三）全面提升农村垃圾治理水平

在稳固农村人居环境整体发展水平的同时，全面提升农村垃圾治理水平。中国农村生活垃圾分类治理尚处于探索阶段，在广泛试点和深入推进的过程中，仍存在农村居民对垃圾分类了解程度低、意识不强、积极性不高、分类不规范、正确投放率低等问题。未来需要进一步健全生活垃圾收运处置体系，降低运行成本，不断提高运行管理水平，积极探索符合农村特点和农民习惯、简便易行的分类处理模式。

G.11

农民参与农村人居环境整治提升情况调查

摘 要： 农民是农村人居环境整治的参与主体之一，农村人居环境整治要发挥农民主体作用。本报告通过开展农村人居环境整治农民参与情况调查，阐述了农民参与农村人居环境整治情况。分析结果表明，农民具有较高的农村人居环境整治参与意愿，在农村厕所革命、村庄清洁行动、生活垃圾治理、生活污水治理、村容村貌整治提升等农村人居环境整治具体活动中，积极参与农村人居环境整治方案规划、项目建设、监督验收、运行维护等过程，但还存在部分农民意愿表达不充分、实际参与度还不高等问题。建议积极开展宣传，探索建立多种渠道，鼓励引导群众参与农村人居环境整治。

关键词： 乡村振兴 农村人居环境 农民主体 农民参与

党的十九大提出实施乡村振兴战略，生态宜居是乡村振兴的重要目标，农村人居环境整治与乡村振兴战略总要求直接相关。改善农村人居环境，建设美丽宜居乡村，是实施乡村振兴战略的一项重要任务，事关广大农民根本福祉，事关美丽中国建设。以农民为主体是农村人居环境整治的重要原则，农民是农村人居环境整治的实施主体和整治成果的直接受益人。2018年4月，习近平总书记在湖北视察时强调，乡村振兴不是坐享其成，等不来也送不来，要把政府主导和农民主体有机统一起来，充分尊重农民意愿，激发农民内在活力，教育引导广大农民用自己的辛勤劳动实现乡村振兴。同年印发的《农村人居环境整治三年行动方案》提出，坚持村民主体，动员村民投

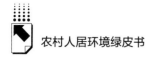

身美丽家园建设，强化村民环境卫生意识，提升村民参与人居环境整治的自觉性、积极性、主动性。2021年印发的《农村人居环境整治提升五年行动方案（2021~2025年）》提出，突出农民主体，尊重村民意愿，保障村民知情权、参与权、表达权、监督权，引导村民全程参与农村人居环境相关规划、建设、运营和管理。农村人居环境整治离不开广大农民群众的参与，只有让农民群众积极主动参与农村人居环境整治，才能保障治理效果的持久和稳定。

本报告对农村人居环境整治中农民主体情况开展了调查，分析农民参与农村人居环境整治情况及农民参与农村人居环境整治存在的问题，提出促进农民参与农村人居环境整治的对策建议。

一 数据来源及样本情况

报告数据来自农业农村部沼气科学研究所承担的中国农业科学院基本科研业务费专项（Y2002YJ03）"中国农村人居环境整治提升重大调研项目"之"农户入户问卷"，该调查旨在深入了解全国农村人居环境整治现状及农民参与情况，其中包括农户基本信息、农村厕所革命、生活垃圾治理、生活污水治理、村容村貌整治提升方面的农民参与等内容。

2022年5月至9月，课题组先后赴四川、湖北、广东、黑龙江、吉林、山东、山西7个省份开展调研，实地走访了14个县（市、区）、38个乡（镇、街道）、42个行政村（社区），涵盖中国东部、中部、西部和东北地区，其中东部地区包括山东、广东，中部地区包括山西、湖北，西部地区包括四川，东北地区包括吉林、黑龙江。本次问卷调查采取一对一访谈形式进行，共获得有效农户问卷845份，其中山西省120份、吉林省120份、黑龙江省122份、山东省121份、湖北省122份、广东省119份、四川省121份。

如表1所示，此次调查东部、中部、西部和东北地区的样本占比分别为28.40%、28.64%、14.32%和28.64%；按省份计算，山西、吉林、黑龙江、山东、湖北、广东、四川各省样本量占比分别为14.20%、14.20%、

表 1 样本基本信息

单位：个，%

	项目	样本数	百分比
地区	东部	240	28.40
	中部	242	28.64
	西部	121	14.32
	东北	242	28.64
与户主关系	户主	533	63.08
	配偶	229	27.10
	其他	83	9.82
性别	男	504	59.64
	女	341	40.36
年龄	20 岁及以下	3	0.36
	21~30 岁	22	2.60
	31~40 岁	87	10.18
	41~50 岁	149	17.63
	51~60 岁	270	32.07
	61~70 岁	203	24.02
	71~80 岁	103	12.19
	81~90 岁	8	0.95
文化程度	未上学	56	6.63
	小学	222	26.27
	初中	364	43.08
	高中/中专/技校	152	17.99
	大专/高职	41	4.85
	本科及以上	10	1.18
政治面貌	群众	633	74.91
	共产党员	191	22.60
	预备党员/共青团员	20	2.37
	民主党派/无党派人士	1	0.12
婚姻状况	已婚	775	91.72
	未婚	21	2.49
	离婚/丧偶	49	5.80
户籍所在地	本村	827	97.87
	非本村	18	2.13
2021 年在本户居住时长	1 个月及以内	7	0.83
	2~6 个月	17	2.01
	7~11 个月	16	1.89
	12 个月	805	95.27

14.44%、14.32%、14.44%、14.08%、14.32%，样本分布较为均衡。从年龄看，受访者中21~60岁的占比为62.48%，60岁以上占比37.16%，以41岁~70岁较为集中，占总样本量的73.72%；受访者平均年龄55.64岁，最大86岁，最小16岁。从性别结构看，受访者以男性为主，占比为59.64%，女性占比40.36%。从文化程度看，受访者中小学、初中、高中/中专/技校学历较为集中，合计占比为87.34%，其中初中学历占比为43.08%。从政治面貌看，普通群众占比为74.91%，党员占比为22.60%，可以看出受访对象以普通群众为主。从户籍所在地看，户籍在本村的占比达97.87%，非本村户籍的只有18户，占比为2.13%。从2021年在本户居住时间看，在本村居住半年以上的占比为97.16%，其中全年居住在本村的占比为95.27%。

此次被访者样本涉及范围广，具有很好的代表性，能较好地反映各地农户参与农村人居环境整治的具体情况。从受访者中普通群众占比、户籍所在地及在本地居住情况看，绝大多数受访者都是本地村民，且居住时间在半年以上，是本村农村人居环境整治的经历者和见证者，了解熟悉本村农村人居环境整治过程，能够较为客观说明本地农村人居环境整治及参与情况。

二 农民参与农村人居环境整治情况分析

本报告侧重于根据《农村人居环境整治提升五年行动方案（2021~2025年）》提出的保障村民知情权、参与权、表达权、监督权，从事前宣传、事中参与、事后评估等不同阶段，对农村人居环境整治农民参与阶段、参与方式、参与内容、意愿表达、验收监督、效果评价等进行统计分析，以从农民视角获得第一手资料。报告对农村厕所革命、村庄清洁行动、生活垃圾治理、生活污水治理、村容村貌整治提升等农村人居环境整治主要内容做独立统计，剔除各项重点任务中"未开展"的问卷，开展相关任务的问卷分别为820份、825份、838份、499份、809份。

表2　农村人居环境整治各重点任务开展情况

单位：人，%

农村人居环境整治重点任务	开展样本量	占总样本量百分比
农村厕所革命	820	97.04
村庄清洁行动	825	97.63
生活垃圾治理	838	99.17
生活污水治理	499	59.05
村容村貌整治提升	809	95.74

从表2可以看出，在上述五项农村人居环境整治任务中，农村生活垃圾治理、村庄清洁行动、农村厕所革命、村容村貌整治提升的覆盖面较广，均有95%以上的调查对象表示开展了此项活动，其中以生活垃圾治理最为群众所熟知，达到99.17%，开展农村生活污水治理的样本覆盖率较低，只有59.05%，说明仍有较大部分农村还未开展生活污水治理，这与全国农村人居环境整治总体进展情况一致。

（一）农民参与农村人居环境整治的意愿

本次调查对农村人居环境整治农民参与意愿进行了调查，在意愿调查分析中采用总样本845份问卷作为统计样本。

表3　农村人居环境整治农民参与意愿

单位：人，%

参与项目	人数	所占百分比
公共环境改善的设施建设	400	47.34
自家环境改善的设施建设	677	80.12
公共设施运维管护	302	35.74
公共环境改善和自家环境改善的设施建设	322	38.11
公共环境改善的设施建设和公共设施运维管护	198	23.43

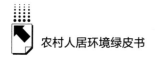

参与项目	人数	所占百分比
自家环境改善的设施建设和公共设施运维管护	272	32.19
公共环境改善的设施建设、自家环境改善的设施建设及公共设施运维管护	193	22.84

调查结果显示，分别有47.34%、80.12%和35.74%的受访者表示愿意参加公共环境改善的设施建设、自家环境改善的设施建设、公共设施运维管护方面的活动。在农村人居环境整治中，农民更愿意参与自家环境改善的活动，这与调研中很多农民反映的在人居环境整治中主要是保持自家房前屋后卫生的情况相符合。除参与某一项活动外，很多受访者表示愿意同时参与两项或多项农村人居环境整治相关活动，有38.11%的受访者表示自愿参加公共环境改善和自家环境改善的设施建设，23.43%的受访者表示自愿参加公共环境改善的设施建设和公共设施运维管护，32.19%受访者表示自愿参加自家环境改善的设施建设和公共设施运维管护，22.84%的受访者表示自愿同时参加以上三项活动。

（二）农民参与厕所革命情况分析

在农民参与厕所革命调查中，820位受访者表示开展了厕所革命。在开展了农村厕所革命的样本中，分别有69.88%和12.32%的受访者表示非常愿意和比较愿意为使用/维护卫生厕所支付合理费用，合计占调查对象的82.20%。分别有71.71%、10.49%的受访者表示非常愿意和比较愿意主动维护/检查厕所设施设备，合计占调查对象的82.20%。

在开展了农村厕所革命的样本中，99.02%的调查对象表示得到厕所革命正式宣传动员，仅有8户受访家庭表示没有得到厕所革命正式宣传动员。在改厕过程中，71.71%的调查对象表示参加了项目方案的讨论，58.66%的调查对象表示在改厕时投工投劳。在使用维护过程中，37.80%的调查对象表示自己清掏化粪池，除去273户为完整下水道水冲式厕所不需要清掏化粪池外，在需要清掏化粪池的农户中，有66.71%的农户自己清掏化粪池。67.68%的调查对象表示在改厕过程中就厕所选址/布局提过意见建议，32.40%的调查对象表示就改厕材料/产品提过意见建议，36.59%的调查对象表示改厕过程中还提过其他意见建议。75.00%的调查对象表示改厕施工完成后进行了工程验收，参与了验收过程并对验收结果表达了意见。

表4 农村厕所革命农民参与情况

单位：人，%

农民主体作用的方面和阶段	参与项目	人数	所占百分比
是否知情	得到宣传动员	812	99.02
参与情况	参与方案讨论	588	71.71
	改厕过程投工投劳	481	58.66
	自己清掏化粪池	310	37.80
意愿表达情况	厕所选址/布局	555	67.68
	改厕材料/产品	266	32.40
	其他意见建议	300	36.59
监督情况	工程验收	615	75.00

（三）农民参与村庄清洁行动情况

825位受访者表示所在的村开展了村庄清洁行动。在开展了村庄清洁行动的样本中，91.15%的调查对象表示在村庄清洁行动开展前，村里进行了正式宣传动员，让农民了解村庄清洁行动内容。分别有23.64%、41.45%、12.8%的调查对象表示参加了村庄清洁行动所有活动、部分活动和个别活动，参与村庄清洁行动的总体比例为77.94%。72.85%的调查对象表示关于村庄清洁行动的效果被征求过意见。在村庄清洁行动效果评价方面，分别有83.03%、16.00%的调查对象表示对村庄清洁行动效果非常满意和比较满意，总体满意度达到99.03%（见表5）。

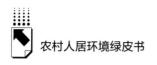
表5　村庄清洁行动农民参与情况

单位：人，%

农民主体作用的方面和阶段	参与项目	人数	所占百分比
是否知情	得到宣传动员	752	91.15
参与情况	参与所有活动	195	23.64
	参与部分活动	342	41.45
	参与个别活动	106	12.85
意愿表达情况	提出意见建议	601	72.85
监督情况	效果评价	817	99.03

（四）农民参与生活垃圾治理情况分析

838位调查对象表示所在的村开展了农村生活垃圾治理。在开展了农村生活垃圾治理的样本中，86.75%的调查对象表示在开展生活垃圾治理前，所在的村开展了相关宣传活动，农民较为了解相关活动。30.31%的调查对象表示上年支付了垃圾处理费（清洁费、保洁费）。在缴费的农户中，最多支付55.2元/月·户，除去不清楚具体缴费数额的农户，平均每户每月支付7.46元。37.23%的调查对象表示对生活垃圾治理方案提出过意见建议，如村内公共区域垃圾桶的摆放位置和数量等。在对农村生活垃圾治理效果评价方面，分别有84.73%和13.84%的调查对象表示对生活垃圾治理效果非常满意和比较满意，合计占比98.57%。

表6　农村生活垃圾治理农民参与情况

单位：人，%

农民主体作用的方面和阶段	参与项目	人数	所占百分比
是否知情	得到宣传动员	727	86.75
参与情况	支付垃圾处理费	254	30.31
意愿表达情况	提出意见建议	312	37.23
监督情况	效果评价	826	98.57

（五）农民参与生活污水治理情况分析

在问卷问题设置中，假设以开展了污水治理为前提，所以在统计中以499户调查对象为样本量进行分析。在表示开展了农村生活污水治理的样本中，86.77%的调查对象表示生活污水治理项目开始前得到正式宣传动员，了解或部分了解本村生活污水情况。39.28%的调查对象表示参与过生活污水治理方案讨论，15.03%的调查对象表示参与过生活污水处理项目建设，12.63%的调查对象表示2021年缴纳了污水处理费（参与运行维护）。62.93%的调查对象对生活污水处理项目建设效果提出过意见建议。在污水处理效果评价方面，分别有72.34%、19.84%的调查对象表示对生活污水治理效果非常满意和比较满意，合计占比92.18%（见表7）。

需要注意的是，以户为单位进行统计与以村为单位进行统计可能存在出入。此次调查中，课题组对村庄情况进行了调查，有34个村表示开展了污水处理，占比为80.95%；8个村表示本村没有进行污水处理，占比为19.05%。但户问卷统计显示，表示开展了生活污水处理的样本来自32个村，表示未开展生活污水处理的样本来自30个村，超过了总计调查的42个村，也就说明同一个村中既有农民反映开展了污水处理，也有村民反映没有开展污水处理。由于生活污水处理具有较强的公益属性，处理设施往往以村为单位进行建设，但可能由于污水管网或村级污水处理设施未能覆盖所有农户、有的农民建设了单户或联户污水处理设施而有的农民没有建设等，产生了农户认知存在差异等情况。

表7 农村生活污水治理农民参与情况

单位：人，%

农民主体作用的方面和阶段	参与项目	人数	所占百分比
是否知情	得到宣传动员	433	86.77
参与情况	参与方案讨论	196	39.28
	参与项目建设	75	15.03
	参与运行维护	63	12.63

农民主体作用的方面和阶段	参与项目	人数	所占百分比
意愿表达情况	提出意见建议	314	62.93
监督情况	效果评价	460	92.18

（六）农民参与村容村貌整治提升情况分析

在调查对象中有 809 户表示所在的村 2018 年以来开展了村容村貌整治提升。在表示开展了村容村貌整治提升的样本中，73.92%的调查对象表示参与过村容村貌整治提升方案讨论，其中分别有 26.08%、37.95%、9.89%的调查对象表示参加了所有讨论、部分讨论和个别讨论。在意愿表达方面，72.44%的调查对象表示关于村容村貌被整治提升的效果被征求过意见。还有 29.79%的调查对象对下一步农村人居环境整治提升提出了需求，其中分别有 1.36%、8.28%、4.45%、3.09%、6.80%、4.33%、6.06%、2.72%的受访者提出了整治私搭乱建、增加村庄公共活动空间、整治"三线"（电力线、通信线、广播电视线）、整治房屋风貌、增加公共绿化、加强庭院整治、开展村庄规划、加强传统村落保护等需求，还有受访者提出道路硬化及拓宽、安装路灯、景观美化等需求。在效果评价方面，99.01%的调查对象表示对本村村容村貌非常满意或比较满意，其中 82.08%的受访者表示非常满意（见表 8）。

表 8 村容村貌整治提升农民参与情况

单位：人，%

农民主体作用的方面和阶段	参与项目	人数	所占百分比
参与情况	参与方案讨论	598	73.92
意愿表达情况	征求意见	586	72.44
	提出整治需求	241	29.79
监督情况	效果评价	801	99.01

三 农村基层组织作用分析

农村人居环境整治离不开良好的基层组织、有序的带动机制和高效完备的制度。"五年行动方案"从强化基层组织、完善村规民约、普及文明健康理念三个方面对发挥农民主体作用提出具体要求。本报告通过问卷内容，从"重点人群带动力"、"村规民约约束"和"健康知识普及"三个方面对基层组织在农村人居环境整治提升中的作用进行了分析（见表9）。

在重点人群带动方面，首先，超过半数的受访者认为村支部书记、村委会主任、党员在农村人居环境整治中扮演着重要角色，尤其是村支部书记和党员，选择占比分别为88.40%和76.80%，大部分表示肯定的受访者表示好的领导班子（村支部书记）对推动农村人居环境整治作用显著。其次，超过97%的受访者认为村党委和党员在农村人居环境整治中发挥了先锋模范作用。在村规民约约束方面，超过80%的受访者对村规民约持正面看法，但是仍有少数受访者不清楚村规民约对哪些组织和人群有约束力；有81.78%的受访者认为村规民约仅对普通农民有约束力，而没意识到对基层组织和村委会也有约束力。在普及文明健康知识方面，97.27%的受访者认为自身健康知识与上年相比有提高，其中55.38%的受访者认为大幅度增加，41.89%的受访者认为有所增加，只有2.72%的农民认为没有变化。在表示文明健康知识提高的受访者中，大部分群众表示近年来的新冠肺炎疫情、卫生厕所改造使用、生活垃圾处理、村庄保洁等是促进文明健康知识水平提高和卫生习惯改变的重要因素。

四 有关结论及问题

（一）农村人居环境整治扎实推进，农村人居环境整治观念深入人心

从调研问卷情况看，农村人居环境整治的重要性和意义已被更多农民群

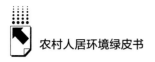

表9　农村基层组织制度发展情况

单位：人，%

	维度	认知	人数	所占百分比
重点人群带动	村党委和党员发挥了先锋作用	非常同意	727	86.04
		比较同意	97	11.48
		一般	5	0.59
		比较不同意	3	0.36
		非常不同意	0	0.00
		说不清	13	1.54
	哪些人比较重要（选3项）	村支部书记	747	88.40
		村委会主任	522	61.78
		党员	649	76.80
		能人大户	26	3.08
		有公心、仗义执言的人	69	8.17
		离退休后回到村里的公家人	5	0.59
		宗族的族长	13	1.54
		各类经济合作组织的领导者	17	2.01
		所有普通农民	170	20.12
		其他	106	12.54
村规民约约束	村规民约的作用	在很多方面都非常重要	523	61.89
		有一些方面重要	160	18.93
		基本没作用，不经常用到	63	7.46
		完全没作用	4	0.47
		不清楚	91	10.77
		本村没有村规民约	4	0.47
	村规民约对哪些组织和人群有约束力（选3项）	农民	691	81.78
		在本地工作但无本地户籍的人	49	5.80
		其他非政府组织	22	2.60
		基层干部	302	35.74
		村委会	196	23.20
		基层党组织	120	14.20
		其他	13	1.54
		不清楚	110	13.02
健康知识普及	文明健康知识与过去相比	大幅增加	468	55.38
		有所增加	354	41.89
		没变化	23	2.72

众了解和熟悉,农村人居环境整治在全国全面推开。农村厕所革命、生活垃圾治理、村庄清洁行动、村容村貌整治提升的覆盖率均在 95% 以上,表明农村人居环境整治各项任务扎实推进;农村生活污水治理相对滞后,只有59.05% 的受访者表示开展了农村生活污水治理。得益于脱贫攻坚行动持续的政策支持和资金等的投入,许多贫困或之前较为落后的村庄近年来面貌发生明显改善,农民群众对环境的改善变化感受强烈。

(二)农民改善自身环境意愿高

受访者更愿意参与自家环境的改善,而参加公共环境改善、公共设施运维管护的意愿明显低于参与改善自家环境的意愿。这可能与农村人居环境整治工作中农户的责任划分和农民自身的感受有关。许多受访者表示,村里规定了农村人居环境整治的农户家庭门前"三包"责任,包括房前屋后的环境清洁和保持。一方面保护环境卫生是农户的责任;另一方面,环境改善后对提高农民自身居住舒适度、提高生活水平作用最直观,农民参与意愿更强。对于村庄公共区域环境整治,则更多由村委会、保洁公司等组织实施,农民参与其中的感受不深;对于污水处理设施等需要较强专业技能的运行维护,农民参与机会较少,意愿也较为不足。

(三)农民对农村人居环境整治知情度较高

从调查情况看,各地在开展农村人居环境整治过程中都开展了广泛的宣传,宣传方式多种多样,包括召开村民大会、村民代表会议、微信通知、公开公示等。在农民知晓度调查中,厕所革命宣传知晓度最高,村庄清洁行动次之,生活垃圾治理和生活污水治理知晓度相对较低。大部分农民了解相关情况,村民的知情权得到保障,为政策的落地和农民对农村人居环境整治的支持和参与提供了良好的前提基础。

(四)农民参与形式多样,总体参与度还不高

农民参与了农村人居环境整治各重点任务,并且参与了农村人居环境整

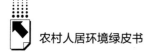

治动员、工程建设及验收、运行维护等不同阶段的工作，参与形式包括参与方案讨论、投工投劳、出钱运维等，但总体来看农民参与度还不高。如只有41.3%的受访者以投工投劳的方式参与农村厕所革命；在村庄清洁行动中，分别只有23.64%、41.45%、12.85%的受访者参与所有活动、部分活动、个别活动。类似的情况也出现在农村生活污水治理中，参与污水设施运行维护的主要方式是支付污水处理费。在方案讨论等较少涉及实质建设的方面，参与率最高也不到75%。

（五）农民意愿表达覆盖面较窄，且意愿表达不充分

在农村人居环境整治过程中，农村生活垃圾治理、村容村貌整治提升、村庄清洁行动的效果更容易被群众直观地看到、感受到，农民参与也相对容易。但农村生活污水本身就难以治理，设施建设需要精细化组织，需要大量资金和专业处理技术、人员，群众直观感受不强。因此，农民对不同重点任务意愿表达不同。如农村改厕私人属性强，出于自身利益和生活方便性，农户更愿意对这部分内容提出意见建议。对于统一施工建设改造的厕所，农民对改厕材料/产品难以提出有效意见。在生活垃圾治理方面，只有37.23%的调查对象提出过意见建议，仍有相当多的农户没有表达自己的意愿。

（六）农村基层组织作用明显

农村基层组织制度发展情况表明，农村基层组织和党员是农村人居环境整治的主要带动者、实践者，群众对村委会、村党支部书记和党员在农村人居环境整治中发挥的带头作用、志愿作用十分认可。同时，农村人居环境整治对促进农民文明健康知识普及起到较好效果，环境卫生意识的提高反过来对维护整治成果起到促进作用。但部分农民对村规民约约束力认识不清，村规民约作用和约束力仍有不足，一些地方还存在农村基层组织不完善、组织功能发挥不充分的情况。

五 农民参与农村人居环境整治的建议

（一）加强宣传发动，提高农民群众知晓度参与度

目前，农村人居环境整治观念已深入人心，农民逐渐享受到整治带来的益处。因此要继续开展宣传，农村人居环境整治政策宣传和鼓励农民参与长效管护并重。一是采用广播、微信、宣传手册、宣传画、公示栏、村委会成员或小组长入户宣讲等多种多样的形式，开展耐心细致、生动有效的宣传工作，使广大农民了解党和政府的政策、改善环境的益处和自身责任义务。二是发挥示范村、示范户作用，组织村干部、村民就近参观学习，增强农民群众改善自身环境的迫切愿望，激发群众的内生动力。三是充分发挥共青团、妇联等组织优势，组织开展与农村人居环境整治相结合的特色主题活动及评比，优先引导家庭妇女改变生活习惯，带动家庭成员增强健康文明生活意识。

（二）切实发挥农民主动性，增进农民深度参与

调研发现，往往每户只有一人参加农村人居环境整治相关会议和讨论。从实际效果看，很多村民的意愿没有得到表达，对于农村人居环境整治和公益性较强的项目，村民往往认为方案由村里决定即可，自己的意见不重要。因此，在农村人居环境整治过程中，要充分听取村民意见，确保村民意见得到表达，合理的意见建议要充分采纳，尊重农民意愿，给予农民充分的话语权和自主权，充分调动他们的积极性和主动性。对于公益属性强的活动，可以加强设计，增加农民参与渠道、参与方式、参与环节，让更多农民参与农村人居环境整治和后期运行管护。在具备条件的地方，可以引导农民适当出钱投劳，强化农民珍惜爱护整治成果的责任意识和主人翁意识。

（三）因地制宜制定激励措施，多种方式引导农民参与

调研中发现，有的村庄通过给农户发放绿化苗木的方式，引导农民群众

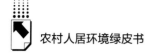

开展自家房前屋后绿化美化，同时约定村民的管理、维护责任，保证苗木栽得活、长得好，切实起到绿化美化环境的作用。积极开展"美丽村庄""美丽庭院""文明户"等评比活动，对环境整治先进村、先进户给予一定奖励，促进村庄环境和农户家庭环境改善。建立完善农村人居环境整治积分奖励机制，制定农村人居环境整治活动赋分规则，对积极参与人居环境整治活动的村民给予积分奖励，积分可以兑换成实物或服务，激发群众参与环境整治的积极性、主动性。还可以借助乡村旅游促进农村人居环境整治，实现经济效益、生态效益、社会效益共同发展。

（四）充分发挥农村基层组织的功能

农村基层组织更能体现农村社会人际关系形态和社会组织特征，适应性更强，能有效推动农村人居环境整治的制度化和常态化。要加强农村基层党组织建设，建设团结、有战斗力的村党支部，推动农村人居环境整治在基层落地生根。通过法定程序针对村庄面临的重点环境问题制定村规民约，强化村民参与农村人居环境整治、保护的权利、责任意识，培育公众参与精神，处罚破坏农村人居环境的行为。开展现代文明卫生生活观念宣传，培养农民健康卫生意识和监督管理意识，充分发挥农民自我管理、相互监督的积极性。

G.12
农民参与农村人居环境整治的
主要特征及影响因素

摘　要： 农民是农村人居环境整治提升行动的参与主体，是整治提升行动开展的内生动力。本报告基于我国东部、中部、西部、东北地区多个省份农村人居环境整治调查问卷数据，重点对农村厕所革命、村庄清洁行动、农村生活垃圾治理、农村生活污水处理、村容村貌整治的农民参与情况做对比和分析。结果表明：农村人居环境整治提升行动农民的总体参与度较高，但过程参与度差异较大，区域间差距明显；参与度排名东部地区最高，中部地区次之，东北地区再次，西部地区最低；农民的年龄、受教育程度、政治面貌和在本村职务情况等会对参与度产生影响，而性别、就业和收入水平对农民的参与度无太大影响。要继续推进农村人居环境整治，关注重点区域，激励农民全过程参与，提升农民自身条件。

关键词： 农村人居环境　农民参与　影响因素

农村人居环境整治是以习近平同志为核心的党中央从战略和全局高度做出的重大决策部署，是实施乡村振兴战略的重点任务之一。"开展农村人居环境整治"由党的十九大报告提出。2018 年初，中共中央办公厅、国务院办公厅印发了《农村人居环境整治三年行动方案》，致力于改善农村人居环境。2021 年底，中共中央办公厅、国务院办公厅进一步印发《农村人居环境整治提升五年行动方案（2021～2025 年）》，提出巩固拓展农村人居环境整治三年行动成果，全面提升农村人居环境质量。各地区各部门认真贯彻党中央、国务院决策部署，把改善农村人居环境作为社会主义新农村建设的重要内容，扎实推进农村厕所革命、村庄清洁行动、农村生活污水处理、农村生活垃圾治理、村容村貌整治等，各地区农村人居环境建设取得了阶段性成果，农村长期以来存在的"脏乱差"局面得到扭转，村庄环境基本实现干净整洁有序。

虽然农村人居环境治理成效显著，但也暴露出部分农民参与意愿不强、参与度不高、主体作用发挥不充分的问题。在整治行动实施全过程中，"政府干、农民看、不愿参与、参与不了"的情况不同程度存在，且农民自身条件不尽相同，对整治的参与度也有影响。在此背景下，只有深入分析不同区域农村人居环境整治提升行动的农民参与情况和影响因素，激发整治提升行动持续推进的内生动力，才能顺利实现2025年"农村人居环境显著改善，生态宜居美丽乡村建设取得新进步"的目标。

因此，本报告基于"全国农村人居环境重大调查"之"农户入户问卷"，对我国东部地区、中部地区、西部地区、东北地区四大区域农村人居环境整治的农民参与情况做统计、整理和对比分析，评估各重点任务的参与度，分析影响农民参与度的因素，提出提高农民参与度的政策建议。

一 参与情况概述

（一）农民参与情况

报告数据来自农业农村部沼气科学研究所承担的中国农业科学院基本科研业务费专项（Y2022YJ03）"全国农村人居环境重大调查"之农户入户问卷。[①] 本报告主要使用问卷中"基本信息、厕所革命组织实施、农户参与、

---

① 问卷开展、回收情况和样本情况详见 G.11《农民参与农村人居环境整治提升情况调查》。

农户认知"四个部分的数据。调研样本涉及中国东部、中部、西部和东北地区，十分具有代表性，可以全面分析全国各区域的农民参与情况。

农村人居环境整治提升具有特殊性，各重点任务相对独立，不存在直接影响关系。且整治实施并不以村级行政区为单位，而是呈点状或者片状。主要原因是：一方面不同区域基础条件不同，整治提升行动要因地制宜开展；另一方面则是尊重民意，要根据农民需求有序推进。为保证报告分析结果的可比性和科学性，本报告对农村厕所革命、村庄清洁行动、生活垃圾治理、生活污水处理、村容村貌整治做独立统计，剔除各区域"未开展"的问卷，有效问卷分别为820份、825份、838份、499份、809份。

从表1可以看出，农村厕所革命、村庄清洁行动、生活垃圾治理、生活污水处理、村容村貌整治在不同区域开展程度不同。其中，农村厕所革命、村庄清洁行动、生活垃圾治理、村容村貌整治提升实施范围大，而农村生活污水处理开展情况较差。具体来看，农村厕所革命和生活垃圾治理行动开展比较顺利；村庄清洁行动、村容村貌整治提升在西部部分地区未开展；东北和西部部分地区未开展农村生活污水治理。

表1　问卷统计情况

单位：份

地区	问卷总数	有效问卷数				
		农村厕所革命	村庄清洁行动	生活垃圾治理	生活污水处理	村容村貌整治
东北地区	240	219	238	239	47	235
东部地区	242	240	240	238	186	236
西部地区	121	121	109	120	76	106
中部区域	242	240	238	241	190	232
汇总	845	820	825	838	499	809

全国视域下，农村人居环境整治五项重点任务农民总体参与（参与任一阶段）占比均较高，表明农民的参与热情相对较高。分重点任务看，农

村厕所革命、村庄清洁行动、生活垃圾治理、生活污水处理、村容村貌整治提升农民总体参与率分别占总调查样本的 97.80%、94.91%、92.60%、91.78%、82.94%。其中农村厕所革命参与率最高，村容村貌整治提升参与率最低。分地区来看，农村厕所革命、村庄清洁行动和生活垃圾治理农民参与率由高到低均为东部地区>东北地区>中部地区>西部地区；生活污水治理、村容村貌整治各地区的总体参与率排名略有不同，具体来看，生活污水治理各地区农民参与率由高到低为东北地区>东部地区>中部地区>西部地区；村容村貌整治各地区农民参与率由高到低为东部地区>中部地区>东北地区>西部地区。总体来看，农村人居环境整治重点任务农民参与率，东部地区多排首位，西部地区则均排最末位。

表2　农村人居环境整治提升农民总体参与情况

		东北地区	东部地区	西部地区	中部地区	总体情况
农村厕所革命	有效问卷（人）	219	240	121	240	820
	参与人数（人）	216	239	114	233	802
	参与占比（%）	98.63	99.58	94.21	97.08	97.80
村庄清洁行动	有效问卷（人）	238	240	109	238	825
	参与人数（人）	232	234	97	220	783
	参与占比（%）	97.48	97.50	88.99	92.44	94.91
生活垃圾治理	有效问卷（人）	239	238	120	241	838
	参与人数（人）	230	230	93	223	776
	参与占比（%）	96.23	96.64	77.50	92.53	92.60
生活污水治理	有效问卷（人）	47	186	76	190	499
	参与人数（人）	46	181	58	173	458
	参与占比（%）	97.87	97.31	76.32	91.05	91.78
村容村貌整治	有效问卷（人）	235	236	106	232	809
	参与人数（人）	180	216	75	200	671
	参与占比（%）	76.60	91.53	70.75	86.21	82.94

（二）参与情况分类统计方法

本报告根据问卷中的问题设计逻辑和指标衡量，对参与情况进行类别划分。参与情况的问题设计逻辑是：参与农村人居环境整治的行为分为开始前动员宣传、实施中沟通建议、结束后效果监督三个阶段。农民在农村人居环境整治的三个阶段中参与任一阶段都认定为参与了行动。因此，本报告整理农民参与情况如表3所示。

表3　项目参与情况类别界定

参与情况类别	解释
总体参与	参与任一阶段
参与阶段1(宣传动员阶段)	参与了项目开始前动员宣传
参与阶段2(任务实施阶段)	参与了项目实施中沟通建议
参与阶段3(后期监督阶段)	参与了项目结束后效果监督
全过程参与	参与了项目实施全过程

二　分阶段农民参与情况

（一）农村厕所革命分阶段参与情况

在农村厕所革命中，全过程参与比例中部地区最高，为74.58%；东部地区次之，为66.25%；东北地区再次之，为63.47%；西部地区最低，为40.5%。分阶段来看，宣传动员阶段东部地区参与比例最高，为99.17%；任务实施阶段中部地区参与比例最高，为76.25%；后期监督阶段西部地区参与比例最高，为90.91%。东部地区虽然各阶段的参与比例在四个地区中都相对较高，但参与主体不够集中，导致全过程参与比例优势不大，位居第二。而西部地区则因宣传动员阶段参与比例低，仅49.59%，导致全过程参与比例低。即不同地区尤其是西部地区参与主体在3个阶段都相对分散，全过程参与比例与3个阶段参与比例差距较大（见图1）。

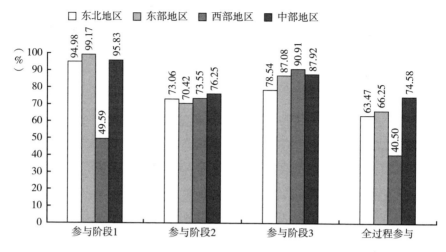

图 1　农村厕所革命农民过程参与情况

（二）村庄清洁行动分阶段参与情况

在村庄清洁行动中，全过程参与比例东部地区最高，为 71.67%；中部地区次之，为 66.81%；东北地区再次，为 57.98%；西部地区最低，为 38.53%。分阶段来看，宣传动员阶段和后期监督阶段参与比例东部地区最高，分别为 97.08%、79.17%，而后期监督阶段西部地区参与比例最低，仅 47.71%。东部地区各阶段的参与比例在四个地区中都最高，且参与主体相对集中，因此全过程参与比例位居第一。而西部地区则因后期监督阶段参与比例低，导致全过程参与比例最低。不同地区尤其是东北和西部，在 3 个阶段中各有长处和短板，参与主体比较分散，全过程参与比例与 3 个阶段参与比例差距较大（见图 2）。

（三）农村生活垃圾治理分阶段参与情况

在生活垃圾治理中，全过程参与比例东部地区最高，为 55.88%；东北地区次之，为 39.33%；中部地区再次，为 38.17%；西部地区最低，为 24.17%。分阶段来看，任务实施阶段和后期监督阶段东部地区参与比例最

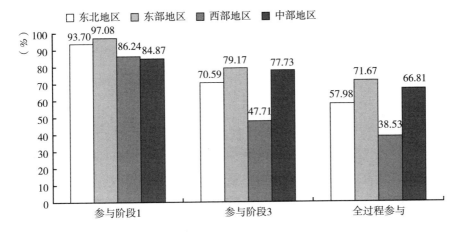

图2 村庄清洁行动农民过程参与情况

高，分别为 70.59%、69.75%；宣传动员阶段东北地区参与比例最高，为 95.40%；西部地区参与比例最低，仅为 47.50%，与其他地区的最高占比（东北地区，95.40%）相差 47.9 个百分点；任务实施阶段参与比例中部地区最低，为 40.66%。东部地区虽然各阶段的参与比例在四个地区中都有绝对优势，但参与主体不够集中，导致全过程参与比例虽排名第一位，但数值不高，为 55.88%。而西部地区则因宣传动员阶段参与比例低、中部地区因任务实施阶段参与比例低，导致全过程参与比例低。即不同地区参与主体在 3 个阶段都相对分散，全过程参与比例与 3 个阶段参与比例差距较大（见图3）。

（四）农村生活污水治理分阶段参与情况

生活污水处理是五项重点任务中农民全过程参与比例最低的。其中，东部地区排第一，为 49.46%；中部地区次之，为 44.74%；东北地区再次，为 27.66%；西部地区最低，为 19.74%。分阶段看，东部地区三个阶段参与比例都是首位，分别是 96.24%、59.14%、71.51%；东北地区任务实施阶段参与比例最低，为 29.79%；西部地区宣传动员阶段和后期监督阶段参与占比均最低，分别为 61.84%、31.58%。虽然东部地区三个阶段农民参与比例都有绝对优势，但是不集中，导致全过程参与比例并不高；西部地区和

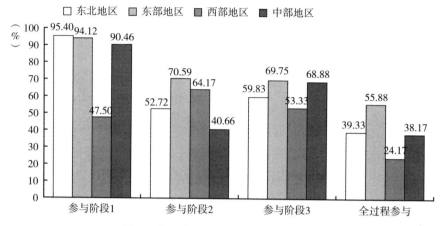

图3 生活垃圾治理农民过程参与情况

东北地区则是因为在某个阶段参与比例较低，导致全过程参与比例也较低。即不同地区参与主体在3个阶段都相对分散，全过程参与比例与3个阶段参与比例差距较大（见图4）。

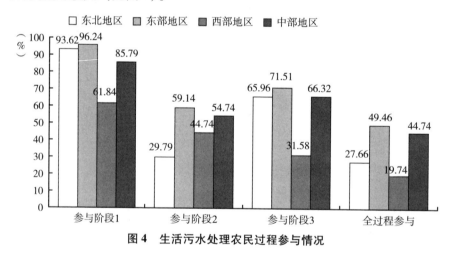

图4 生活污水处理农民过程参与情况

（五）村容村貌整治分阶段参与情况

在村容村貌整治中，全过程参与比例东部地区居首位，为73.31%；中部地区次之，为65.95%；东北地区再次，为51.91%；西部地区最低，为

50.94%。分阶段看，任务实施阶段和后期监督阶段参与比例东部地区均为最高，分别为85.17%、79.66%；任务实施阶段参与比例东北地区最低，为61.28%；后期监督阶段参与比例西部地区最低，为60.38%。总体来讲，村容村貌整治农民主体各阶段参与最集中，各地区全过程参与比例与3个阶段参与比例差距最小（见图5）。

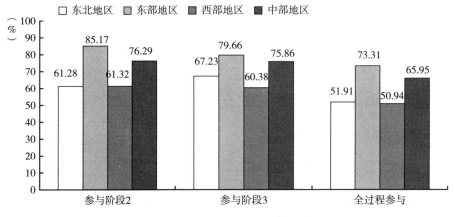

图5 村容村貌整治农民过程参与情况

三 影响农民参与的主要因素

（一）参与度影响因素

农民作为参与主体，其自身素质也是影响参与度的关键。本报告以五个任务有效问卷中参与情况为"总体参与"为筛选条件，整理参与了农村人居环境整治的农民的基本信息，并对比有效问卷农民基本信息（见表4）。相较五项重点任务的有效问卷基础信息，从性别看，男女比例均有所变动，总体表现为男性占比提高；从年龄来看，20岁及以下、21~40岁占比总体提升，其他年龄层占比略有下降；从受教育水平来看，高中以上学历的占比皆有不同程度提高；从政治面貌看，党员的占比有所提高；从在村里的职务看，有职务的占比提高；从就业状况看，非就业的农民参与比例有所提高；从年家庭收入看，收入在 6 万元以上的占比有不同程度提高。可以看出，农民自身条件和农民是否参与农村人居环境整治提升行动具有一定的关联性。

表4　"总体参与"农民基本信息

项目		农村厕所革命	村庄清洁行动	生活垃圾治理	生活污水处理	村容村貌整治
"总体参与"个数（人）		802	783	776	458	671
	类别	占比（%）	占比（%）	占比（%）	占比（%）	占比（%）
性别	男	59.85	59.90	59.66	58.52	61.25
	女	40.15	40.10	40.34	41.48	38.75
年龄	20 岁及以下	0.37	0.26	0.39	0.44	0.30
	21~40 岁	13.09	13.28	13.66	16.59	13.86
	41~60 岁	49.00	50.45	50.13	48.69	52.16
	61~80 岁	36.53	35.25	35.05	33.62	32.94
	81 岁及以上	1.00	0.77	0.77	0.66	0.75
受教育水平	未上学	6.73	6.39	6.06	6.11	6.56
	小学	26.06	24.90	25.77	20.74	23.85
	初中	43.02	43.42	42.78	43.89	43.96
	高中	13.22	13.79	13.79	14.85	13.56
	中专	4.86	5.11	5.15	6.33	5.22
	职高	0.00	0.00	0.00	0.00	0.00
	大学专科	4.86	5.11	5.15	6.33	5.51
	大学本科	1.25	1.28	1.29	1.75	1.34
	研究生	0.00	0.00	0.00	0.00	0.00
政治面貌	非党员	76.81	76.25	75.90	72.27	74.37
	党员	23.19	23.75	24.10	27.73	25.63
在本村职务	普通农民	80.17	79.18	79.64	76.64	78.24
	有职务	19.83	20.82	20.36	23.36	21.76
就业状况	非就业	61.97	61.17	61.98	60.04	60.36
	就业	38.03	38.83	38.02	39.96	39.64
年家庭收入情况	6 万元以下	56.11	55.04	55.28	54.59	53.80
	6 万~12 万元	27.93	28.22	27.84	30.13	28.61
	12 万元以上	15.96	16.73	16.88	15.28	17.59

（二）参与度测算和分析

为了更准确地衡量农村人居环境整治中农民参与度，验证农民自身条件与参与度的相关性，以及比较东部地区、东北地区、西部地区、中部地区的农民参与度，本报告将采取赋值得分法进行计算。农民参与情况和基本情况赋值计算方法为：首先，五个任务，每个任务总值为3，3个阶段分别赋值为1（若只有2个阶段，则分别赋值1.5），农民参与度为五大任务赋值总得分，参与度最高值为15；其次，对农民基本信息部分指标进行虚拟赋值（见表5）；最后，汇总各地区参与度得分（均值），并做相关性验证。

表5　农民基本信息赋值

指标		赋值
性别	女	0
	男	1
年龄	20岁及以下	以具体年龄为值
	21~40岁	
	41~60岁	
	61~80岁	
	81岁及以上	
受教育水平	未上学	1
	小学	2
	初中	3
	高中	4
	中专	5
	职高	6
	大学专科	7
	大学本科	8
	研究生	9
政治面貌	非党员	0
	党员	1

续表

指标		赋值
在本村职务	普通农民	0
	有职务	1
就业状况	非就业	0
	就业	1
家庭收入情况	6万元以下	以家庭收入为值
	6万~12万元	
	12万元以上	

通过对任务赋值和区域整理，得到农村人居环境整治提升农民整体参与度和各区域的平均参与度（见表6）。参与度最高值为15，全国平均参与度为9.70。分区域看，东部地区参与度最高，为11.40；中部地区参与度次之，为10.19；东北地区参与度再次，为8.48；西部地区参与度最低，为7.80；东北和西部地区参与度低于全国平均水平。

表6 不同区域农民参与度得分和排名

地区	参与度（均值）	参与度排名
全国	9.70	—
东北地区	8.48	3
东部地区	11.40	1
西部地区	7.80	4
中部地区	10.19	2

（三）相关性分析

通过前文分析，农民参与度有可能受到自身基础条件的影响，因此，本部分对问卷中农村人居环境整治提升行动参与农民的基本情况和参与度做相关性分析，得到基础信息指标和参与度之间的相关系数 r（见表7）。

表7　农民基本信息指标与参与度的相关性

Variables	(1)	(2)	(3)	(4)	(5)	(6)	(7)	(8)
(1) r	1.000							
(2) gender	0.026	1.000						
(3) age	-0.213***	0.230***	1.000					
(4) edul	0.225***	0.077**	-0.463***	1.000				
(5) pc	0.231***	0.197***	-0.062*	0.340***	1.000			
(6) post	0.213***	0.107***	-0.161***	0.347***	0.398***	1.000		
(7) emp	0.103***	0.020	-0.383***	0.307***	0.110***	0.252***	1.000	
(8) income	0.079**	0.043	-0.266***	0.244***	0.126***	0.111***	0.068**	1.000

注：*** $p<0.01$，** $p<0.05$，* $p<0.1$。

可以看出，农民的性别、受教育水平、政治面貌、在本村职务、就业状况、家庭总现金收入和农民参与度都呈正相关关系，农民的年龄与参与度呈负相关关系。且受教育水平、政治面貌、在本村职务、就业情况和参与度在0.01水平下显著正相关，家庭收入和参与度在0.05水平下显著正相关，年龄与参与度在0.01水平下显著负相关，性别与参与度之间的相关关系不显著。相关系数绝对值排序为：政治面貌>受教育程度>在本村职务>年龄>就业情况>家庭总现金收入>性别。从相关程度看，农民的年龄、受教育水平、政治面貌、在本村职务与参与度相关系数 r 绝对值在0.2~0.4区间，属于弱相关；性别、就业和收入情况就业情况与参与度相关系数 r 绝对值在0.0~0.2区间，属于极弱相关。因此，农民的性别、就业和收入情况对农民是否参与农村人居环境整治提升无太大的影响，而农民的年龄、受教育水平、政治面貌和在本村职务情况则会对农民是否参与农村人居环境整治提升产生影响。具体表现为：农民年龄越大参与意愿越低，年龄越小参与意愿越强烈；文化程度越高，参与整治的可能性就越大；农民是党员的话，参与整治的积极性更高；农民在本村有职务，也会有更高的意愿参与整治。

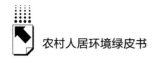
四　主要结论及建议

（一）主要结论

本报告基于对调研问卷数据的整理，讨论分析了农村人居环境整治提升行动的农民总体参与率、过程参与情况、参与度和影响因素。研究结论主要有三点。

第一，参与情况结果表明，整体来看，农民总体参与占比较高，均在90%以上，但不同任务之间和地区之间差异较大。从总体参与度来看，生活污水处理项目西部地区和东部地区的参与度相差约 21 个百分点；从区域来看，西部地区农村厕所革命和村容村貌整治的参与度差距约为 24 个百分点。

第二，过程参与情况表明，在农村人居环境整治前、中、后期，参与主体较分散，导致全过程参与占比总体不高。从阶段看，在宣传动员阶段和后期监督阶段，农民参与占比普遍偏高，但任务实施阶段参与占比普遍较低，即农村人居环境整治的前期和后期农民的参与热情比较高，中期农民的沟通建议较少。从地区看，东部、东北和中部地区各阶段参与占比普遍比西部地区高。不同阶段的农民参与情况差异明显，全过程参与者较少。

第三，五项重点任务农民参与度与基本情况的相关性分析结果表明，农民自身条件会对其参与整治的意愿产生影响，其中，年龄、受教育水平、政治面貌和在本村职务情况与农民的参与度弱相关，而性别、就业和收入情况与农民的参与度极弱相关，无太大的影响。

（二）对策建议

因此，为了更好地在全国推进农村人居环境整治提升，突出农民主体意愿，实现农民群众对美好生活的向往，可以在以下几方面改进。

一是继续推进生活污水处理整治行动。目前，根据因地制宜、分类施策的原则，部分地区生活污水处理项目尚未开展。未来，应在保证实施效果的基础上，继续推进农村人居环境整治，尤其是东北地区和西部地区的部分乡镇，地处偏远，农村人居环境整治有待持续实施。

二是关注重点区域，补齐区域短板。西部地区和部分东北地区基础设施水平较低，经济欠发达区域较多，是农民参与整治项目的短板。在未来的农村人居环境整治提升行动实施过程中，这些区域是重点，也是难点。应积极借鉴东部地区和中部地区整治行动的示范经验，实现农村人居环境升级。

三是想方设法激励农民全过程参与。农民是农村人居环境的参与者、受益者和维护者，只有农民深度参与才能更好地改善农村人居环境。提高农民参与度，要全过程带动。应制定和完善农民参与流程和参与内容技术导则。按照村镇自然经济条件和农民意愿，制定农村人居环境整治的程序、内容、方法和成果要求，制定细致的操作准则，系统性指导整治提升。此外，要以点带面，层级带动。发挥重点群体带动作用，号召村镇干部、农民代表做好表率，分层引导，逐级动员，带动群众。党员和在村中有职务的干部参与度更高，也更有带动力，先动员该类农民，做好表率，进而带动其他非党员、无职务的普通农民。重点鼓励年轻人、高学历的人积极参与整治提升项目，营造全民参与的氛围。应完善全过程参与机制。灵活使用项目责任划分、激励农民投入参与等手段，让农民多渠道多角度参与整治项目，把整治工作变成农民自己的事情。同时完善反馈机制，拓展农民意见建议反馈渠道，定期定点和农民开展意见交流活动，争取事事有回应、件件有着落，更充分地调动农民参与决策、管理监督和维护的热情。

四是高度关注农民自身条件改善。实施人居环境整治行动，要对农民开展相关培训。在相关性分析中，农民的受教育水平、政治面貌和在本村担任职务情况等会对参与度有影响。通过开展技能教学、农民夜校、思想政治宣传教育等多元培训，提高农民的知识水平、技能水平和思想觉悟，补齐农民自身的短板，更好地提高其参与度。

案例报告
Case Studies

G.13
完善农村改厕链条，持续推进农村厕所革命

——寿光市农村厕所革命主要做法和经验

摘　要： 山东省寿光市在推进农村厕所革命过程中，充分发挥城乡均衡优势，在改厕方案制定、建设施工、长效管护、粪污处理和资源化利用方面，坚持城乡一体规划、一体建设、一体管理，实现了改厕规范化、施工标准化、管护运维长效化，实现了粪污产生—运输—无害化处理—资源化利用的闭环管理。寿光市通过多年来持续推进农村厕所革命，已基本实现了卫生厕所全覆盖，有效改善了农民群众如厕条件，增强了农民群众卫生健康意识，以改好农村"小厕所"促进了农村人居环境"大改善"。

关键词： 农村人居环境　厕所革命　厕所粪污处理

一　寿光市基本情况

寿光市是山东省潍坊市所辖县级市，位于山东省北部、潍坊市西北部、

渤海莱州湾西南畔，总面积 2072 平方公里，辖 14 个镇街、1 个省级开发区，共有 975 个行政村，2021 年末户籍总人口为 1112790 人。2021 年，寿光市完成地区生产总值 953.6 亿元，实现一般公共预算收入 103.3 亿元；城镇居民人均可支配收入为 48487 元，农村居民人均可支配收入为 26527 元，城乡居民人均可支配收入比为 1.83∶1①。寿光市先后获得"联合国人居奖""国家生态园林城市""全国文明城市""国家卫生城市"等荣誉称号。

近年来，寿光市按照"城乡一体、均衡发展"的理念，全域化提升农村人居环境，突出"路、水、电、暖、气、房、厕、医、学、网"等十大领域，集中开展农村厕所革命等"十改"工程，实现城乡垃圾清运、污水处理等"八个一体化"，农村户厕改造和公厕建设任务全部完成。2020 年寿光市被中央农办、农业农村部联合表彰为全国村庄清洁行动先进县。2021年寿光市农村厕所革命典型做法被山东省住房和城乡建设厅在全省推广。

二 寿光市推进农村厕所革命的主要做法及成效

截至 2022 年 8 月，寿光市已累计完成农村改厕 10.5 万户，建设农村公厕 283 个，764 个行政村建立了专业化、市场化的建设和管护机制，15 个镇街区粪污处理设施全部建成投用，开展粪污资源化利用的行政村比例达到100%，农村厕所革命取得显著成效。

（一）加强整体规划，科学制定改厕方案

自实施农村厕所革命以来，寿光市坚持质量优先，确保数量服从质量、进度服从实效，扎实推进农村厕所革命。一是科学制定实施方案。2016 年、2020 年、2022 年分别印发了《关于深入推进农村改厕工作的实施方案》《2020 年全市农村厕所改造工作实施方案》《寿光市扎实推进"十四五"农

---

① 《2021 年寿光市国民经济和社会发展统计公报》，http：//www.shouguang.gov.cn/zwgk/TJJ/
202205/P020220505369071545464.pdf。

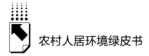
村厕所革命的实施方案》等文件，合理确定改造计划，分年度提出改厕任务和时间节点安排，优先安排饮用水源地保护区内村庄改厕。二是因地制宜，开展试点示范。从2016年开始，根据各镇街不同地下水位、村庄道路等实际条件，选择一体化、双瓮式改厕模式进行试点，发挥各镇街示范村、示范户的带动作用，引导村庄自行选择改厕模式。三是有序实施，逐步推进。在先期试点示范的基础上，2016~2018年首先在10个建制镇推进改厕工作，每年分别改造44826户、33062户和1728户，逐步向面上推开；2019年又在5个涉农街道改造20475户。四是查漏补缺，愿改尽改。在基本实现卫生厕所全覆盖后，2020~2021年分别对有改厕意愿的3836户、952户实施改厕。2022年又积极引导群众自主改厕，将达到改造标准并通过验收的户厕，纳入全市统一管理范围。

（二）统一厕所改造质量标准，实施规范化建设

寿光市严格执行山东省《农村一体式无害化卫生厕所施工及验收规范》（DB37/T5602—2016），按照户厕改造"六必须"标准规范施工，把标准贯穿于农村改厕全过程，加强全程质量管控，严把产品、施工、竣工验收等关口，最大限度保证工程质量。一是规范改厕流程。按照统一设计、统一购料、统一施工、统一验收的原则推进厕所革命。由市农工办、建设部门提供符合当地实际的设计图纸，以村为单位组织施工。二是加强施工技术指导。按照施工标准，规范建设流程，由经过培训的施工人员或有资质的施工队伍施工；对村庄具体负责人和施工人员进行改厕技术培训，保证相关人员掌握技术，按规范施工；在施工中，对易冻部位进行防冻处理，确保冬季正常使用。三是强化工程质量监管。建立农村改厕质量管理制度，每镇街配备1~3名工程质量监管人员，加强改厕施工现场质量巡查与监督。四是建立验收机制。按照农村改厕验收标准，建立镇、市两级验收机制，在各镇验收完成后，市里委托第三方机构对改厕情况逐户进行复核验收，确保改厕质量符合要求。

（三）建立健全长效机制，加强改厕后续管护

一是制定管护方案。2019 年印发《深入推进农村"厕所革命"健全完善长效管护机制实施方案》，提出完成改厕任务后将工作重心转移到完善后续管护长效机制上来，确保发挥长期效益。将农村户厕维修管护纳入城乡环卫一体化管护体系，探索推行一体化管护。二是建立健全维修服务体系。制定《寿光市农厕管护服务站"十有"建设标准》，在各镇街配套建设不少于1 处农厕管护服务站，设立配件专柜，公示材料费、维修费价格，每村设 1名改厕管理员，每 2000 户配备 1 辆吸粪车，提供管护服务硬件配置保障。三是实行一个平台受理。搭建市级农村改厕智能化监管平台，运用现代信息技术实施精准管理，做到全程可跟踪、随时可查询、事后可追溯。群众通过电话或扫描二维码进行厕所报修、厕污报抽，平台第一时间安排人员、车辆48 小时内完成上门服务；不会使用或没有智能手机的农户，可将相关需求报送给村协管员，由协管员代为报修、报抽。维修完成后，群众还可对服务进行满意度评价。四是实行一套标准办理。统一制作安装"农村无害化卫生厕所服务包"10.4 万多个，各镇街每名机关干部包 30~40 户改厕户，做好户厕使用宣传和检查工作，发现问题立即整改。制定全市农村户厕后续管护服务考核办法，根据各镇街管护质量及群众满意度进行考核。

（四）加强厕所粪污处理，促进资源化利用

按照"无害化处理、资源化利用"的要求，以粪肥无害化还田利用为重点，结合农业绿色发展，推动厕所粪污就地就近消纳、综合利用。重点推行三种资源化利用方式。一是发酵产沼气。依托原有沼气站建设粪污中转站，结合蔬菜秸蔓（即蔬菜秸秆、茎叶）产生量大的实际，采用"秸蔓+厕污"发酵产沼气的方式处理秸秆和厕所粪污，产生的沼气供附近村民使用，沼液、废渣施用到果树、林地、绿化苗木内，既降低了群众生活成本，又净化了村庄生态环境。二是发酵制肥。通过布点建设发酵池，集中收集粪液粪渣，通过综合发酵处理，作为有机肥用于苗木培育、林果种植

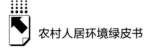

等农业生产，实现了厕污无害化处置和资源化利用。比如，稻田镇粪污中转站，对粪便进行收集发酵处理后，制成生物质肥。三是曝气制菌肥。引入国家专利酵素菌技术，通过菌类分解，将粪污发酵生产微生物菌肥、叶面肥等复合肥；根据蔬菜大棚换茬需求，使用菌肥融化不溶性无机磷，解除有机酸积累对植物的危害，保持了大棚土壤的活性。依托环卫等国有企业，对厕污抽吸等进行专业化托管，通过视频监控及安装液位传感器、车辆 GPS 定位等，监测、规范粪污抽吸、运输、处理、利用等环节，严禁随意倾倒，实现了粪污产生—运输—无害化处理—资源化利用的闭环管理。

三 寿光市推进农村厕所革命的经验及启示

（一）突出"一盘棋"思维，城乡统筹持续推进

积极落实五级书记抓乡村振兴的要求，将农村厕所革命作为"一把手"工程，规划上优先考虑、资源上优先统筹、投入上优先保障。建立了农村厕所革命联席会议制度，由市委、市政府主要负责同志担任双组长，集中资源力量，高位高效推动农村改厕。把农村厕所革命作为重要任务纳入议事日程，打破原有农村人居环境整治条块管理和工作分工的限制，由市委副书记和市政府分管领导统一管理、整合资源、统筹调度、一体推进。从寿光市改厕经历可以看出，当地多次制定农村厕所革命实施方案，根据建设、管护、粪污治理等不同阶段发展特点，有计划、有步骤地制定目标任务，确定工作重点，一年接着一年干，持之以恒推进农村厕所革命这项民生工程。

（二）强化资金保障，建立完善常效投入机制

把农村厕所改造纳入市镇两级财政预算，逐步提高改厕补助标准，在早期涉农街道改厕工作中，省、市、县（市）财政三级按照每户各 300 元的标准奖补，鼓励农户自备建筑材料或以投工投劳等形式参与改厕。2020 年，寿光市财政对新改厕户每户补贴提高至 1100 元。近年来，寿光市用于农村

厕所革命的财政总投入达 1.31 亿余元，其中市本级财政总投入 6880 余万元。农村厕所革命的财政总投入主要用于农村户厕及公厕改造补助、农村公厕保洁、数据平台维护、抽厕补贴等。对厕所粪污抽吸服务按照每次 50 元的标准补助，其中市级财政补助 40 元、镇级财政补助 10 元，从最初每年免费抽吸一次，到每年免费抽吸两次，再到全年免费抽吸，逐步加大改厕后续管护补助力度，全部后续服务费用由 500 万元增加到 1200 万元。同时，加强农村改厕资金的使用管理，实行专账核算、专款专用，任何单位和个人不得截留、挤占和挪用。

（三）强化督导考核，压实工作责任

寿光市把农村人居环境整治纳入全市 20 项重点工程之一，将农村厕所革命工作作为镇街党政领导班子和领导干部推进乡村振兴战略实绩考核的重要内容，纳入市新型城镇化和美丽乡村考核，采取自查巡查、普遍检查、随机抽查、第三方评估等方式，持续巩固农村改厕成果。市委书记或市长定期带队进行现场调度，市政府分管领导每月召开现场调度会议，进行随机抽查、现场点评、公开通报，有力推动了工作开展。市住建局、农业农村局组成联合督导组，逐镇逐村走访排查，落实通报、考核、约谈和挂黄牌等制度，压实工作责任。细化考核内容，将农村户厕改造考核内容细化为建立农厕改厕服务站、建设粪便无害化处理设施、经费保障、改厕完成率、群众满意度等 5 项二级指标，并进一步细化为粪便收运处置工作等 12 项三级指标进行量化打分考核。组织第三方评估机构每年开展 2 次电话满意度调查，每次随机抽取 5000 户，解决改厕户遇到的问题，持续巩固提升农村改厕成果。根据考核结果，对先进镇街给予奖励，对落后镇街减发奖补资金。

（四）加强宣传引导，培养群众卫生健康意识

利用广播、电视、微信等多种媒体，结合爱国卫生运动等活动，大力宣传改厕对改善如厕体验、改善居住环境、提高生活质量的积极作用，提高农

民对厕所改造重要性和有益性的认识。特别是将厕所改造与美丽庭院创建相结合，促进整体居住环境的改善和农民良好卫生习惯的养成；将厕所改造与物质奖励相结合，对环境改善显著、长久保持干净整洁、维护到位的家庭给予奖励，鼓励农户参与改厕。在农村户厕问题摸排整改"回头看"中，寿光市发动1.3万名干部群众参与问题摸排。在调研中了解到，许多村动员支部党员率先进行改厕示范，带动本村村民主动改厕和使用维护厕所，逐步引导农民群众主动改善自身生活条件。在使用过程中，制定并在厕所明显位置张贴厕所使用明白纸，告知农户使用方法、注意事项、维修维护、粪污清运等内容，引导群众正确使用和维护厕所。

四　简要结论和建议

小厕所，大民生；小厕所，大文明。习近平总书记指出，厕所问题不是小事情，是城乡文明建设的重要方面，不但景区、城市要抓，农村也要抓，要把这项工作作为乡村振兴战略的一项具体工作来推进，努力补齐这块影响群众生活品质的短板。"小康不小康，厕所算一桩"，厕所问题不仅关系农村人居环境的改善，也关系农民群众生活品质的提高，反映出的是民生大问题。近年来，寿光市把农村厕所革命作为重要的民生工程，坚持城乡统筹发展，持续推进，久久为功。从方案到实施，从产品到施工，从建设到管护，从粪污处理到资源化利用，从组织到资金保障，寿光市逐步探索出规范化建设、资源化利用、一体化管护、多元化保障的建管模式，以改好农村"小厕所"促进了农村人居环境"大改善"，增强了农民卫生健康意识，让生态宜居成为乡村振兴的亮丽名片。

下一步，在已基本实现卫生厕所全覆盖的基础上，认真贯彻落实"五年行动方案"，结合本地实际，了解农民对厕所革命的新需求，提高对厕所革命的新认识，继续做好厕所质量提升、后续长效管护、厕所粪污处理和资源化利用等工作；加大健康宣传教育力度，培养农民群众卫生健康意识和习惯，把转变农民思想观念、推行文明健康生活方式作为农村精神文明建设的重要内容，让厕所革命成为农村精神文明建设的助推器；进一步发挥农民主体作用，制定切实可行的政策措施，激发农民自身积极性、主动性，让农民更多地参与到自家厕所管护等过程中，避免出现政府大包大揽现象。

G.14
放权农民自组织，赋能乡村环卫
可持续管理

——津市市农村环卫管理的主要做法和启示

摘　要： 津市市通过成立村级环卫协会、建立财政资金引导保障制度、实施受益主体付费制度、引导农民主动参与卫生管理等举措，有效地提高了农村环境卫生管理效率，实现了农村生活垃圾分类和资源化利用，建立健全了农民可接受、市场可运行的农村环境卫生管理长效机制。津市市农村环境卫生管理的成功经验和创新价值主要体现在四个方面，即明确利益主体职能边界、放权赋能农民自治、实现外部性价值可量化可视化可转化、提高农村环境卫生管理的附加值，其探索和创新实践具有重要的理论价值和现实意义。

关键词： 放权赋能　农村环境卫生管理　村级环卫协会

津市市位于湖南省北部，隶属于常德市，依澧水而成城，辖4个镇、5个街道和1个省级高新区，39个行政村和38个社区居委会，总面积558平方公里。截至2021年底，津市市有人口28万，其中农村常住人口约12万；全年完成地区生产总值193.6亿元，一般公共预算收入5.54亿元；农村居民人均可支配收入20404元，略高于湖南省平均水平。近年来，津市市大力推进城乡融合发展，重点开展农村人居环境整治，取得明显成效，2019年、2020年连续两年获得湖南省政府农村人居环境整治真抓实干督查激励，2021年度获评国家促进乡村产业振兴、改善农村人居环境等乡村振兴重点工作激励市县，也是全国村庄清洁行动先进县、全国首批农村生活垃圾分类和资源化利用示范县。2022 年 7 月 14~16 日，我们在津市市开展调研，通过召开座谈会、实地考察和走访村社干部及村民代表，发现津市市致力于打造干净整洁、生态宜居的美丽乡村，在提高农村环境卫生管理效率，探索生活垃圾分类和资源化利用，建立健全农民可接受、市场可运行的农村环境卫生管理长效机制等方面，做出了有益探索和实践。

一 津市市开展农村环境卫生管理的主要特点

（一）成立村级环卫协会

津市市推动村级居环卫协会开展农村环境保洁工作，环卫协会主要负责以下环境卫生工作：①环境卫生整治、村容村貌提升的政策宣传及动员；②管理分类垃圾，回收、转运、兑换、处置分类垃圾，建立分类垃圾台账，管理垃圾回收屋和积分兑换点；③督促引导村民将生产生活垃圾规范投放，定时定点收集清运；④开展日常保洁，督促农户落实"门前三包"，开展村庄公共区域卫生清扫保洁；⑤进行环卫设施维护以及村庄公共空间的设施设备、绿植等的日常管护；⑥开展农户环境卫生月评季奖活动。

村级环卫协会是非营利自治组织，在市民政局登记备案并按要求完成协会年审工作。每个村级环卫协会由 1 名会长、2 名副会长、若干会员等组成。协会会长、副会长经党员、村民代表大会层层选举产生，一般由老党员、老干部、老教授、老模范、老代表、热爱环卫事业的热心群众、社会贤达等人员担任，会员由村民自愿申请。

截至 2022 年 7 月，全市村级环卫协会已经覆盖全部村居。

（二）建立财政资金引导保障制度

津市市建立村级环卫协会的财政资金引导保障制度，每年每村由市级财

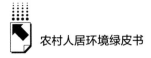

政安排 5 万元"绿色存折"运行资金对协会组织运转经费进行补贴。这笔资金与农户收费和社会捐赠共同构成协会经费，可由环卫协会自行支配，由村居两委监督使用。主要用于开展环卫协会章程规定的业务活动，举办会议及日常办公费用，支付环卫协会专职工作人员、保洁员的工资、保险及福利，支撑垃圾分类"绿色存折"制度运行，采购农户月评季奖奖品、小型环卫设施（扫帚、设备维修）等。

（三）实施受益主体付费制度

协会制定保洁费收取标准，除贫困户、五保户、残疾人等五类经济困难群众外，协会每年向农户和其他受益主体收取保洁费，并开具收据。以毛里湖镇大山社区为例，社区有 1656 户居民、127 家个体商户。2019 年成立环卫协会，现有会长 1 名、副会长 5 名、保洁员 12 名，2022 年保洁费标准为农户每户每年 50 元、商户每户每年 100 元，共收取保洁费 7 万余元。

（四）引导农民主动参与卫生管理

津市市把农村环境卫生管理与农村自治结合起来，通过"三折融合"模式激发农村党员、居民以及志愿者参与卫生管理的积极性。一是探索实施"红色存折"制度，将提出合理化建议、调解矛盾纠纷、为群众办实事好事等量化为党员积分，实施年终考核，对不合格党员进行诫勉谈话和限期整改，优秀党员则可以参加上级优秀党员评选，甚至可以被列为村两委干部后备人选。二是探索垃圾分类的"绿色存折"制度，农村居民将分类垃圾收集整理好送到分类垃圾房或回收点，获得相应积分后可换取生活用品或现金。三是探索"蓝色存折"的爱心投入制度，将环境保护、村容村貌管护等农村人居环境内容纳入志愿者服务清单，志愿者为服务对象提供服务后可获得积分，积分可用于兑换相应服务，也可用于在涉农项目扶持、贷款额度等方面享受优惠。

二 津市市农村环境卫生管理的经验启示

津市市通过一系列管理制度和组织模式创新，建立健全农村卫生管理长效机制，极大地激发了农民参与积极性，农村垃圾分类覆盖率达100%，垃圾减量率达50%以上，垃圾转运成本下降50%以上。津市市农村环境卫生管理受到了广泛关注，"三折模式"先后被中央电视台、中央深改组推介，并荣获湖南省首届管理创新一等奖。津市市农村环境卫生管理的成功经验和创新价值主要体现在四个方面。

（一）明确利益主体职能边界

农村环境卫生管理涵盖全部村庄空间，既包括全村受益的公共空间，如村民活动广场、村庄主干道等，也包括以村小组（自然村）为主要受益群体的通组道路，还包括以单户农户为受益主体的房前屋后区域。从管理流程上看，农村环境卫生管理需经过清扫、垃圾收集、贮存、转运、处理等多个环节，这其中有单家独户可以承担的职能，如房前屋后清扫及其垃圾收集，也有大量需要村两委协调安排的工作，如垃圾集中贮存管理，还有需要地方政府统筹的事务，如垃圾的转运、处理和回收利用等。政府、集体和农民等利益主体职能分工清晰、权责明确，是农村环境卫生实现协作共管的关键。

津市市构建了规范的垃圾收集、转运体系，农户对垃圾进行分类、收集后，由"户负责"送到屋场垃圾归集点，再由"村负责"送到镇垃圾中转站，"镇负责"送至市垃圾填埋场[①]，进一步明确了农户、村和镇街的责任。值得注意的是，农户责任包括可回收垃圾和不可回收垃圾两类，细化规定为可回收垃圾上门回收或送至回收屋积分兑换，不可回收垃圾要投放至垃圾收

---

① 中共津市市委农村工作领导小组办公室：《津市市关于农村人居环境整治垃圾收集、转运体系规范建设暨村级环卫协会规范管理运行的通知》，2021年4月。

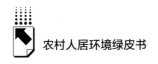

容器内，杜绝乱扔乱用、垃圾不入收容器等行为，而对村级责任则细化到"杜绝爆满溢出"等规定，这使得规范农户行为和评价村级履责均有明确依据。

（二）放权赋能农民自治

农村环境卫生管理具有垃圾产生点多、覆盖范围广、容易混入农业生产垃圾甚至有毒有害垃圾等特点，导致清洁死角多、转运半径长、垃圾成分复杂等问题。在农村空心化、老龄化以及人口季节性变动的宏观态势下，采取完全市场化运行的城市环境卫生管理办法成本高，却不一定能达到理想效果。津市市充分放权赋能农民自治组织，依托村级环卫协会开展农村人居环境整治日常工作，实现了农村环境卫生自我管理、自我服务的良性循环。

具体而言，村级环卫协会享有独立的用人权、做事权、资金使用权。以前述大山社区为例，由于社区是毛里湖镇政府所在地，大山社区环卫协会将社区17个村民小组划分为两个网格开展农村人居环境综合整治，由协会会长负责农业片，由社区环境卫生管理员负责集镇片。用人权方面，协会会长和副会长由居民代表大会选举产生，规定协会主要负责人的权利义务，保洁员由协会负责招聘、管理，协会根据自身情况确定保洁员工资待遇、奖惩方式等。例如，协会主要负责人负责的网格片区出现居民垃圾桶未摆放、垃圾未分类或对绿色存折不理解的情况，每次扣发主要负责人工资50元，如果全年每季度得到名次的奖励300元；协会保洁员工资为每月1300元，实施每月考核排名，考核等级高的保洁员通报表扬加物质奖励，考核等级低的通报批评并扣工资甚至撤换。做事权方面，协会制定章程并按章程做事，除日常保洁和垃圾收集、分类、转运外，协会做事包括但不限于政策宣讲和村民动员、检查评比并排名通报、管理"绿色存折"、进行月评季奖等。资金使用权方面，协会的经费一部分由财政保障，不足部分向农户和商户收取，鼓励协会向社会募捐，协会独立核算，受村民理事会监督。

（三）实现外部性价值可量化可视化可转化

农村环境卫生管理的结果具有显著外部性，良好的户外村内环境具有公共产品属性，是生态宜居和公共健康的重要保障。但是，要实现公共环境的良治需要支付较高成本，不仅包括必要的设施设备和人员等硬件投入，还包括为实现这一目标所付出的间接成本，如提升农民卫生意识、改变农民行为习惯、增强外来人员或商户的责任意识等。大量研究表明，卫生知识和态度、个人卫生行为等非经济变量对农户环境卫生支付意愿的影响更为显著[①]，发挥农民主体作用成为当前阶段农村人居环境整治提升的重要课题。

津市市"三折融合"模式，将农村环境卫生管理的"外部性收益"进行积分量化，采取"纸质存折"方式符合农民习惯和认知，不仅能够让农民在积分兑换时感受到物质激励的结果，而且一笔一笔的详细记录能够让农民感知激励过程。值得一提的是，开展农村人居环境整治是党员履行义务、发挥先锋带头作用的要求，"红色存折"制度不仅对党员义务进行了约束，还对优秀党员进行实质性奖励，将精神荣誉转化为真抓实干的内在动力。用于志愿者的"蓝色存折"积分不仅意味着对其爱心奉献精神的肯定，而且能够转化为实实在在的项目扶持、贷款额度，对于千千万万的普通人而言无疑具有现实意义。

（四）提高环境卫生管理的综合效益

农村环境卫生管理的任务是给农民一个干净整洁的环境，在推动农村地区环境卫生水平提升的基础上，为农村地区全面建成小康社会、实现乡村全面振兴提供良好的环境支撑[②]。

在改善农村环境卫生的基础上，津市市开展了农家屋场整治、乡村旅游、造林绿化美化、水系连通及农村水系综合整治等农村人居环境整治提升工程，通过汇集资金、集中人力物力、调动行政资源等方式鼓励农村产业发

---

① 苗艳青、杨振波、周和宇：《农村居民环境卫生改善支付意愿及影响因素研究——以改厕为例》，《管理世界》2012 年第 9 期。

② 《住房和城乡建设部关于建立健全农村生活垃圾收集、转运和处置体系的指导意见》，（建村规〔2019〕8 号），2019 年 10 月 19 日。

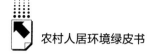

展，在较短时间内，将农村环境卫生优势进一步转化为乡村产业振兴基础，形成了一批独具特色的乡村产业振兴和改善农村人居环境示范点。前述大山社区区位条件和自然资源禀赋缺乏比较优势，在投资能力以及乡村能源物流条件的约束下，大山社区难以在农业基础上发展乡村服务业。通过政府牵线、主动点对点对接，大山社区发掘整合社区土地、空置厂房等闲置资源，引入派对文化集团有限公司在社区设立乡村振兴车间。2021年12月项目落地，提供了社区及周边400多个劳动力就业岗位。截至2022年7月，已经为大山社区集体经济创收50万余元。

三 简要结论和建议

改善农村环境卫生是建设美丽宜居乡村的基础性工作，直接关系农户的身体健康和生活幸福感。在从传统农耕形态向现代乡村转型过程中，农村环境管理应体现现代文明，回应农民对美好生活的向往。同时，管理效果与农村资源禀赋和经济社会发展水平高度相关，由此呈现高度的专业技术需求和鲜明的社会治理需求，单一的政府管理或延续过去的农民自治都存在不适用性。津市市通过建立村级环卫协会，搭建了农村环境卫生管理的平台载体，赋予其用人权、做事权和资金使用权，放权赋能农民自治组织，形成了"党委领导、政府引导、农民主体、社会参与"的多元投入和成本分担格局，提高了农村环境卫生管理效率，其探索和创新实践具有重要的理论价值和现实意义。

在调研过程中，我们发现津市市农村环境卫生管理还有进一步完善的空间。一是应根据"谁污染、谁付费"原则，开展农村环境卫生管理的成本测算，构建更加完善的成本分担机制，让农民付费更加有据可依。二是可进一步拓展农村环境卫生管理的内涵及外延，将农村户厕粪污处理、村庄绿化亮化等服务通过合理方式下沉到村级，以提高财政资金利用效率，实现村庄环境长治长效。

G.15
以低碳社区建设为抓手，
助推农村人居环境整治提升

——以海龙村为例

摘　要： 农业农村减排固碳是实现碳达峰、碳中和战略的重要举措，为探索农业农村绿色低碳发展实施路径，打造农村低碳生产生活样板，四川省遂宁市安居区海龙村率先实施"低碳社区"建设，秉承"一核·三生"建设理念，通过开展"低碳社区"运维培训、建设沼气工程、推广沼渣/沼液还田、建设生活污水处理设施等举措，有效地降低了村域内碳排放，显著改善了人居环境。但海龙村"低碳社区"建设也存在农民参与度偏低、建设资金保障不足、市场化发展水平不够等问题。下一步，海龙村"低碳社区"建设应在提高农民自主参与度、增强资金保障能力、加大科技支撑力度、探索减排固碳成果及低碳农产品上市交易上下功夫，将海龙村打造成"低碳社区"样板。

关键词： 减排固碳　低碳社区　农村人居环境

一　海龙村基本情况

（一）地理区位

"低碳社区"坐落于四川省遂宁市安居区常理镇海龙村。遂宁市位于四川盆地中部、涪江中游，东邻重庆、广安、南充，西连成都，南接内江、

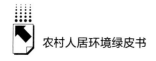

资阳，北靠德阳、绵阳，与成都、重庆呈等距三角，位于成渝地区双城经济圈中心地带。海龙村（原名凯歌公社二大队）位于常理镇的东南方向。

（二）生产生活情况

海龙村现有 5 个村民小组 507 户 1539 人。全村现有土地 4472 亩，其中耕地 2437 亩、林地 1437 亩、居住及其他用地 500 亩、水塘 98 亩。村域内有养殖场 3 座，其中贵旺家庭农场年出栏生猪 6000 头、程越养殖社年出栏肉鸡 10000 只、张宇学养殖场年出栏肉鸡 10000 只。

海龙村紧紧围绕乡村振兴战略规划部署，开展"美丽遂宁·宜居乡村"精品村建设，以沼气文化和红色文化为媒，大力推动休闲农业发展，聚力打造美丽休闲乡村样板地。全村共有休闲农业经营主体 25 个，涉及农耕体验、科普教育、红色旅游、特色民宿等十余类，年接待游客 25 万人。目前，海龙村产业结构发生较大变化，由传统农业主导转为农业和乡村旅游业共同主导。

二 低碳社区建设助推农村人居环境提升

（一）农村人居环境状况

海龙村属于典型的"远郊、丘区、复合经济、复合居住"类型农村。种植业、养殖业发达，乡村旅游业发展迅速，人居环境存在不少短板。一是垃圾处理系统不完善，海龙村生活垃圾虽已基本实现集中处理，但农业生产垃圾，如秸秆等，仍有不少就近在河道、公路旁、农田里露天堆放，夏天滋生蚊虫，影响村民生活。二是生活污水治理基础薄弱，缺乏有效的生活污水处理设施，生活污水基本直接排入水系。三是农业面源污染问题突出，畜禽粪污年产生量大、温室气体排放多、养分损失量高，对村域内生态环境存在巨大污染风险。

（二）"低碳社区"建设成效

通过实施"低碳社区"建设任务，海龙村人居环境显著改善。生活污水有效治理率达 100%；农村生活垃圾收运处置体系健全，生活垃圾基本实现无害化、低碳化处理；厕所革命工作扎实推进，结合户用沼气池及无害化卫生厕所建设，基本实现卫生厕所全覆盖；养殖场粪污处理设施配套完善，粪污基本实现沼气化、肥料化利用；秸秆基本实现肥料化、能源化利用。

另外，"低碳社区"建设也可以获得很大的生态效益。建设任务的实施有效降低了村域内温室气体排放 35%，即 830 吨 CO_2 当量/年，有效增加土壤碳汇 220 吨 CO_2 当量/年；降低化肥氮素投入 16 吨/年，降低氮淋溶/径流损失 4.5 吨/年，降低氨气和氧化亚氮等气态氮素损失 1.3 吨/年，实现氮素有效循环。

三　主要做法和经验

（一）加强整体谋划，统筹协调三农要素

加强整体谋划、顶层设计，在准确掌握现状的基础上，立足农村实际，制定了《安居区常理镇海龙村"低碳社区"建设行动方案》。坚持农业、农村、农民协同发展，统筹海龙村农业生产发展、农村生态治理、农民生活方式三大要素，提出"一核·三生"建设理念（见图 1）。一核，即以农村可再生能源替代为核心，充分利用畜禽粪污、农作物秸秆等农业废弃物，建设高质量农村沼气综合利用工程，用沼气替代化石能源；三生，即农业生产产业升级，坚持种养循环，推广沼肥/有机肥替代化肥，促进旱地农田减排固碳，坚持科学减肥，抓好秸秆离田综合利用，促进稻田/藕塘甲烷减排，推动农业生产高效低碳发展；乡村生态环境改善，科学构建农-林复合系统，科学管护现有林地，利用村中现有空地营造新林盘，增加林业固碳，建设环湖生态隔离带，持续推进水体环境保护，推动乡村生态环境持续改善；农村

生活方式变革，建设户用沼气池，分类处理生活污水及生活垃圾，促进生活垃圾污水沼气收集利用，减少生活污水及生活垃圾处理过程中的碳排放，推动农村生活低碳化。

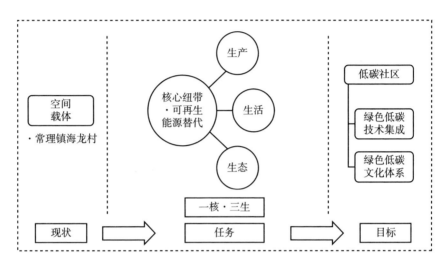

图1　低碳社区建设理念

（二）聚焦建设任务，补齐低碳发展短板

结合海龙村农业生产、农村生态、农民生活实际，聚焦建设任务，补齐低碳发展短板。

1. 开展"低碳社区"运维培训，营造"低碳社区"建设氛围

"低碳社区"建设运行需要长期坚持，农业农村领域碳排放降低和碳汇提升也无法一蹴而就，农业生产技术和方式需要逐渐优化，农民也需要逐渐过渡到低碳生活方式上。因此开展"低碳社区"运行维护科普和培训工作十分有必要。第一，联合安居区政府相关部门设立凯歌沼气学院，定期开办培训班，以展板、音视频、实物、现场讲解等手段，科普低碳农业生产技术、低碳生活知识，增强人们低碳意识。第二，开展生态体验及亲子研学，结合中国农科院科技开放日，组织政府工作人员、大中小学生、村民在海龙村"低碳社区"生态体验区，亲身体验绿色低碳的生产生活方式。

2.建设沼气工程，推动可再生能源替代

将畜禽粪污及餐厨垃圾进行绿色低碳处理，既是"低碳社区"建设的重要内容，也是改善农村人居环境的重要举措。结合海龙村资源条件及能源需求情况，建设沼气工程处理畜禽粪污及餐厨垃圾。第一，以"源头减量、过程控制、末端利用"为治理路径，采用干清粪工艺收集粪污，在养殖场建设高质量农村沼气综合利用工程，处理畜禽粪污，生产的沼气满足养殖场及周边村民燃气需求。第二，按照"前端智能分类+分散式就近处理+末端资源回收"的模式对生活垃圾进行处理，分离出的餐厨垃圾通过户用沼气池发酵处理，收集户用沼气池所产沼气，满足住户燃气需求，实现餐厨垃圾低碳化处理。

3.推广沼渣/沼液还田，促进旱地减排固碳

结合海龙村农业生产特征，发展绿色种养循环农业既可以消纳沼气工程所产生的沼渣/沼液，又可以降低化肥投入，还可以增加土壤有机碳储量，达到增加土壤碳汇的效果。因此，有必要在海龙村"低碳社区"建设中推广示范沼渣/沼液还田。第一，实施测土施肥，结合土壤养分状况、耕作制度、目标产量，制定果园、旱地施肥方案，明确沼渣/沼液及化肥施用量。第二，按照施肥方案进行施肥，同时监测果园、旱地作物产量、品质，以及沼渣/沼液还田后温室气体排放量、土壤有机碳含量，及时发现并解决沼渣/沼液还田过程中出现的问题，保证沼渣/沼液还田的有效实施。

4.协同推进农村人居环境整治，提升"低碳社区"建设成效

按照"低碳社区"建设与农村人居环境整治协同推进原则，坚持以"低碳社区"建设为抓手，促进农村人居环境整治，提升"低碳社区"建设成效。第一，推进生活污水治理，建设生活污水处理设施，生活污水经净化处理后，回用为林盘灌溉用水或景观用水。第二，结合户用沼气池，扎实做好餐厨垃圾处理；其他生活垃圾按照"户集、村收、镇运、区处理"模式进行处理。第三，结合户用沼气池做好改厕工作，对于已建户用

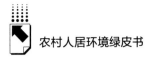

沼气池的农户，采用户用沼气池处理人粪尿；其他农户新（改）建无害化卫生厕所。

（三）坚持系统观念，理顺减排和发展的关系

在"低碳社区"建设中，充分考虑当地资源禀赋、产业基础、生产规模和经营方式等因素，坚持减排固碳与粮食和重要农产品生产、农村人居环境治理、农业农村污染治理等重点工作的有效衔接，统一谋划、统一部署、统一推进，处理好减排和发展的关系，不以牺牲区域内粮食生产、群众正常生活为代价进行减污降碳，做到减排减碳不减产、固碳增效提品质，以有效应对绿色低碳转型可能伴随的经济、社会风险，防止过度反应，确保安全降碳。

（四）强化创新驱动，构建科技支撑体系

海龙村"低碳社区"建设，始终坚持把科技创新作为减排固碳的根本支撑，抽调温室气体减排、耕地管理、林地管理、农业废弃物利用、生态环境监测技术方面的技术骨干成立专班，把农业温室气体减排、农业固碳增汇、农业农村减污降碳、减排固碳监测领域的新技术、新方法应用到建设任务中。同时，及时发现并解决建设任务实施过程中出现的问题，总结提炼建设任务实施过程中形成的好方法、好经验，凝练形成海龙村"低碳社区"建设模式。

（五）严格考核监督，落实工作责任

遂宁市安居区政府相关部门成立建设领导小组，细化工作任务，明确职责分工，由专人负责建设任务的具体落实，确保建设任务按时间节点顺利实施。同时，对建设工程质量进行把控，对建设任务实施过程中涉及的农户管理、财务管理、采购和施工、运维以及安全实现全面管控，保证建设质量，确保各项建设任务高质量完成。

四　主要问题与困难

虽然海龙村"低碳社区"建设已经取得了不错的成效，但由于"低碳社区"建设任务工作量大、涉及面广、后期运行维护周期长、资金需求量大等原因，"低碳社区"建设工作仍然存在一些问题与困难。

（一）农民参与度偏低

海龙村"低碳社区"建设工作还是以政府为主，村民作为建设主体，主动参与度不高。一方面，村民普遍文化水平不高，对农业农村减排固碳的重要性认识不足，认为"低碳社区"建设工作是政府行为，与自身无关，参与积极性不高。另一方面，村民普遍享受到了"低碳社区"建设带来的生态环境提升、农村人居环境改善等成果，但不愿意负担设施、设备管护及运行费用，认为这是政府的事情，存在"等、靠、要"思想，主人翁意识不强。

（二）建设资金保障及统筹存在短板

海龙村"低碳社区"建设投资达900多万元，后期运维资金需求量依然较大，存在资金保障及统筹不足的问题。资金保障方面，资金来源渠道单一，目前建设资金主要依靠政府投入，既没有吸纳社会资本广泛参与，也没有得到金融资本的支持。另外，运维资金缺乏，"低碳社区"建设不只需要前期的建设，更需要后续的运营和维护，这项工作对资金需求量很大，单靠政府投资，难以满足资金需求。资金统筹方面，涉及"低碳社区"建设的财政项目较多，如巩固拓展脱贫攻坚成果同乡村振兴衔接、长江经济带和黄河流域农业面源污染治理、乡村振兴专项农村人居环境整治、农业绿色发展专项（畜禽粪污资源化利用整县推进）、中央财政秸秆综合利用等项目资金，但如何利用现有财政资金，形成合力，也是亟待解决的问题。

（三）市场化发展水平不够

在"低碳社区"建设中，建设任务大多对资金需求量大，且回报周期长，导致市场参与度不高，市场化水平较低。其一，"低碳社区"建设任务实施后，实现了巨大的生态价值，但如何将生态价值转化为经济价值，还有很长的路要走①。其二，"低碳社区"建设起到了很好的减排固碳效果，但农业碳排放核算、"低碳社区"认证、碳排放交易市场建设尚处在起步阶段，减排固碳的经济价值并未实现。其三，"低碳社区"实施过程中产出的低碳农产品，如何进行"碳标签"认证以及低碳农产品定价，尚处在探索阶段②。

五 简要结论及未来展望

海龙村在"低碳社区"建设中，按照"一核·三生"建设理念，理顺减排和发展的关系，坚持创新驱动。通过"低碳社区"运维培训、沼气工程建设、沼渣/沼液还田等建设任务的实施，海龙村碳排放显著降低、土壤碳汇显著增加，农村人居环境显著提升，为全国"低碳社区"的建设提供了一个典型样板。但也存在农民参与度偏低、建设资金保障不足、市场化发展水平不够等问题。下一步，海龙村"低碳社区"建设将进一步深化建设任务实施，在提升农民参与度、提高资金保障能力、加大科技支撑力度、推进减排增碳成果及低碳农产品上市交易等方面下功夫，推进海龙村"低碳社区"建设再上新台阶。

（一）深化建设任务实施

"低碳社区"建设工作涉及农业生产、农民生活的方方面面，是一项长

---

① 卢志朋、洪舒迪：《生态价值向经济价值转化的内在逻辑及实现机制》，《社会治理》2021年第2期，第37~41页。
② 张霞：《碳标签对低碳产品消费行为的影响机制研究》，中国地质大学博士学位论文，2014，第1~3页。

期而艰巨的任务，不可能一蹴而就。下一步，海龙村"低碳社区"建设应坚持循序渐进、持续发力，巩固已有的建设成果，继续深化建设任务实施。一是做好稻田/藕塘甲烷减排，根据稻田/藕塘生产实际，优化稻田水分管理技术和肥料管理技术，藕塘间歇清淤和换水，降低稻田/藕塘甲烷排放；二是针对目前稻田秸秆还田甲烷排放高问题，实施秸秆离田综合利用，建立科学合理、低成本的秸秆原料收—储—运模式和体系，水稻秸秆通过沼气工程进行处理，实现能源化利用；三是做好林盘营造与养护，坚持做好现有林地管护工作，同时利用村中空闲土地营造新林盘；四是继续加强低碳新村监测体系建设，量化不同功能模块碳排放强度及减排措施效果；五是探索"低碳社区"标准体系建设，构建适用于海龙村"低碳社区"建设的规范手册，以期为四川省乃至全国"低碳社区"建设提供参考。

（二）提高农民自主参与度

"低碳社区"建设涉及农业生产、农村生活方方面面，农民既是受益者，也是主力军，必须坚持农民的主体地位，调动农民的积极性、主动性。第一，充分利用各类传统媒体和新媒体，拓宽宣传渠道，激发农民主人翁意识，发动和组织农民积极投身"低碳社区"建设。第二，继续加大农业农村减排固碳科普工作力度，善于从基层发现推进"低碳社区"建设的实招硬招妙招，通过就地培养、吸引提升等方式，发展壮大一支爱农业、懂技术新型职业农民队伍。第三，按照"谁参与，谁受益"原则，让参与"低碳社区"建设的农民获得适当的经济收益。

（三）提高资金保障能力

"低碳社区"是一项系统而又庞杂的工程，离不开强有力的资金支持，资金问题往往会成为影响建设成效的直接因素。因此，要按照"建管并重、长效运行"的原则，完善资金管理机制，提高资金统筹保障能力。第一，坚持着眼长远，留足管护资金，确保后期管护工作顺利运行。第二，整合现有项目资金，将有限的涉农资金整合捆绑使用，形成合力，促进资金整体效

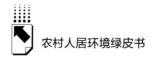

益发挥。第三，广泛吸纳社会资金，吸引企业和个人为"低碳社区"建设提供资金支持，积极探索适合当地的融资方式和模式。

（四）增加科技支撑力度

科技创新是农业农村减排固碳的根本支撑①，"低碳社区"建设也必须坚持科技先行。第一，联合相关农业高校、科研院所、农业推广机构，建设实验基地，加快成熟技术的推广示范。第二，不断创新监测方式和手段，加快智能化、信息化技术在农业农村减排固碳监测领域的推广应用。

（五）探索减排固碳成果及低碳农产品上市交易

推进碳排放权交易及低碳农产品市场建设，是利用市场机制控制和减少农业农村温室气体排放，实现"低碳社区"建设目标的重要政策工具。因此，海龙村"低碳社区"建设需要积极探索减排固碳成果及低碳农产品上市交易。第一，持续完善海龙村"低碳社区"监测工作，获取翔实的监测数据，查清家底，积极联系相关认证机构，做好碳减排/碳汇及低碳农产品认证工作。第二，主动对接碳排放交易市场、优质低碳农产品售卖平台，推进碳减排/碳汇及低碳农产品上市交易，让"低碳社区"建设取得的成果转化成经济效益。第三，主动对接相关主管部门，争取政策、税收、金融等对低碳农产品生产和消费的支持。第四，加强宣传，让低碳农产品消费成为时尚，助力"低碳社区"建设。

---

① 农业农村部、国家发展改革委：《农业农村减排固碳实施方案》，农科教发〔2022〕2号。

G.16

多元社会力量共商共建，促进农村人居环境整治提升

——宜居家园项目在新疆的探索与创新

摘　要： 农村人居环境整治提升是一项需要长期坚持的系统性工程，作为政府、农民、企业以外的"第四支队伍"，社会力量具有共建和美乡村的显著优势。宜居家园项目由中国乡村发展基金会发起并邀请中国石油天然气集团公司给予资金支持，通过社会力量与地方政府紧密结合，旨在共同打造农村人居环境整治提升示范村，开展项目工程及其后续管护机制建设。通过撬动多方资源，项目建立与科研院所、出资机构、示范地政府之间高效的管理及合作机制，推动农村人居环境整治工作。项目聚焦西部欠发达地区特殊困难，因地制宜提出适用性目标，在前期调研和科学研判基础上开展探索性实践，通过高效的项目管理和资金管理吸引多家社会机构参与，以高水平科研机构提供经济适用技术和人才支撑。

关键词： 农村人居环境　社会力量　技术人才支撑

一　项目概述

（一）项目背景

改善农村人居环境，既是推进乡村建设行动的重要抓手，也是实施乡村振兴战略的一项重点任务，更是实现农业农村现代化的重要内容。2022 年 3

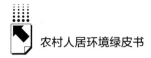
月，中国乡村发展基金会（原名"中国扶贫基金会"，以下简称"基金会"）发起了宜居家园项目，旨在通过设施援建及运维管护的方式，改善农村人居环境基本条件，解决后期管护难题，促进农村人居环境有效改善。此后不久，中国石油天然气集团公司（简称"中国石油"）联合基金会共同发起"中国石油乡村环境综合整治提升项目"，该项目重点支持农村厕所革命、生活污水和垃圾治理、村容村貌提升等农村人居环境的整治。

2022年4月，基金会宜居家园项目团队委托农业农村部沼气科学研究所（以下简称"沼科所"）专家团队为宜居家园项目提供技术咨询服务，负责开展该项目的前期调研、项目村遴选工作；针对选定后的项目示范村，编制具体实施方案，并结合示范村建设进度，提供技术指导服务；示范村建设竣工后，对项目建设实施情况开展评估工作。

2022年6月，在基金会整体部署下，沼科所组织专家团队，通过实地走访和基础数据收集，选择新疆维吾尔自治区三个典型代表村庄为项目示范村，开展宜居家园项目，重点实施卫生厕所改造、生活污水和生活垃圾治理、村容村貌提升等人居环境改善试点示范。

（二）示范点概况

选择的三个示范点分别为新疆维吾尔自治区伊犁哈萨克自治州尼勒克县科克浩特浩尔蒙古民族乡库热村、阿勒泰地区青河县阿热勒乡喀让格托海村和吉木乃县强德珠尔特村，三个示范村基本情况见表1。

（三）面临的主要困难

1. 资金缺口大

示范点处于西部欠发达地区，地方财政收入和农民收入均处于较低水平，加上当地材料运输和人工费持续上涨，导致农村人居环境整治提升诸多项目中，即便有中央资金补贴，仍有较大缺口。

2. 落地技术存在适应性难题

示范点均处于高寒、偏远地区，在农村生活垃圾、污水及面源污染治理

表 1　示范村基本情况

	尼勒克县科克浩特浩尔蒙古民族乡库热村	青河县阿热勒乡喀让格托海村	吉木乃县强德珠尔特村
自然条件	距县城 13 公里处。属中大陆性半干旱气候，山区气候特征明显，日照时间长，光热资源丰富，降水较多	位于青河县以南 10 公里	位于乌拉斯特镇驻地以东 3 公里，距离县城 0.5 公里。地处沙漠戈壁干旱地带，平均海拔 967 米
人口	全村户籍人口 390 户 1215 人，其中建档立卡贫困户 178 户 640 人。居民以汉、回、蒙、藏等 9 个民族为主	全村户籍人口 340 户 1128 人，其中建档立卡贫困户 107 户 383 人	全村户籍人口 328 户 735 人，常住人口 223 户，其中汉族 676 人占 92%，哈萨克族 36 人占 4.7%，回族 23 人占 3.3%
经济	以种植、养殖、农机操作及劳务输出为主，耕地总面积 9160 亩，有大（中）小型农机 91 台，大小牲畜共计 2850 头。2021 年全村生产总值 2200 万元，人均可支配收入 1.89 万元，其中农机产业收入占比达 37%	全村耕地面积 3200 亩、草场面积 5700 亩，牲畜饲养量 1.8 万头（只），属牧业村。2020 年村集体经济收入 50.78 万元，人均可支配收入 1.6 万元	辖区面积 1.2 平方公里，其中耕地 4834 亩、草场 750 亩、冬牧场 3000 亩。2021 年村集体经济收入 55 万元，人均可支配收入 1.72 万元
生活条件	农户基本为独立院落形式，配套 0.6～4 亩院内田地。自来水已覆盖全村	选择农户集中居住的库尔模特片区（集中点）为示范点，片区共有 86 户院落。道路建设、民房改造、文化广场建设等基础条件较好	全村道路硬化、通水通电通宽带，建有村民文化活动室、警务室、卫生室、双语幼儿园和文化活动广场等公共基础设施
主要建设内容	公厕和户厕改造，生活污水、垃圾、粪污收集处理系统	农村生活污水、垃圾、粪污收集、治理与资源化设施建设	农村生活污水收集、治理与资源化设施建设
预期受益群体	全村共 389 户 1208 人受益	全村共 86 户 275 人受益	全村共有 223 户 560 人受益

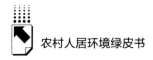

中面临普遍性难题。农村公厕布点不合理，建筑设计科学性差；冬季气温较低，导致废弃物处理效率低下，且处理设施会因为水的冻结而损坏；部分地区地下水位较高，导致需要通过深埋实现保温的处理设施施工安装难度大；畜禽粪污未有效处理，在村内随意堆放，严重影响村内的人居环境；生活垃圾转运成本高，处理程度低，分类尚未实行。

二　主要做法

中国乡村发展基金会在农村人居环境整治项目实施过程中，建立了以中国乡村发展基金会为纽带的沟通监管和实施机制（见图1），发挥各方优势，形成合力，推动农村人居环境整治项目的技术突破以及产品示范。

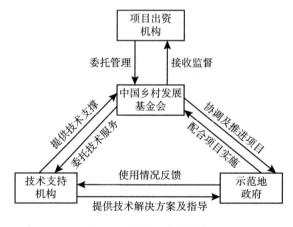

图1　项目各方合作机制

（一）基金会开展项目管理

基金会成立乡村建设项目部专职负责农村人居环境整治提升项目设计与研发，一方面，在党中央、国务院政策指引下，找出农民生产生活急需、国家社会关切的难点热点问题，结合基金会优势，找到并制定解决问题的方案，通过试点执行项目，建立并优化解决类似问题的组织模式。另一方面，积极对接资源方，通过筹款专职人员，设计项目带动筹款。

针对欠发达地区在农村人居环境整治提升过程中面临的资金、技术、管理等系统性困难，基金会与项目捐赠方中国石油共同确定项目目标为基础设施援助和运维机制创新，打造技术与管理的"双示范"效应。

项目筹备阶段，2022年4月，基金会项目团队开展项目村申报工作，先后收到新疆维吾尔自治区6县17村的申报材料。项目团队邀请专家共同对申报材料进行初步审核并与6县相关单位进行充分沟通，确定相关点位开展实地调研。分别与各县开展线上会议，就建设期关键时间点、打造技术与管理"双示范"示范村可行性等话题，展开讨论并达成初步共识。6月，项目最终选定尼勒克县库热村、吉木乃县强德珠尔特村、青河县喀让格托海村为2022年度项目试点村。6月中旬，项目团队与专家团队一同前往项目村开展实地勘察、入户调研工作，其间与项目县相关人员开展座谈，在项目建设内容、成立领导小组、项目实施周期与时间节点等方面达成共识。7月，项目团队与尼勒克县、吉木乃县、青河县签署项目协议，项目在三县正式启动。同时，结合项目村实地勘察调研情况，项目团队委托沼科所专家团队编制实施方案。项目县成立项目领导小组，并根据实施方案进行建议书的编制，进行招标前期工作筹备。

项目实施阶段，基金会项目团队前往项目县开展实地督导工作，了解项目进度和施工质量，跟进协调相关工作，推动项目保质保量落地实施；组织企业及农村人居环境领域相关机构和专家开展研讨，通过广泛宣传引导社会关注；根据项目实施进度，按时准确拨付项目资金，保障资金合理使用。

（二）社会资本提供资金支持

投入缺口大是制约项目点农村人居环境改善的最大障碍。基金会积极发挥公益性资本筹措优势，引入中国石油天然气集团有限公司，共同发起中国石油"乡村环境综合整治提升项目"。该项目重点支持欠发达地区中国石油定点帮扶县开展农村厕所革命、污水治理、垃圾回收与处理、改善村容村貌等工作，通过技术与管理的"双示范"效应，打造社会力量参与农村人居

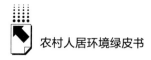

环境整治的模式，与基金会本次提出的新疆民族乡村宜居家园项目高度契合，捐赠资金 1500 万元，定向支持项目实施。中国石油作为资金提供方，对项目实施团队给予充分信任，不直接参与进程管理。

（三）专业科研机构提供技术支撑

针对项目点面临的主要技术难题，通过前期调研和多方比选，基金会委托沼科所，就项目整体规划、问题和需求分析、实施方案等提供全面技术支撑，为宜居家园项目实施进行科学技术指导。通过对示范村实际情况及村民意愿的充分调研分析、专业的技术解决方案、有效的过程管理和因地制宜的产品与成果推广，突破该类地区实施农村人居环境整治提升的技术瓶颈，形成了示范村整体技术体系，为新疆及西北寒冷干旱民族地区乡村建设提供样板和可复制的技术模式。在项目整体规划与立项阶段，基金会与沼科所密切沟通，充分发挥沼科所在微生物研究领域的优势，提出了寒旱地区生活废弃物资源化利用总体技术原则和思路。按照"实事求是、因地制宜"的原则，基金会协调沼科所技术专家赴新疆进行实地调研，在收集基础数据的同时，与当地居民以及政府部门充分沟通交流，掌握当地的技术需求，也取得了当地居民的信任和支持。在项目实施阶段，沼科所将最新的研究成果与当地实际情况相结合，编制了科学可行的实施方案，有针对性地解决当地遇到的技术问题，在基金会的协调和组织下，多次开会与当地政府部门讨论，对实施方案进行修改和调整，确保技术顺利落地。

（四）地方政府组织实施

确定项目示范村后，基金会与相关县协商成立领导小组，搭建县政府—相关部门—乡镇政府—项目村村委会的项目管理体系、基金会—科研院所—实施地政府的三方协调工作机制，统筹各相关单位，推进宜居家园项目。项目县负责项目招标、设备采买、项目执行落地等相关工作；在设施建设阶段，及时解决施工过程中遇到的问题，保证施工和设施安装的时效性和规范性，并讨论项目宣传和后续管理，确保各项设施可使用、可持续、可推广。

三 主要成效和经验启示

受疫情影响，项目将延期至2023年4月完成。截至2022年10月20日，三个项目村吉木乃县强德珠尔特村、青河县喀让格托海村和尼勒克县库热村已分别完成项目总进度的70%、60%和40%，项目已经初见成效，项目点生活污水、垃圾、粪污收集处理系统得到了完善，美化了环境，净化了水体，消除了蚊蝇等疾病传播媒质的孳生环境，农村居民的生存环境得到保护和改善，减少了疾病发病率，同时对于改善民生和构建和谐社会具有重大的现实意义和深远的社会影响。整体上看，基金会宜居家园项目顺利实施并取得明显成效，主要形成了如下四个方面的经验。

（一）聚焦特殊困难，因地制宜明确建设目标

2018年农村人居环境整治三年行动实施以来，我国具备基础条件的农村地区卫生厕所普及率大幅提升，农村"脏乱差"面貌得到根本扭转，居住环境显著改善。但是，区域发展不平衡问题仍然突出，尤其是在部分中西部地区，农村人居环境设施不完善、管护机制不健全等问题突出存在，成为农村人居环境整治提升的"硬骨头"。本项目选择的三个示范点均位于新疆维吾尔自治区内，尽管示范村均已实现全面脱贫，但仍然面临财政和农民收入低、基础生活条件较差等一系列经济社会困难，与和美乡村建设要求、与农民对美好生活的向往还有一定差距。与此同时，项目点气候干旱、冬季寒冷，农村改厕以及生活垃圾污水处理还存在技术难题。选择此三个点开展示范，将目标首先聚焦于解决工程建设存在的资金和技术难题，探索典型地区的组织模式和技术模式，不仅有利于当地农村人居环境改善，对于破解典型地区面临的特殊困难也具有现实价值。更重要的是，本项目还将建设并完善农村人居环境整治提升的后续管护机制作为重要目标，与工程建设阶段进行有机衔接，对于更广范围实现农村人居环境长治长效具有重要意义。

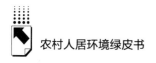

（二）注重前期调研，科学研判下开展探索性实践

农村人居环境整治提升内容繁杂，涉及农民家庭生活方方面面，与乡村治理结构和治理水平密切相关。同时，受当地气候条件、地形地貌、土壤水文等影响，因地制宜采取适用性技术，不仅关系到建设成本，也关系到农民接受度和承受水平，影响工程建设实效。本项目在组织地方政府职能部门申报的基础上，还组织专家团队赴符合条件的申报县开展实地勘察、入户调研，经过充分论证，并且与地方政府就项目建设内容、成立领导小组、项目实施周期等关键问题达成共识后启动项目。因此，三个示范点虽然均承担农村人居环境改善项目，但实施的项目内容、采取的技术模式各有特点，具有与项目点较强的适应性。

（三）高效实施项目管理，吸引多方社会力量参与

农村人居环境整治提升中，社会力量积极参与是构建政府、市场主体、村集体、村民等多方共建共管格局的重要选择。但已有实践表明，社会力量进入农村人居环境整治提升领域面临诸多障碍，就体现社会责任的捐助力量而言，最大的困难在于缺乏识别问题的专业知识和开展技术项目管理的专业人才。本项目中，中国石油作为我国能源行业的典范，通过社会捐助方式参与提升我国农村人居环境，但在地方协调和专业技术方面还需要专业机构的协助。基金会有强大的资源整合能力和项目管理经验，能够协调地方技术需求，委托专业机构作为技术支撑，在方案设计上确保了项目的科学性，提高了资金使用效率，使项目落地推进速度快，定向资金保障率高，技术可靠性、模式创新性、示范展示性更好。同时，在项目执行过程中，基金会不断改善和探索出"资方—实施方—技术支持方—项目受纳方"的管理机制，形成完善的社会力量参与模式，为后续项目实施提供了借鉴。

（四）对接高水平科研机构，强化适应性科技支撑

农村人居环境整治提升项目强调在技术模式选择上的成本可承受和农民

可接受。本项目在实施过程中，积极引入国家级专业领域科研机构，强调技术模式和产品与当地经济、农业、工业、服务业发展紧密结合，开发并优化了适用于典型地区实施农村人居环境整治提升重点项目的技术模式，使农民使用更加便捷，维护更加方便，更好地满足低成本、可持续使用需求。例如，对于新疆及西北其他地区来说，相较于传统的深埋式结构，浅埋式处理设施更能满足当地自然环境条件和使用需求，合理的结构设计和保温系统的集成一体化设施，在这类地方有较大推广潜力。又如，分散式畜禽养殖粪污资源化利用设施也呈多元化特点，高能耗的好氧堆肥技术和低能耗的沼气技术在此类地区都有不同的适用条件，可满足差异化的资源化处理和利用需求。居住分散、垃圾运输距离长是该类地区农村的主要特点之一，分散式小型垃圾处理设施在经济性上更具优势，因此开发了户用生活垃圾堆肥桶。

四　简要结论和下一步工作建议

（一）简要结论

农村人居环境整治提升是一场持久战，需要久久为功。经过广泛动员农民、政府真金白银的投入，我国农村人居环境整治提升进入新发展阶段，"十四五"时期，有条件有基础的地区全面提升与缺乏基础条件地区的"啃硬骨头"同步推进，社会力量的参与必不可少。中国乡村发展基金会在新疆三个不同类型农村开展的宜居家园项目充分表明，社会力量有意愿、有能力且具有巨大优势，能够成为政府、农民、市场以外的"第四支队伍"。

第一，社会力量有强烈的意愿参与农村人居环境整治提升。就本项目中三支主要的社会力量而言，中国乡村发展基金会作为非营利性社会组织，其项目宗旨即为应对社会新需求、助力乡村振兴；中国石油作为中国能源类领军央企，有服务国家大政方针的企业社会责任；沼科所作为国家级农业科研院所，有强烈意愿为农村发展提供科技和人才支撑。

第二，社会力量有参与农村人居环境整治提升的巨大优势。与政府相

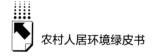
比，社会力量并不具备广泛动员和全面推进的能力，但其具有的资源整合、项目管理、能力建设以及舆论宣传引导等方面的优势，对破解特殊困难、开展创新性探索、营造良好舆论氛围及增进社会认知具有十分重要的价值。

（二）下一步工作建议

在管理上，根据本次项目的实施经验和遇到的突发情况，应进一步完善多方管理机制，对遇到的紧急或不可预见的情况，深入分析预防和应对措施，对项目各方的联动方式和协调机制进行进一步优化，形成较为成熟的社会资本参与的管理体制。

在技术上，在条件允许的情况下，尽快推进项目实施，并在示范点进行各项技术的效果验证和数据收集。根据项目的实施情况，调整和优化各项技术措施，熟化技术成果，形成适用于实施地的技术产品和解决方案。

根据本项目特点以及各方需求，随着项目实施，总结本项目各方面的亮点和经验，推进项目的宣传工作，扩大项目本身及项目各方的影响力。

G.17
中国农村人居环境发展大事记
（2013～2022年）

2013年10月9日 国务院副总理汪洋同志在全国改善农村人居环境工作会议上就学习贯彻习近平总书记重要指示精神做出部署，强调各地要高度重视农村人居环境建设，加强环境整治。

2014年1月19日 中共中央、国务院印发《关于全面深化农村改革加快推进农业现代化的若干意见》，提出开展村庄人居环境整治，加快编制村庄规划，以治理垃圾、污水为重点，改善村庄人居环境。

2014年5月29日 国务院办公厅印发《关于改善农村人居环境的指导意见》，提出以村庄环境整治为重点，以建设宜居村庄为导向，全面改善农村生产生活条件。

2014年11月5日 全国爱国卫生运动委员会发布《全国爱国卫生运动委员会关于进一步推进农村改厕工作的通知》，强调增强对农村改厕工作重要性的认识，加快推进农村改厕工作。

2014年11月18日 住房和城乡建设部召开全国农村生活垃圾治理工作电视电话会议，部署推进农村生活垃圾治理工作，全面启动农村生活垃圾五年专项治理。

2014年12月 习近平总书记在江苏考察时表示，解决好厕所问题在新农村建设中具有标志性意义，要因地制宜做好厕所下水道管网建设和农村污水处理，不断提高农民生活质量。

2015年1月 李克强总理在全国爱国卫生工作电视电话会议上做出重要批示，强调要深入开展城乡环境卫生整洁行动，加强垃圾、污水、雾霾、食品安全等综合整治，大力推进改水改厕。

2015 年 2 月 1 日 中共中央、国务院印发《中共中央 国务院关于加大改革创新力度加快农业现代化建设的若干意见》，提出加快推进农村河塘综合整治，开展农村垃圾专项整治，加大农村污水处理和改厕力度，全面推进农村人居环境整治。

2015 年 2 月 全国爱国卫生运动委员会发布《全国城乡环境卫生整洁行动方案（2015～2020 年）》，提出农村卫生厕所的普及率 2015 年达到 75%，2020 年达到 85%的目标。

2015 年 4 月 1 日 习近平总书记就厕所革命做出重要指示，强调"要像反对'四风'一样，下决心整治旅游不文明的各种顽疾陋习。要发扬钉钉子精神，采取有针对性的举措，一件接着一件抓，抓一件成一件，积小胜为大胜，推动我国旅游业发展迈上新台阶"。

2015 年 4 月 6 日 国家旅游局制定出台《全国旅游厕所建设管理三年行动计划》，通过政策引导、资金补助、标准规范等方式持续推动。

2015 年 4 月 中共中央、国务院印发《中共中央 国务院关于加快推进生态文明建设的意见》，提出开展农村垃圾专项治理，加大农村污水处理和改厕力度。

2015 年 5 月 中共中央办公厅、国务院办公厅印发《关于深入推进农村社区建设试点工作的指导意见》，提出加快改水、改厨、改厕、改圈，改善农村社区卫生条件。

2015 年 7 月 16 日 习近平总书记在吉林省延边朝鲜族自治州和龙市东城镇光东村调研时进一步指出，农村也要来场"厕所革命"，让农村群众用上卫生的厕所，将"厕所革命"推广到广大农村地区。

2015 年 10 月 《中共中央关于制定国民经济和社会发展第十三个五年规划的建议》提出统筹农村饮水安全、改水改厕、垃圾处理，推进种养业废弃物资源化利用、无害化处置。

2015 年 11 月 5 日 第二次全国改善农村人居环境工作会议在广西恭城瑶族自治县召开，国务院副总理汪洋同志出席会议并讲话，强调要扎实开展农村人居环境整治，加快改善农村生产生活条件，建设美丽宜居乡村。

2015 年 12 月 31 日　中共中央、国务院印发《中共中央 国务院关于落实发展新理念加快农业现代化实现全面小康目标的若干意见》，提出开展农村人居环境整治行动和美丽宜居乡村建设，实施农村生活垃圾治理 5 年专项行动，加快农村生活污水治理和改厕。

2016 年 3 月 16 日　《中华人民共和国国民经济和社会发展第十三个五年规划纲要》提出，开展生态文明示范村镇建设行动和农村人居环境综合整治行动，建设田园牧歌、秀山丽水、和谐幸福的美丽宜居乡村。

2016 年 10 月　中共中央、国务院印发《"健康中国 2030"规划纲要》，提出到 2030 年全国农村居民基本都能用上无害化卫生厕所。

2016 年 12 月　国务院印发《"十三五"卫生与健康规划》，提出到 2020 年农村卫生厕所普及率达到 85% 以上。

2016 年 12 月 31 日　中共中央、国务院印发《中共中央 国务院关于深入推进农业供给侧结构性改革加快培育农业农村发展新动能的若干意见》，提出开展农村人居环境治理和美丽宜居乡村建设，推进农村生活垃圾治理专项行动，促进垃圾分类和资源化利用，开展农村生活污水治理，支持农村环境集中连片综合治理和改厕。

2017 年 10 月 18 日　习近平总书记在中国共产党第十九次全国代表大会上向大会作报告。报告指出要着力解决突出环境问题，开展农村人居环境整治行动。

2017 年 11 月　习近平总书记主持召开党的十九届中央全面深化改革领导小组第一次会议，审议通过《农村人居环境整治三年行动方案》，提出继续推进农村厕所革命。习近平总书记强调，要坚持不懈推进厕所革命，努力补齐影响群众生活品质的短板；厕所问题，是一件"小事"，也是一件"大事"——"小康不小康，厕所算一桩"。

2018 年 1 月 2 日　中共中央、国务院印发《中共中央 国务院关于实施乡村振兴战略的意见》，提出实施农村人居环境整治三年行动，以农村垃圾、污水治理和村容村貌提升为主攻方向，稳步有序推进农村人居环境突出问题治理。

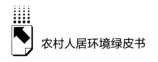

2018 年 2 月 中共中央办公厅、国务院办公厅印发《农村人居环境整治三年行动方案》。

2018 年 4 月 26 日 全国改善农村人居环境工作会议在浙江省安吉县召开，国务院副总理胡春华出席会议并讲话，国务院总理李克强对会议做出重要批示。

2018 年 5 月 31 日 中共中央政治局召开会议，审议《乡村振兴战略规划（2018～2022 年）》，规划提出以农村垃圾、污水治理和村容村貌提升为主攻方向，开展农村人居环境整治行动，全面提升农村人居环境质量。

2018 年 6 月 15 日 中央农办、农业农村部印发《关于学习推广浙江"千村示范、万村整治"经验深入推进农村人居环境整治工作的通知》，提出各地要认真学习推广浙江经验，加快落实农村人居环境整治工作各项措施。

2018 年 9 月 中共中央、国务院印发《乡村振兴战略规划（2018～2022 年）》，提出以农村垃圾、污水治理和村容村貌提升为主攻方向，开展农村人居环境整治，全面提升农村人居环境质量。

2018 年 12 月 29 日 中央农办、农业农村部等 18 部门联合印发《农村人居环境整治村庄清洁行动方案》，提出集中整治农村环境"脏乱差"问题，将农村人居环境整治从典型示范转到全面推开。

2019 年 1 月 3 日 中共中央、国务院印发《中共中央 国务院关于坚持农业农村优先发展做好"三农"工作的若干意见》，提出深入学习推广浙江"千村示范、万村整治"工程经验，全面推开农村人居环境整治。

2019 年 3 月 4 日 农业农村部、财政部印发《农村人居环境整治激励措施实施办法》，提出对农村人居环境整治成效明显的县（市、区、旗）予以激励支持。

2019 年 3 月 6 日 中共中央办公厅、国务院办公厅转发《中央农办、农业农村部、国家发展改革委关于深入学习浙江"千村示范、万村整治"工程经验扎实推进农村人居环境整治工作的报告》，并发出通知，要求各地区各部门结合实际认真贯彻落实。

2019 年 5 月 30 日　国务院副总理胡春华在农村人居环境整治暨"厕所革命"现场会上强调，要深入贯彻习近平总书记重要指示精神，全面深入推进农村人居环境整治，大力开展农村厕所革命。

2019 年 7 月　中央农办、农业农村部等 7 部门联合印发《关于切实提高农村改厕工作质量的通知》，强调要坚持问题导向，加强对农村改厕工作的组织实施，切实提高改厕质量。

2019 年 7 月 3 日　中央农村工作领导小组办公室、农业农村部等 9 部门联合印发《关于推进农村生活污水治理的指导意见》，强调各地要把农村生活污水治理作为一项重大民生工程抓紧抓实。

2019 年 8 月 15 日　全国推进农村厕所革命视频会议在京举行，会议强调实施好整村推进奖补政策，切实提高农村改厕工作质量。

2019 年 11 月 4 日　农业农村部办公厅、国务院扶贫办综合司、生态环境部办公厅、住房和城乡建设部办公厅、国家卫生健康委办公厅印发《关于扎实有序推进贫困地区农村人居环境整治的通知》，提出促进脱贫攻坚与农村人居环境整治有效融合。

2019 年 11 月 18 日　国务院副总理胡春华在京主持召开农村人居环境整治工作检查领导小组第一次会议。会议强调，要按照党中央、国务院决策部署，不折不扣做好专项检查工作，促进农村人居环境整治更加扎实有序开展。

2020 年 1 月 2 日　中共中央、国务院印发《中共中央 国务院关于抓好"三农"领域重点工作确保如期实现全面小康的意见》，提出分类推进农村厕所革命，扎实搞好农村人居环境整治。

2020 年 3 月 17 日　农业农村部等 6 部门联合印发《关于抓好大检查发现问题整改扎实推进农村人居环境整治的通知》，强调要切实抓好农村人居环境整治大检查发现问题整改，扎实推进农村人居环境整治各项工作。

2021 年 1 月 4 日　中共中央、国务院印发《中共中央 国务院关于全面推进乡村振兴加快农业农村现代化的意见》，提出实施农村人居环境整治提

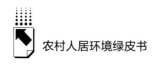
升五年行动。

2021 年 1 月 19 日 国家市场监管总局 7 等部门联合印发《关于推动农村人居环境标准体系建设的指导意见》，确定了标准体系建设、标准实施推广等重点任务，有助于充分发挥标准在推进农村人居环境整治中的引领、指导、规范和保障作用，推动农村人居环境持续改善。

2021 年 3 月 11 日 十三届全国人大四次会议表决通过关于《中华人民共和国国民经济和社会发展第十四个五年规划和 2035 年远景目标纲要》的决议。"十四五"规划提出开展农村人居环境整治提升行动，改善农村人居环境。

2021 年 4 月 22 日 农业农村部、国家乡村振兴局召开全国农村改厕问题整改推进视频会，提出进一步提高认识、压实责任，抓好全国农村改厕问题摸排整改，巩固现有改厕成果，切实提升改厕质量，坚决打赢打好农村厕所革命这场攻坚战和持久战。

2021 年 7 月 23 日 全国农村厕所革命现场会在湖南衡阳召开。会议传达学习了习近平总书记重要指示。习近平总书记指示强调，近年来，农村厕所革命深入推进，卫生厕所不断推广普及，农村人居环境得到明显改善。"十四五"时期要继续把农村厕所革命作为乡村振兴的一项重要工作，发挥农民主体作用，注重因地制宜、科学引导，坚持数量服从质量、进度服从实效，求好不求快，坚决反对劳民伤财、搞形式摆样子，扎扎实实向前推进。各级党委和政府及有关部门要各负其责、齐抓共管，一年接着一年干，真正把这件好事办好、实事办实。国务院副总理胡春华出席会议并讲话。

2021 年 9 月 24 日 全国农村人居环境整治提升现场会在浙江省丽水市景宁县召开。国务院副总理胡春华出席会议并讲话。

2021 年 12 月 5 日 中共中央办公厅、国务院办公厅印发《农村人居环境整治提升五年行动方案（2021~2025 年）》，提出到 2025 年，农村人居环境显著改善，生态宜居美丽乡村建设取得新进步。

2022 年 1 月 4 日 中共中央、国务院印发《中共中央 国务院关于做好2022 年全面推进乡村振兴重点工作的意见》，提出接续实施农村人居环境整治提升五年行动。

2022 年 10 月 16 日　习近平总书记在中国共产党第二十次全国代表大会上向大会作报告，报告提出必须牢固树立和践行绿水青山就是金山银山的理念，推进城乡人居环境整治，促进人与自然和谐共生。

后　记

本书是在农业农村部农村社会事业促进司、国家乡村振兴局开发指导司指导下编制的，由农业农村部沼气科学研究所集结国内社会经济、资源环境、工程技术等多学科领域专家，组成"中国农村人居环境发展报告 2022"课题组，课题负责人为王登山，执行负责人为张鸣鸣，联络人为徐彦胜。

本书各篇章作者：

G.1 中国农村人居环境发展测度和评价　课题组

课题组主要成员为王登山、张鸣鸣、雷云辉、龙燕、徐彦胜、刘建艺、杨伟、刘钰聪。报告执笔人为杨伟、张鸣鸣

G.2 中国农村人居环境发展最新成就与展望　课题组

课题组主要成员为王登山、张鸣鸣、雷云辉、龙燕、徐彦胜、刘建艺、杨伟、刘钰聪。报告执笔人为刘建艺、张鸣鸣

G.3 乡村振兴战略背景下的农村生活垃圾治理：困境与对策　王转　于法稳

G.4 农村生活垃圾源头分类及减量技术　魏珞宇

G.5 农村生活污水处理模式及技术　潘科

G.6 严寒地区农村改厕及粪污无害化技术　葛一洪

G.7 村容村貌发展报告　刘钰聪

G.8 中国农村人居环境标准体系建设研究　冉毅　曾文俊

G.9 中国农村人居环境质量监测现状研究　曾文俊　冉毅

G.10 农村人居环境发展满意度调查　朱娅　刘晨　孔朝阳

G.11 农民参与农村人居环境整治提升情况调查　徐彦胜　杨理珍

G.12 农民参与农村人居环境整治的主要特征及影响因素　杨理珍

G.13 完善农村改厕链条，持续推进农村厕所革命　徐彦胜

G.14 放权农民自组织，赋能乡村环卫可持续管理　张鸣鸣

G.15 以低碳社区建设为抓手，助推农村人居环境整治提升　白新禄冉毅　刘刘

G.16 多元社会力量共商共建，促进农村人居环境整治提升　潘科　葛一洪　张鸣鸣　雷云辉　中国乡村发展基金会

G.17 中国农村人居环境十年大事记（2013~2022 年）　王昊参与整理

本报告得到以下项目资助：中国农业科学院科技创新工程（CAAS - ASTIP - 2021 - BIOMA）、中央级公益性科研院所基本科研业务费专项（Y2022YJ03）。同时，本报告的出版还得到农业农村部农村可再生能源开发利用重点实验室、四川省农村人居环境研究院的大力支持。

"中国农村人居环境发展 2022" 课题组

Abstract

The book is divided into four chapters.

Chapter 1 is the general report, which has two parts including the measurement and evaluation, the achievement and outlook of China's rural living environments. The first part constructs the evaluation index system of the development level of rural living environments in China, and measures and evaluates the development level of rural living environments in 2021 in 31 provincial administrative regions and 95 sample cities. On this basis, from the perspective of reflecting the coordinated relationship between human and nature, it evaluates the coordinated development relationship between the development level of rural living environments and the natural system. The second part summarizes and combs the achievements of the five-year action of rural living environments improvement, analyzes the opportunities, challenges and problems faced in the process of rural living environments improvement, and puts forward suggestions for the next step of rural living environments improvement.

Chapter 2 is the thematic report, which derived from a thematic study on common issues relating to the governance of rural living environments. This chapter analyzes the current situation, difficulties and problems of rural domestic waste treatment and classified reduction technology, domestic sewage treatment technology model, rural toilet improvement technology in severe cold areas, the development status and characteristics of village appearance, as well as the rural living environment standard system and quality monitoring, involving policy mechanisms, technical models and standards and specifications.

Chapter 3 features reports concerning the participation of farmers in the improvement of rural living environments, this paper makes an in-depth analysis of the role of farmers as the main body based on the first-hand data of the latest nationwide survey of farmers. The Satisfaction Survey of Rural Living environments Development describes farmers' policies and effect evaluation of rural living environments development, and compares and analyzes farmers' satisfaction with 11 indicators of rural living environments development in different regions of the east, middle and west. The Survey on Farmers' Participation in the Improvement and Improvement of Rural Residential Environment describes farmers' participation in the improvement and improvement of rural residential environment, such as rural toilet revolution, village cleaning action, domestic waste treatment, domestic sewage treatment, and village appearance improvement, and analyzes and judges farmers' participation in different stages of key projects, such as plan planning, project construction, completion acceptance, operation and maintenance. The main characteristics and influencing factors of farmers' participation in the improvement of rural residential environment focuses on the early, middle and late stages of the construction of the five key projects for the improvement of rural residential environment, summarizes the individual and regional characteristics of farmers' participation through task assignment and regional arrangement, and further analyzes the influencing factors of their participation behavior.

Chapter 4 provides reports on case studies. Select four typical examples from different regions in the east, middle and west to describe and summarize their innovative practices and experience models in the improvement of rural living environments. Shouguang City, Shandong Province, innovates the mechanism and optimizes the service to realize the closed-loop management of rural sanitary toilet fecal waste treatment through fecal waste generation, transportation, harmless treatment and resource utilization. Jinshi City, Hunan Province has established and improved a long-term mechanism of rural environmental sanitation management that is acceptable to farmers and can be operated by the market by establishing village-level environmental sanitation associations, establishing a financial fund guidance and security system, implementing the beneficiary payment system, and guiding farmers to actively participate in health management. Hailong Village, Anju District, Suining City, Sichuan Province, takes the construction of low-carbon communities as a starting point, and explores the rural low-carbon development

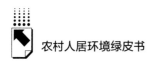

model through technical promotion measures such as operation and maintenance training, biogas project construction, biogas slurry returning to the field. The Xinjiang livable home project was initiated by the China Rural Development Foundation and donated by China National Petroleum Corporation, exploring an effective way for multiple social forces to participate in the improvement of rural living environments.

The book also collates the ten-year memorabilia of rural living environments development.

Keywords: Rural Aera; Living Environments; Toilet Revolution

Contents

I General Reports

G . 1 Measurement and Evaluation of Rural Living Environments
Development in China   / 001

Abstract: In the first part of this report, we build an evaluation index system
for the development level of rural human living environment in China based on the
relevant theories of rural human living environment, measuring and evaluating the
development level of rural human living environment in 95 cities and 31 provinces
in 2020 from five aspects: natural system, human system, social system, residential
system and supporting system and in further to measure and evaluate the
harmonious development degree of rural human living environment from the Angle
of harmonious coexistence between man and nature.

The results show that there are significant regional differences in the
development level of rural human living environment in China. The development
level in Provincial capitals is high and the gap is small. The sources cause
differences in rural human settlements are similar between province city scale, and
the harmonious development degree is positively corresponding to the rural human
living environment. The advantages of natural conditions may be the key to
promote the coordinated development of rural human living environment.

Keywords: Rural Living Environments; Man-land Relationship; Degree of
Coupling Coordination

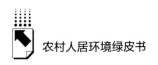

Abstract：In 2021, China's rural living environment upgrade has entered a new stage, and 2022 is the year of the implementation of the action plan. This paper summarizes and sorts out the achievements made in the beginning of the five-year action to improve the rural living environment, analyzes the opportunities, challenges and problems faced in the process of improving the rural living environment, and makes suggestions for further improvement of rural living environment. . At present, the rural living environment upgrade is facing problems such as insufficient coordination between departments, obvious bottlenecks in pollution control technology, insufficient sound standard system, slightly lagging behind in the construction of monitoring and evaluation systems, and insufficient participation of the masses. Next, to improve the rural living environments, it is recommended to prepare a rectification and improvement plan at the county level, promote the research and promotion of suitable local pollution control technologies, perfect the relevant standard system, establish a comprehensive monitoring system for the rural human settlement, and improve the willingness and participation ability of farmers.

Keywords：Rural Living Environment；Rural Construction；Toilet Revolution Village Appearance

Ⅱ　Special Topic Reports

Abstract：Improving the rural living environment and building a beautiful and livable countryside is the inevitable requirement and fundamental way to implement the rural revitalization strategy. Domestic waste treatment is one of the most important factors affecting the quality of rural human settlements. At present, the output of rural domestic waste is large and growing rapidly. Although the investment in governance has been growing continuously in recent years, the treatment rate and the harmless rate have been significantly improved, on the whole, the phenomenon of random waste disposal still exists, and the construction of waste classification system is still in the exploratory stage. At present, there are still many difficulties in the treatment of rural domestic waste, such as poor effect of farmers' source classification, generally lagging behind rural domestic waste treatment technology, insufficient investment in treatment funds, and lack of legal protection. Therefore, we should strengthen publicity and improve farmers' awareness of waste classification, and build a rural domestic waste collection, transportation and disposal system according to local conditions. At the same time, we need to broaden financing channels, implement scientific and technological innovation Rely on information technology to innovate the system model of rural domestic waste treatment, promote special legislation, and strengthen the legal protection of rural domestic waste treatment.

Keywords: Rural Revitalization Strategy; Rural Domestic Waste; Waste Classification

G . 4   Source Classification and Reduction of Rural Solid Waste / 074

Abstract: The comprehensive improvement of rural solid waste (RSW) management is an important issue in the Five-year Action Plan for the Improvement of Rural Living Environment (2021 −2025) . By interpreting the policy changes related to rural living environment in recent years, it can be seen that source classification and reduction is the focus of RSW management. Based on farmers' awareness and willingness to RSW, this work summarizes several existing technologies for source separation and reduction of RSW, including anaerobic

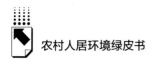
fermentation, aerobic composting, stepless compression and pyrolysis, and then analyses and compares their advantages, disadvantages and applicability in practice. Finally, the problems in RSW management are concluded in the corresponding with some proposed solves.

Keywords: Rural Solid Waste; Source Reduction Classification; Treatment Technology

G.5 Mode and Technology of Rural Sewage Treatment / 094

Abstract: The year 2021 is the first year of the 14th Five-Year Plan for the improvement on rural residential environment in China. In this year, many relevant plans have been issued, and rural sewage treatment had entered a new stage. This report introduced the promotion and technical mode on treatment of rural domestic sewage and malodorous black water body. At the same time, through the description and analysis of the planning content of typical regions, the author summed up the development trend of rural domestic sewage treatment in China in the next few years to be intelligent and resourceful. Based on the existing problems in capital, technology, management, and farmers' participation, the report also put forward suggestions on broadening capital channels, strengthening technical support, optimizing management, and doing a good job of propaganda.

Keywords: Rural Domestic Sewage; Malodorous Black Water Body; Improvement on Rural Living Environment

G.6 Technology of Lavatory Improvement and Fecod Pollution Harmless in Rural Areas of Frigid Region / 110

Abstract: In 2021, the General Office of the Central Committee of the Communist Party of China and the General Office of the State Council issued the

Five Year Action Plan for Improving Rural Human Settlements (2021-2025),
which requires solid promotion of the rural toilet revolution, gradual popularization
of rural sanitary toilets, practical improvement of toilet quality, and strengthening
the harmless treatment and resource utilization of toilet waste. Since the
implementation of the three-year action to improve the rural human settlements in
2018, the penetration rate of rural sanitary toilets in China has reached more than
70%. However, due to climate, economy, geographical location, folk customs
and other conditions in severe cold areas, the penetration rate of rural sanitary
toilets is nearly 10% lower than the national average. This chapter describes the
current situation of latrine renovation in rural areas in severe cold areas, summarizes
the characteristics of antifreeze technology in the renovation of existing rural
latrines, analyzes how to improve the harmless treatment technology of fecal
sewage in severe cold areas, and finally puts forward corresponding
countermeasures and suggestions for the existing problems.

Keywords: Frigid region; Lavatory Improvement Technology in Rural
Areas; Freeze-prevention Technique; Dejecta Harmless Technology

G.7 Village Appearance Development Report / 128

Abstract: A clean, orderly and characteristic rural appearance is the basis for
building ecologically livable and beautiful countryside, as well as an important carrier
for preserving and inheriting regional vernacular landscape culture. Since 2018, the
improvement and upgrading of village appearance has become the focus of rural
living environment improvement. The improvement and upgrading of village
appearance not only meets the development needs of the rural revitalization strategy,
but also conforms to the call of "to build a modern socialist country in all
respects". This report discusses the current situation of village appearance
development in China as a whole and in some regions by sorting out the process of
rectification, policies and regulations, and investment. In addition, this report
analyzes and finds that the current village appearance improvement faces problems

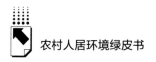
such as lack of original characteristics of village appearance, lack of scientific planning and technical support for village development, weakening of the leading effect of "Demonstration Village", and insufficient public participation. Combining with the realistic needs of villagers, this report proposes that the next of the village appearance improvement should be to strengthen the protection of original village appearance, strengthen scientific planning and technical guidance, establish a demonstration and promotion system, and give play to the main role of villagers.

Keywords: Rural Vitalization; Rural Living Environment; Village Appearance

G.8 The Study on the Construction of the Standard System of Rural Living Environment in China / 159

Abstract: On the basis of sorting out the status of the standard construction of the four sub-systems about the rural living environment in China, which are rural toilet , ruralliving rubbish , rural domestic sewage and rural appearance, this paper analyzes and finds that there are some problems in the construction of the standard system of the rural living environment in China. For example, the number of standards is small, the standard life is generally long, and the standard development is uneven, etc. Finally, this paper puts forward countermeasures and suggestions from the four aspects below, establishing the sound laws and regulations of rural living environment standardization, perfecting the standard system of rural living environment, continuously increasing the standard setting and revising financial input, and strengthening the construction of professional personnel about standard system.

Keywords: Rural Toilet; Rural Living Rubbish; Rural Domestic Sewage; Rural Appearance; Standard System Construction

G.9   The Study on the Current Situation of the Quality Monitoring
on the Rural Living Environment in China   / 175

Abstract: On the basis of sorting out the status of the quality monitoring on the rural toilet and rural domestic sewage in China, this paper analyzes and finds that there are some problems in the quality monitoring on the rural living environment in China. For example, the top-level design is not in place, the technical system is not perfect, and the monitoring results are not supported enough, etc. In the end, this paper puts forward countermeasures and suggestions from the five aspects below, establishing the sound working mechanisms of the quality monitoring on rural living environment, increasing the relevant political support, underpinning the construction of the monitoring platform for the quality of rural living environment, perfecting the technical system of the quality monitoring on rural living environment, and improving the abilities of the quality monitoring on rural living environment.

Keywords: Rural Living Environment; Rural Toilet; Rural Domestic Sewage; Quality Monitoring

Ⅲ   Theme Reports

G.10   Survey Report on Farmers' Satisfaction of the Development
of Rural Living Environment   / 195

Abstract: Improving rural living environment is a key task in implementing rural revitalization strategy. Based on the data from the 'Special Survey on the Status of Rural Social Services', this report calculates farmers' satisfaction with 11 indicators of rural living environment development in the total sample and in the eastern, central and western regions, and rank the satisfaction of each region. The results of satisfaction analysis show that farmers' overall satisfaction with rural living environment development is high, and farmers' satisfaction rate with village appearance, village air quality and village cleaning is above 90%, but farmers' satisfaction rate (70.8%) with rural household garbage classification is the lowest. The results of satisfaction score and ranking show that village appearance, village air quality and village cleanliness are the indicators with the highest satisfaction scores, while rural household garbage classification and rural sewage treatment are the indicators with the lowest satisfaction scores. The results of inter-regional comparative analysis show that village appearance, rural garbage transportation and village environmental noise in the central region are the top-ranked indicators, while the satisfaction scores of village river management in the eastern region and rural residential toilet conversion in the western region are the bottom-ranked indicators.

Keywords: Rural Living Environment; Satisfaction; Rural Toilet Revolution; Rural Sewage Treatment; Rural Waste Classification

G.11 Investigation of Farmers Participation in Rural Living Environment Improvement / 211

Abstract: Farmers are one of the main participants of rural living environment improvement. They should play the main role in the improvement of rural living environment. This report expounds the situation of farmers' participation in the improvement of rural living environment through the investigation. Analysis results show that the farmers have a high willingness to participate the rural living environment improvement, and actively participate the specific activities, such as rural toilet revolution, village cleaning action, household garbage treatment, domestic sewage treatment, and village appearance improvement, contains the process of plan planning, project construction, supervision and acceptance, operation and maintenance, etc. But some farmers do not fully express their will, the actual participation is not high. We should actively carry out publicity and explore and establish various channels to encourage and guide the people to participate in the improvement of rural living environment.

Keywords: Rural Revitalization; Rural Living Environment; Farmers as the Main Body; Farmers Participate

G.12 Fermers' Paticipation in Main Projects of Rural Residential Environment Improvement and Influencing Facting

/ 227

Abstract: Farmers are the main participants in the improvement of rural human settlements and are the endogenous driving force for the improvement. Based on the questionnaire data of rural human settlements improvement in many provinces in the east, middle, west and northeast of China, this report focuses on the comparison and analysis of farmers' participation in the projects of Rural Toilet Revolution, Village Clean Action, Domestic Waste Treatment, Domestic Sewage Treatment and Village Appearance Improvement. The results show that: 1. The overall participation of farmers in rural human settlements improvement projects is relatively high, but the proportion of process participation varies greatly, and the gap between regions is obvious. 2. The participation ranked the highest in the eastern region, followed by the central region, the third in the northeast region, and the lowest in the western region. 3. According to the assignment calculation, the age, education level, political outlook and position in the village of farmers will have an impact on the participation, while gender, employment and income level will have little impact on the participation of farmers. 4. The role of the grass-roots organization system is not fully played, and the villagers' recognition is not high enough. Therefore, it is suggested that we should continue to promote the human settlement environment improvement project, focus on key areas, encourage participation in the whole process.

Keywords: Rural Habitat Improvement; Participation; Relevance

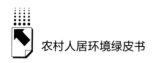

IV Case Studies

G.13 Improve the Chain of Rural Toilets and Continue to Promote
the Rural Toilet Revolution
—*The Main Practices and Experiences of Rural Toilet Revolution in
Shouguang City*   / 242

Abstract: In the process of the rural toilet revolution, Shouguang city gives
full play to the balanced advantages of urban and rural areas, adhere to urban and
rural integrated planning, construction and management in the toilet program
formulation, construction, long-term management, manure treatment and
utilization. And achieves the standardization of the toilet construction and long-
term management and maintenance. The closed-loop management of fecal
generation, transportation, harmless treatment and utilization has been realized.
Shouguang city has basically achieved the full coverage of sanitary toilets in the
scope of the county through the years of rural toilet revolution, and effectively
improve the conditions of the the toilet. That enhance the health awareness of rural
residents, promote the rural living environment "great improvement".

Keywords: Rural Living environment; Toilet Revolution; Toilet Manure
Disposal

G.14 Empower Farmers and Enable Sustainable Management of
Rural Sanitation
—*Case Study on Jinshi County*   / 250

Abstract: Jinshi County in Hunan Province was awarded the 2021 National
Key Work of Promoting Rural Revitalization and Improving Rural Human

Settlements and other rural revitalization incentives to cities and counties. Through the establishment of village-level environmental sanitation associations, the establishment of financial fund guidance and security system, the implementation of beneficiary payment system, and the guidance of farmers to actively participate in health management and other measures, effectively improve the efficiency of rural environmental sanitation management, and achieve the classification and resource utilization of rural domestic waste, A long-term mechanism of rural environmental sanitation management acceptable to farmers and operable by the market has been established and improved. The successful experience and innovative value of rural environmental health management in Tianjin are mainly reflected in four aspects, namely, clarifying the functional boundary of interest subjects, delegating power to empower farmers' autonomy, quantifying, visualizing and transforming the "externality" value, and improving the added value of rural environmental health management. Its exploration and innovative practice have important theoretical and practical significance.

Keywords: Decentralization and Empowerment; Rural Environmental Sanitation Management; Village-level Environmental Sanitation Association

G.15 Improvement of Rural Living Environment with the
Construction of Low-carbon Community:
Example from Hailong Village　　　　　　　　　　/ 257

Abstract: A comprehensive understanding of carbon emission reduction and carbon sequestering in agriculture and rural areas is essential to achieve carbon peaking and carbon neutrality goals. For the first time, a "low-carbon community" was built in Hailong Village, Anju District. The "low-carbon community" adheres to the construction concept of one core and three elements. Namely, one core is replacing natural gas and electricity with biogas, and three elements are agricultural production upgrade, rural ecological improvement and

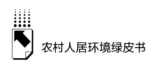
farmer's life change. Measures such as "low-carbon community" operation and maintenance training, construction of biogas engineering and domestic sewage treatment facilities, and biogas residue/biogas slurry return to field, etc., were carried out. Therefore, the carbon emissions in the village have been effectively reduced and the living environment has been significantly improved. However, there are some problems in the implementation of "low-carbon community", including low participation of farmers, insufficient funds, and insufficient market-oriented development level. In the next step, the construction of "low-carbon community" should focus on improving the participation of farmers, enhancing financial funds, increasing scientific and technological support, exploring the development of carbon emission rights and low-carbon agricultural products trading market. Thus, Hailong Village has become a model of "low-carbon community".

Keywords: Carbon Emission Reduction and Carbon Sequestering; Low-Carbon Community; Rural Living Environment

G.16 Multiple Social Forces Discuss and Build Together the Development of Rural Living Environments

—Case Study on Yijujiayuan Project in Xinjiang Province / 267

Abstract: As the *Fourth Team*, other than the government, farmers and enterprises, social capitals have the significant advantage of jointly building and beautifying the countryside. Initiated by the China Rural Development Foundation and China National Petroleum Corporation, the Xinjiang Livable Home Project aims to jointly build a demonstration village for improving the rural living environment through social forces and local governments, and carry out the project engineering and the construction of its follow-up management and protection mechanism. By leveraging multiple resources, the project establishes an efficient management and cooperation mechanism with scientific research institutes, funding institutions and demonstration area governments to promote the improvement of rural living environment. The project focuses on the special difficulties of underdeveloped areas in the western region, puts forward applicability goals according to local conditions, carries out exploratory practice on the basis of preliminary research and scientific research and judgment, attracts the participation of many social institutions through efficient project management and fund management, and provides affordable and applicable technology and talent support with high-level scientific research institutions.

Keywords: Rural Living Environments; Non-governmental Organization; Social Capital

社会科学文献出版社

皮 书

智库成果出版与传播平台

❖ 皮书定义 ❖

皮书是对中国与世界发展状况和热点问题进行年度监测，以专业的角度、专家的视野和实证研究方法，针对某一领域或区域现状与发展态势展开分析和预测，具备前沿性、原创性、实证性、连续性、时效性等特点的公开出版物，由一系列权威研究报告组成。

❖ 皮书作者 ❖

皮书系列报告作者以国内外一流研究机构、知名高校等重点智库的研究人员为主，多为相关领域一流专家学者，他们的观点代表了当下学界对中国与世界的现实和未来最高水平的解读与分析。截至2022年底，皮书研创机构逾千家，报告作者累计超过10万人。

❖ 皮书荣誉 ❖

皮书作为中国社会科学院基础理论研究与应用对策研究融合发展的代表性成果，不仅是哲学社会科学工作者服务中国特色社会主义现代化建设的重要成果，更是助力中国特色新型智库建设、构建中国特色哲学社会科学"三大体系"的重要平台。皮书系列先后被列入"十二五""十三五""十四五"时期国家重点出版物出版专项规划项目；2013~2023年，重点皮书列入中国社会科学院国家哲学社会科学创新工程项目。

权威报告・连续出版・独家资源

皮书数据库
ANNUAL REPORT(YEARBOOK)
DATABASE

分析解读当下中国发展变迁的高端智库平台

所获荣誉

- 2020年，入选全国新闻出版深度融合发展创新案例
- 2019年，入选国家新闻出版署数字出版精品遴选推荐计划
- 2016年，入选"十三五"国家重点电子出版物出版规划骨干工程
- 2013年，荣获"中国出版政府奖・网络出版物奖"提名奖
- 连续多年荣获中国数字出版博览会"数字出版・优秀品牌"奖

皮书数据库

"社科数托邦"
微信公众号

成为用户

　　登录网址www.pishu.com.cn访问皮书数据库网站或下载皮书数据库APP，通过手机号码验证或邮箱验证即可成为皮书数据库用户。

用户福利

- 已注册用户购书后可免费获赠100元皮书数据库充值卡。刮开充值卡涂层获取充值密码，登录并进入"会员中心"—"在线充值"—"充值卡充值"，充值成功即可购买和查看数据库内容。
- 用户福利最终解释权归社会科学文献出版社所有。

数据库服务热线：400-008-6695
数据库服务QQ：2475522410
数据库服务邮箱：database@ssap.cn
图书销售热线：010-59367070/7028
图书服务QQ：1265056568
图书服务邮箱：duzhe@ssap.cn

社会科学文献出版社 皮书系列
SOCIAL SCIENCES ACADEMIC PRESS (CHINA)

卡号：316821718836
密码：

基本子库
SUB DATABASE

中国社会发展数据库（下设 12 个专题子库）

紧扣人口、政治、外交、法律、教育、医疗卫生、资源环境等 12 个社会发展领域的前沿和热点，全面整合专业著作、智库报告、学术资讯、调研数据等类型资源，帮助用户追踪中国社会发展动态、研究社会发展战略与政策、了解社会热点问题、分析社会发展趋势。

中国经济发展数据库（下设 12 专题子库）

内容涵盖宏观经济、产业经济、工业经济、农业经济、财政金融、房地产经济、城市经济、商业贸易等 12 个重点经济领域，为把握经济运行态势、洞察经济发展规律、研判经济发展趋势、进行经济调控决策提供参考和依据。

中国行业发展数据库（下设 17 个专题子库）

以中国国民经济行业分类为依据，覆盖金融业、旅游业、交通运输业、能源矿产业、制造业等 100 多个行业，跟踪分析国民经济相关行业市场运行状况和政策导向，汇集行业发展前沿资讯，为投资、从业及各种经济决策提供理论支撑和实践指导。

中国区域发展数据库（下设 4 个专题子库）

对中国特定区域内的经济、社会、文化等领域现状与发展情况进行深度分析和预测，涉及省级行政区、城市群、城市、农村等不同维度，研究层级至县及县以下行政区，为学者研究地方经济社会宏观态势、经验模式、发展案例提供支撑，为地方政府决策提供参考。

中国文化传媒数据库（下设 18 个专题子库）

内容覆盖文化产业、新闻传播、电影娱乐、文学艺术、群众文化、图书情报等 18 个重点研究领域，聚焦文化传媒领域发展前沿、热点话题、行业实践，服务用户的教学科研、文化投资、企业规划等需要。

世界经济与国际关系数据库（下设 6 个专题子库）

整合世界经济、国际政治、世界文化与科技、全球性问题、国际组织与国际法、区域研究 6 大领域研究成果，对世界经济形势、国际形势进行连续性深度分析，对年度热点问题进行专题解读，为研判全球发展趋势提供事实和数据支持。

法律声明

“皮书系列”（含蓝皮书、绿皮书、黄皮书）之品牌由社会科学文献出版社最早使用并持续至今，现已被中国图书行业所熟知。“皮书系列”的相关商标已在国家商标管理部门商标局注册，包括但不限于LOGO（▓）、皮书、Pishu、经济蓝皮书、社会蓝皮书等。“皮书系列”图书的注册商标专用权及封面设计、版式设计的著作权均为社会科学文献出版社所有。未经社会科学文献出版社书面授权许可，任何使用与“皮书系列”图书注册商标、封面设计、版式设计相同或者近似的文字、图形或其组合的行为均系侵权行为。

经作者授权，本书的专有出版权及信息网络传播权等为社会科学文献出版社享有。未经社会科学文献出版社书面授权许可，任何就本书内容的复制、发行或以数字形式进行网络传播的行为均系侵权行为。

社会科学文献出版社将通过法律途径追究上述侵权行为的法律责任，维护自身合法权益。

欢迎社会各界人士对侵犯社会科学文献出版社上述权利的侵权行为进行举报。电话：010-59367121，电子邮箱：fawubu@ssap.cn。

社会科学文献出版社